U0798127

生命科学实验指南系列

病毒的电子显微学研究

张景强　主编

科学出版社

北　京

内 容 简 介

本书主要介绍研究病毒的各种电子显微学方法以及最新进展和取得的成果，内容包括：病毒样品的超薄切片技术，病毒的分离、纯化和病毒样颗粒的组装，病毒免疫电镜技术，生物材料的高分辨率电子显微技术，冷冻电镜单颗粒技术和冷冻电镜电子断层成像技术等。理论介绍尽量做到浅显易懂，书中示例也取自经典的或者最近几年的科研成果。此外，在绪论中简略概述病毒的电子显微学研究的进展。

病毒的电子显微学研究在近十多年来有许多理论和技术上的突破，发展迅速、成果斐然，其中也有本书部分作者参与的工作，书中均做了翔实介绍。

本书可供病毒学、结构生物学、流行病学、电镜等领域的科技工作者，以及高等院校有关专业师生参考。

图书在版编目(CIP)数据

病毒的电子显微学研究/张景强主编. —北京：科学出版社，2011
（生命科学实验指南系列）
ISBN 978-7-03-031579-3

Ⅰ.①病… Ⅱ.①张… Ⅲ.①病毒-电子显微镜分析 Ⅳ.①Q939.4 ②Q-336

中国版本图书馆 CIP 数据核字（2011）第 113471 号

责任编辑：夏 梁 刘 晶/责任校对：张怡君
责任印制：吴兆东/封面设计：耕者设计工作室

科学出版社 出版
北京东黄城根北街 16 号
邮政编码：100717
http://www.sciencep.com
固安县铭成印刷有限公司印刷
科学出版社发行 各地新华书店经销
*
2011 年 6 月第 一 版 开本：787×1092 1/16
2025 年 1 月第四次印刷 印张：15 1/4
字数：362 000

定价：88.00 元

（如有印装质量问题，我社负责调换）

编 者 名 单

张景强（中山大学）

李鲲鹏（中山大学）

朱　平（中国科学院生物物理研究所）

洪　健（浙江大学）

柳　正（Purdue University）

黄小俊（State University of New York）

何　键（中山大学）

前　　言

许多病毒给人类的健康和生命，以及农、林、牧、渔等产业造成了巨大的威胁和灾害，如肝炎病毒、艾滋病病毒、SARS冠状病毒、流感病毒等。据测算，我国有10%人口携带乙肝病毒（HBV），有5%～10%慢性乙肝病患者可能发展为肝硬化和肝癌。艾滋病病毒（HIV）引起艾滋病，自1981年发现以来全球累计有近2000万人死于艾滋病。可以说这些小小的病毒是人类在生物界中最可怕的敌人！同时，病毒存在的范围非常广，几乎所有的生物体都发现会被病毒所感染。因此，人类有可能利用病毒防治一些有害生物，如利用昆虫核多角体病毒（NPV）防治农作物害虫等。此外，病毒又是最简单、最小的有机体，它明显地体现出生物物质的特征，如生长增殖、遗传变异及相关的进化过程等。因此，病毒学的研究不单能防治它和利用它防治其他有害生物，而且病毒本身也是研究生命现象和了解生命本质的极好的研究材料。病毒学因而成为当前国际科学研究的前沿和热点。

1892年Ivanovski发现了烟草花叶病病原体具有过滤性之后，Beijerinck大胆设想这是一种新型的生物因子，病毒就逐渐被人们认识了。然而，在三十多年里，人们只是把它看成为一种过滤性的致病因子，仍未引起科学家们的重视。直至1939年，Kausche首次用电子显微镜直接观察到烟草花叶病毒（TMV），人们才把病毒看成实在的生物体。此后在相当长的时间内，人们判断是否是病毒时，其中一个标准是：是否只有电镜才能观察到。可见电镜对病毒研究的重要性。

目前，电子显微学方法在病毒学的研究中，无论是病毒形态发生、病理、分类，还是新病毒的发现等研究，都有着非常重要和不可或缺的作用。尤其近二十多年来，生物电子显微学有了飞跃的发展。由于引进了高分辨成像技术和计算机图像处理技术等，以及冷冻技术和生物样品制备技术的快速发展，一个新学科——生物大分子电子显微学出现了。特别是在20世纪90年代出现了冷冻电镜单颗粒技术和冷冻电镜断层扫描技术，它不仅能够很好保存病毒处于自然状态而不需要结晶，而且不受病毒尺度大小的限制，并能够获得接近原子分辨率的三维结构，在几年之后其分辨率将会达到原子分辨率，从而使电子显微学与X射线晶体学和核磁共振一起成为结构生物学研究的三大手段。

但是在很长的时间内，国内很少见到关于病毒电子显微学研究的书籍，就本人的印象，只有1961年高尚荫先生编写的《电子显微镜下的病毒》一书以及近年来几本有关病理学或分类学方面的书涉及这方面的一些内容。这与病毒学发展现状很不适应。作者长期从事病毒电子显微学的研究和教学工作，因此决定编写《病毒的电子显微学研究》一书。本书主要介绍研究病毒的电子显微学方法和取得的成果，可供结构生物学、病毒学、流行病学研究者和高等院校有关专业师生参考。

本书于2006年由中山大学生命科学学院电镜室的张景强、李鲲鹏、张勤奋、黄小俊、谭玉蓉、崔金明、陈森雄和柳正完成了初稿。由于初稿较粗糙及尚不够完整等原因未送出版社。2009 年 7 月科学出版社来信征稿，于是我们决定在原来的基础上重新编写《病毒的电子显微学研究》一书。原来的部分作者（张勤奋、崔金明和陈森雄等）因种种原因无法继续参与本书编写，于是另邀请朱平、洪健和何键等同行参与重新编写。在此对张勤奋、崔金明和陈森雄等此前所作的努力和贡献表示衷心的感谢！北京大学丁明孝教授、南方医科大学朴英杰教授大力支持本书出版。同时，本书的出版得到国家自然科学基金（项目号 U0832604）、科技部蛋白质重大专项（项目号 2010CB912404），以及中国科学院百人计划（项目号 KSCX2-YW-R-142）等的资助，在此深表谢意！

本书中所有的图除标明引用出处的外，其余均为作者所有。广东省微生物研究所何能波、中国科学院武汉病毒所张立人等为本书提供了很好的电镜照片，在此表示衷心感谢！

张景强

2010 年 10 月

于中山大学

目　　录

前言
第 1 章　绪论 …… 1
1.1　病毒形态、结构和化学组分 …… 1
1.1.1　电镜下的病毒形态 …… 1
1.1.2　病毒的结构 …… 4
1.1.3　病毒的组分 …… 7
1.2　病毒分类系统 …… 10
1.2.1　病毒的主要类群 …… 11
1.2.2　病毒的分类和命名 …… 12
1.2.3　病毒分类系统 …… 15
1.3　病毒入侵、繁殖及病理变化 …… 16
1.3.1　病毒的入侵 …… 16
1.3.2　病毒的繁殖 …… 18
1.3.3　病毒引起宿主细胞的病理变化 …… 20
1.3.4　病毒的释放 …… 28
1.4　病毒的电镜诊断和鉴定 …… 29
1.4.1　病毒电镜诊断鉴定的依据 …… 29
1.4.2　病毒电镜诊断鉴定的特点 …… 31
第 2 章　病毒样品的超薄切片技术 …… 37
2.1　常温超薄切片技术的取材与固定 …… 38
2.1.1　取材 …… 38
2.1.2　固定 …… 39
2.2　常温超薄切片技术的脱水、渗透和包埋 …… 51
2.2.1　脱水 …… 51
2.2.2　渗透和包埋 …… 53
2.3　常温超薄切片的制作和染色 …… 57
2.3.1　常温超薄切片的制作方法 …… 57
2.3.2　染色液和染色方法 …… 64
2.4　冷冻超薄切片技术 …… 67
2.4.1　取材、醛固定和包封 …… 67
2.4.2　冷冻保护处理与冷冻固定 …… 69
2.4.3　冷冻超薄切片 …… 71
2.5　冷冻置换技术 …… 74

2.5.1 冷冻置换的基本原理 …… 74
2.5.2 冷冻置换介质 …… 74
2.5.3 冷冻置换的方法 …… 75
2.5.4 影响冷冻置换的因素 …… 76
第 3 章 病毒的分离、纯化与病毒样颗粒的组装 …… 78
3.1 病毒的分离纯化 …… 79
3.1.1 病毒的分离 …… 79
3.1.2 病毒的纯化 …… 82
3.2 病毒纯化的超速离心技术 …… 83
3.2.1 原理与设备 …… 84
3.2.2 病毒离心纯化方法 …… 87
3.3 病毒衣壳蛋白的体外表达与病毒样颗粒的组装 …… 90
3.3.1 病毒样颗粒在大肠杆菌表达系统中的表达与组装 …… 91
3.3.2 病毒样颗粒在昆虫杆状病毒表达系统中的表达与组装 …… 94
3.3.3 病毒样颗粒体外表达研究进展 …… 100
3.4 负染色技术 …… 101
3.4.1 负染色液的制备 …… 102
3.4.2 染色方法 …… 102
3.4.3 操作中的注意事项 …… 103
第 4 章 病毒免疫电镜技术 …… 106
4.1 概述 …… 106
4.2 抗原-抗体免疫复合物电镜技术 …… 107
4.2.1 吸附法 …… 107
4.2.2 修饰法 …… 107
4.2.3 吸附-修饰法 …… 108
4.2.4 凝集法 …… 109
4.3 免疫标记电镜技术的基本方法 …… 109
4.3.1 取材与固定 …… 109
4.3.2 免疫标记方法 …… 110
4.3.3 样品包埋 …… 112
4.3.4 对照实验 …… 114
4.4 铁蛋白标记电镜技术 …… 114
4.4.1 铁蛋白标记抗体的制备 …… 114
4.4.2 铁蛋白标记电镜技术的应用 …… 115
4.5 酶标记电镜技术 …… 116
4.5.1 酶标记抗体 …… 116
4.5.2 PAP 技术 …… 117
4.5.3 酶标记电镜技术的应用 …… 117

4.6　胶体金标记电镜技术 …… 118
4.6.1　胶体金探针的制备技术 …… 119
4.6.2　胶体金标记电镜技术的应用 …… 123
4.7　电镜原位杂交技术 …… 129
4.7.1　同位素标记 cRNA 探针电镜原位杂交 …… 130
4.7.2　生物素标记 DNA 探针电镜原位杂交 …… 131
4.7.3　地高辛标记 rRNA 探针电镜原位杂交 …… 133
4.7.4　电镜原位杂交技术的注意事项 …… 134
第 5 章　生物样品的高分辨电子显微技术 …… 135
5.1　电子显微镜的发明 …… 135
5.2　磁透镜的光学性质 …… 137
5.2.1　磁透镜的聚焦原理 …… 137
5.2.2　磁透镜的像差 …… 139
5.2.3　磁透镜的分辨本领、景深和焦深 …… 141
5.3　像的反差形成原理 …… 143
5.3.1　散射反差的形成与提高方法 …… 144
5.3.2　提高散射反差的方法 …… 145
5.3.3　相位反差 …… 147
5.3.4　电子衍射 …… 149
5.4　生物样品的高分辨成像技术 …… 152
5.4.1　合轴、消像散和聚焦 …… 153
5.4.2　生物样品的高分辨成像 …… 161
第 6 章　冷冻电镜单颗粒技术与病毒研究 …… 166
6.1　病毒的冷冻电镜成像 …… 167
6.1.1　如何获得玻璃态的冰 …… 168
6.1.2　冷冻制样与样品传输 …… 169
6.1.3　低剂量成像 …… 172
6.1.4　冷冻电镜图像的复原 …… 174
6.2　病毒三维重构的单颗粒技术 …… 175
6.2.1　单颗粒技术的发展现状 …… 176
6.2.2　病毒的结构特点 …… 178
6.2.3　中央截面定理 …… 181
6.2.4　取向和中心估计 …… 182
6.2.5　重构基本流程 …… 185
6.3　家蚕质多角体病毒（BmCPV）的形态与结构研究 …… 189
6.3.1　CPV 在 8Å 分辨率下的结构 …… 190
6.3.2　CSP 蛋白的构象变化及其无缝连接 …… 190
6.3.3　LPP 蛋白的构象变化及其分子铆接作用 …… 193

6.3.4　TP 蛋白的功能结构域及衣壳锚定作用 …… 193
6.3.5　转录酶复合物（TEC）及 dsRNA 病毒的内转录机制模型 …… 196
6.3.6　A 球突蛋白及其 MAb 抗体复合物的研究 …… 200
6.4　乙型肝炎病毒的结构研究 …… 202
6.5　戊型肝炎病毒结构研究进展 …… 203
第 7 章　电子断层成像技术与病毒研究 …… 209
7.1　电子断层成像技术简介 …… 209
7.1.1　电子断层成像原理 …… 209
7.1.2　多角度系列电子投影图像的获取 …… 210
7.1.3　投影图像的配准 …… 211
7.1.4　断层图像的三维重构 …… 211
7.1.5　重建结果的去噪、分割和理解 …… 212
7.2　电子断层成像技术在病毒研究中的应用 …… 212
7.2.1　电子断层成像研究的样品制备 …… 212
7.2.2　电子断层成像技术用于病毒颗粒的三维结构研究 …… 213
7.2.3　电子断层成像用于病毒与细胞的相互作用研究 …… 218
7.2.4　电子断层成像技术在其他方面的应用及展望 …… 219
参考文献 …… 221
附录　国际病毒分类系统的科与属（ICTV，2009 年） …… 228

第1章　绪　　论

何　键、张景强、洪　健

1886年德国人Mayer首次描述了烟草花叶病，并证明它是通过病株的液汁传播的。1892年俄国人Ivanovski证明烟草花叶病病株的液汁经过细菌过滤器仍具有侵染性。1898年荷兰人重复了上述实验并获得相同的结论，于是人们把烟草花叶病的病原看成是一种过滤性的致病因子。这是人们通过发病和传染的过程感觉到它的存在，但一直未观察到它，因而对它的认识是非常模糊的。直至几十年之后，1939年Kausche首次用电子显微镜直接观察到烟草花叶病毒（TMV），人们才实实在在地认识病毒。随着电镜的负染色技术、超薄切片技术及免疫电镜技术等的出现和完善，使得人类对病毒的认识有了飞速的发展。如果说1953年Watson和Crick应用X射线单晶衍射技术阐明了DNA的双螺旋结构，从此开创了分子生物学时代，那么1955年证明一些病毒可在适当的条件下裂解为蛋白质和核酸，同时病毒的两个组成成分（蛋白质和核酸）也可以重新构成具有感染性的病毒因子，以及又进一步发现一些病毒的核酸本身就可以导致典型的疾病，则使病毒学的研究进入分子病毒学的阶段。而至20世纪末，冷冻电镜技术(cryo-electron microscopy）的出现和成熟，使得通过它能获得病毒近原子分辨率的三维结构[1~3]，病毒学的研究又进入结构病毒学的新阶段。

1.1　病毒形态、结构和化学组分

1.1.1　电镜下的病毒形态

由于只有电子显微镜才能直接观察到病毒，所以病毒的形态结构知识基本上由电子显微技术所提供。形态学知识基本上由电镜的负染色技术、超薄切片技术及免疫电镜技术所提供，而病毒结构的知识则基本由冷冻电镜技术所提供。因此，可以说没有电子显微技术，就没有病毒形态学的今天。自从人类发现了病毒以来，对病毒的形态、大小和结构的研究一直是病毒学工作者的主要工作之一。一种病毒的发现，往往首先是经过形态学鉴定并给予确认，可见病毒形态学研究的重要性。

1. 病毒的大小

病毒的大小差异极大，多数病毒粒子的直径在100nm左右。这是个什么概念呢？如果要使人眼能勉强看到，起码需要100万个病毒粒子排列成1000×1000的方阵才有可能。但最长的病毒粒子长度可超过1μm，而最小的病毒粒子直径只有十几个纳米。表1-1列举出有代表性的病毒粒子的大小。

表 1-1　几种病毒的大小

病毒类型	病毒名称	直径或长度×直径/nm
大的病毒	鹦鹉痘病毒	455×260
	多噬棘变形虫拟菌病毒	400
长的病毒	甜菜黄化病毒	1250×10
	大豆花叶病毒	750×12
	柑橘速衰病毒	2000×10
小的病毒	烟草坏死卫星病毒	16
	香蕉束顶病毒	17～20
	犬细小病毒	20
细长的病毒	大肠杆菌噬菌体 f1	800×7
	假单胞杆菌噬菌体 Pf1	2000×7

这里值得注意的是，样品制备方法的不同会导致测量结果与真实大小产生偏差。用超薄切片技术测量病毒粒子的大小，样品会因为超薄切片制备过程的脱水和包埋聚合而产生一定程度的收缩，因此测得的病毒粒子大小往往会偏小。而用负染色技术观察时，样品制备过程使其体积变化相对较少，因此所测得的病毒粒子大小会较接近真实大小，而较之超薄切片的测量值稍大。真正准确的测量方法则是冷冻电镜技术。

2. 病毒的形态

在电镜下病毒的形态是多种多样的，主要有球状、杆状（丝状）和蝌蚪状三种，其余还有弹状、杆菌状、无定形体、双联体等。球状病毒主要包括动、植物病毒，杆状病毒主要是植物病毒，而蝌蚪状病毒主要是细菌病毒——噬菌体。图 1-1 所示为球状病毒南芥菜花叶病毒（ArMV）的电镜像，它是一种植物病毒。这是一张负染色的病毒照片，图的背景是黑色的，病毒粒子是白色透亮的，这是由于负染色的结果，同负片一样。球状病毒无论使用何种技术制备样品，在电镜下均呈圆形，这是球状病毒二维投影的结果。但细心观察这些病毒粒子，发现颗粒基本上呈六角形而非圆形，这是二十面体

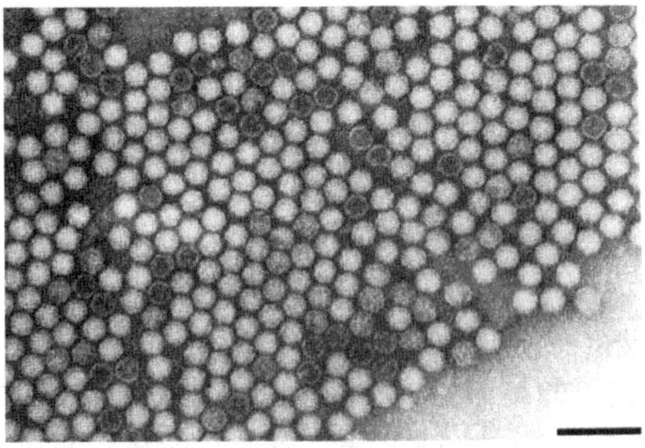

图 1-1　南芥菜花叶病毒（ArMV）的负染色像（标尺＝100nm）

投影的结果。球状病毒大多数是二十面体的结构。仔细观察这些病毒粒子，还会发现其中一些粒子中央部分是黑色的，这表明负染色液进入了病毒内部，主要是由于病毒在分离、纯化过程中受到损伤使内部的核酸丢失，而让负染色液进入。也可能是在病毒核衣壳组装过程中，核酸还未进入衣壳内，是成熟病毒的前身；或在人工表达、重组病毒中，用于表达的基因序列中的 C 端或 N 端被截短而重构出的类病毒粒子（VLP）等常会出现这种情况。

一些球状病毒在衣壳之外还有一层包膜（或称囊膜）。囊膜是病毒在宿主细胞内复制、组装成核衣壳之后，穿越膜结构（如核膜、细胞膜及细胞质内的膜结构）的过程中获得的。因此，病毒囊膜的组成成分主要是来自宿主细胞。囊膜的脂质来源于宿主细胞，而囊膜中的蛋白质一般是病毒自己的基因信息编码的。有的囊膜蛋白是非糖基化外膜蛋白，称为基质蛋白（matrix protein）。有些囊膜蛋白是糖蛋白，形成囊膜的纤突，在电镜下呈细小的穗状突起。这些突起的长短、排列方式等都不相同，成为病毒分类的依据。图 1-2 是 SARS 冠状病毒的负染色像，病毒的囊膜突起宛如皇冠。

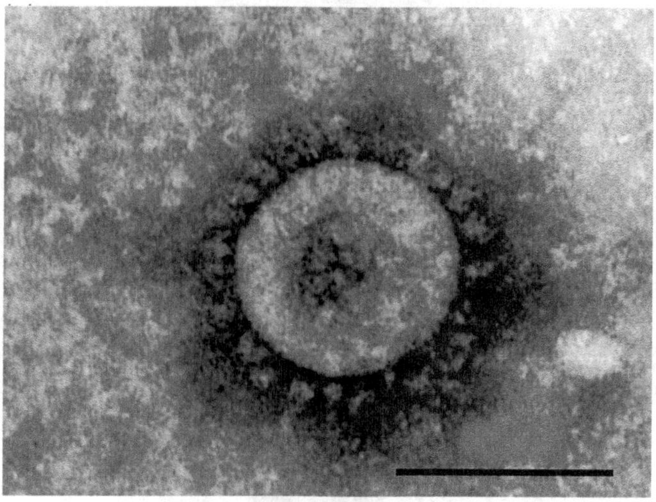

图 1-2　SARS 冠状病毒的负染色像（标尺＝100nm）

杆状病毒多为植物病毒，外形很像长的圆柱体。但杆状病毒的长度与其直径的比例变化很大，有的很细长如丝状，故有些时候也称丝状病毒。图 1-3 示负染色的烟草花叶病毒（TMV），仔细观察会发现病毒是由许多小圆盘所组成，中间有个空腔。

蝌蚪状病毒主要是细菌的病毒，称噬菌体。它由一个“头部”和一条“尾部”（或尾鞘）组成。头部呈球状或多角体形状，直径为 20～100nm。尾部的长度和宽度（直径）随着噬菌体的种类不同有很大差异。亦有少数只有头部而没有尾部的噬菌体，如 P22，它是对沙门氏菌属细菌敏感的一种噬菌体。图 1-4 示绿脓杆菌噬菌体 PYO45 的负染色像。其中右上角一颗是具有完整尾部的颗粒，而下面两颗是尾部收缩了的颗粒，这是典型的噬菌体形态。

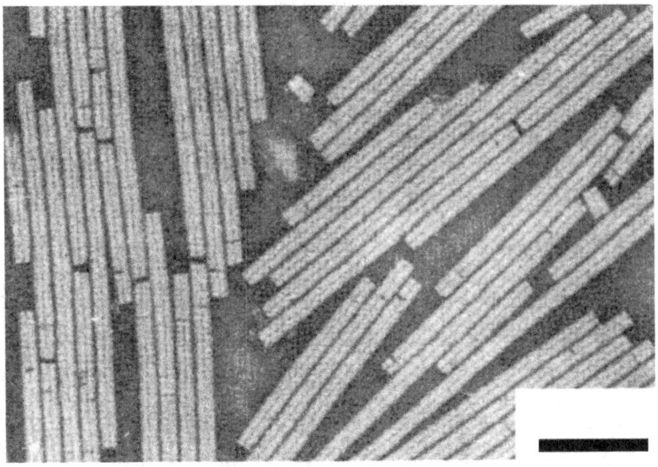

图 1-3　烟草花叶病毒的负染色像（张立人提供）（标尺＝100nm）

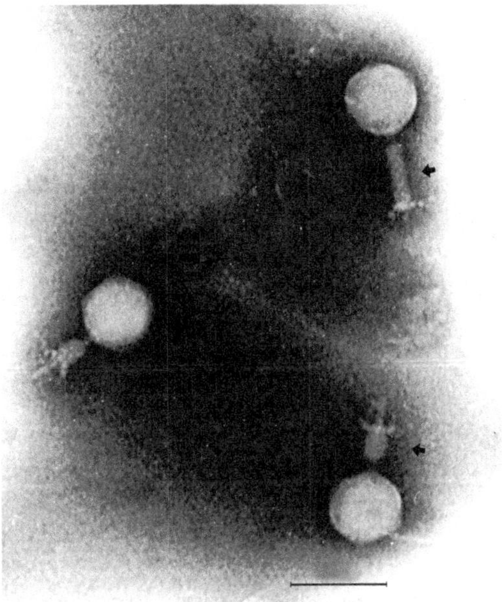

图 1-4　绿脓杆菌噬菌体 PYO45 负染色像（何能波提供）（标尺＝100nm）

1.1.2　病毒的结构

病毒的结构研究开始是使用 X 射线衍射技术，如烟草花叶病毒（TMV）就是最早使用该技术获得结构的病毒之一。该技术对蛋白质的研究非常成功，但对于病毒，尤其是较大的病毒的结构解析存在很大的困难。首先是结晶困难，病毒越大结晶越困难。其次是数据处理也存在困难——结构函数的相位难以解决。因此，能被结构解析的病毒数量不多。目前应用 X 射线衍射技术获得结构解析的最大的病毒是蓝舌病毒（*Bluetongue virus*）。其衣壳直径约 69nm，获得的分辨率为 3.5Å。冷冻电镜技术在 20 世纪 90 年代出现，至21世纪初成熟，大大促进了病毒结构研究的发展。冷冻电镜技术的特点是样品不用结晶，完全处于自然状态；数据处理相对也较简单，因此发展得很快。其缺点是相对于X射线衍射来说分辨率还较低，但提高速度很快，近年已达到近原子级分辨率水平。例如，人腺病毒（HAdV）已获分辨率达3.5Å[4]，草鱼出血病毒（GCHV）分辨率达3.3Å[5]。在技术上能够获得的分辨率主要取决于病毒样品的均一性（因为所得的是平均结构）。随着技术和设备的不断提高及完善，只要样品的均一性允许，达到原子分辨率指日可待。

目前还发展了一种新方法——X射线衍射技术与冷冻电镜结合的方法。其特点是两种技术高效结合：从X射线衍射谱中获得病毒样品结构函数的振幅，而从冷冻电镜重构的病毒三维结构中获得结构函数的相位，两者结合获得病毒原子分辨率的三维结构。作者认为这种方法特别适用于均一性不太好且较小的病毒。原因是较小的病毒结晶相对容易些，所以适用于X射线衍射技术，但相位问题仍然难以解决。而冷冻电镜技术由于病毒均一性不太好，无法获得高分辨的三维结构，仅能获得中等分辨率的结构。但此结构能获得结构函数的相位，两者结合就是获得近原子级分辨率的三维结构。例如，作者就使用该方法获得人戊型肝炎病毒（HEV）3.5Å的三维结构[6]。

绝大多数的成熟病毒粒子（virion）的结构基本是由蛋白质亚基组成的外壳（capsid）将基因组核酸包围起来，有的在外壳外还有一层脂蛋白外膜——囊膜。蛋白外壳的作用有：①保护病毒的生命线——基因组核酸，使其免受外界环境如紫外线或核酸酶的破坏；②识别和侵入宿主细胞，使基因组核酸进入宿主细胞从而实现侵染的目的。

由于病毒的基因组较小，编码蛋白质能力也较差，一般仅能编码相当于自身约15%的蛋白质。因此，多数病毒的蛋白质亚基由一种或两种蛋白质构成。当然，大的病毒外壳可由多种蛋白质构成，如腺病毒等。蛋白质亚基通常组成两种构型的病毒衣壳：一是开放型的螺旋式排列；二是封闭型的二十面体构型。

1．杆状螺旋结构

所有的杆状病毒和噬菌体的尾部都是杆状螺旋对称结构。不同的病毒间的差异主要表现在螺旋的长短、粗细和螺距的不同。这是由于核酸与蛋白质亚基的相互作用，使蛋白质亚基按螺旋式叠加而形成杆状的病毒颗粒。以最简单的杆状病毒之一烟草花叶病毒（TMV）为例，电镜下成熟的TMV颗粒呈杆状（图1-3），长约300nm，直径15～18nm，中央有直径4nm的中心空腔。X射线衍射分析结果表明，蛋白质亚基围绕着中心轴做右手螺旋排列（right-hand helical arrangement）。亚基的位置每转三圈重复一次，位置相同的亚基间相距6.9nm，所以螺距（pitch）即每圈亚基间的距离为2.3nm。每三圈包含49个亚基，则每一圈由16.3个亚基组成。每个TMV颗粒由2130个亚基所构成，亚基则由158个氨基酸组成的亚基肽链叠成芒果状，以尖头向外的

图1-5　烟草花叶病毒（TMV）粒子的螺旋对称结构，RNA嵌入中心空腔中，螺旋式地延伸

方式排列。而其 RNA 就嵌入中心空腔中，螺旋式地延伸（图 1-5）。

2. 二十面体结构

球状病毒其实不是球状的，而是二十面体的结构（icosahedral structure）。一个对称的二十面体是由 20 个完全相同的等边三角形的面所构成，从而形成 12 个顶点和 30 条边线。此对称结构有三条旋转对称轴：二重对称轴、三重对称轴和五重对称轴，即以这三个对称轴为旋转轴，分别旋转 180°、120°和 72°后，所得结构和未旋转前的结构完全一样。由于蛋白质亚基本身是不对称的，需要在每个三角形的三个顶点附近各有一个亚基，这样三角形就对称。于是在病毒的 12 个顶点就由 60 个亚基构成 12 个五聚体（pentamer），由它们构成的外壳才能使每个亚基与相邻亚基以等价相连，此时外壳就处于自由能最小的稳定状态。在电镜下负染色样品可看到壳粒（capsomer）并非单个蛋白质亚基，而是它们的聚集体，如五聚体等。但是许多病毒外壳是由更多（60 个以上）的亚基构成的。为了使外壳相邻的亚基之间以等价相连，形成自由能最少、最稳定的二十面体结构，必须将 20 个等边三角形分割成更小的等边三角形，如一分为四形成 80 个等边三角形，然后每个小等边三角形放进三个蛋白质亚基，这样就需要 3×80＝240 个亚基。这样原 12 个顶点仍保持五聚体结构，其余 180 亚基分配到其他三角形中，在原来 20 个三角形的中心形成六聚结构，从而形成六聚体（hexomer）。此时，五聚体和六聚体间的相互作用不可能是完全等价的，只能是准等价。关于病毒二十面体结构，在第 6 章将会详细讨论。图 1-6 示一个二十面体的人戊型肝炎病毒的三维结构。

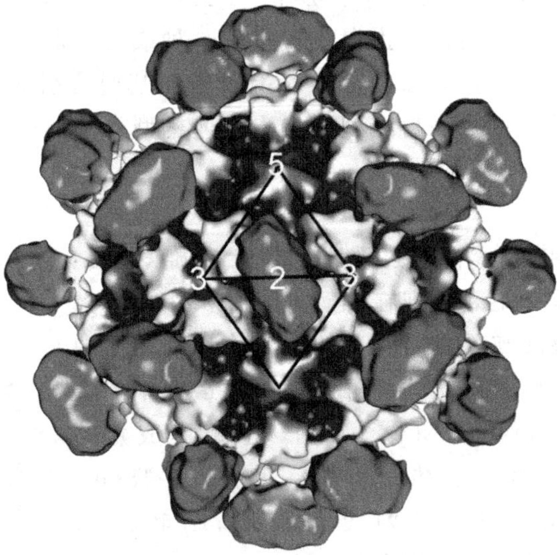

图 1-6　人戊型肝炎病毒的二十面体三维结构（见图版）

关于囊膜结构我们将在第 7 章详细讨论，而更复杂的结构，如噬菌体，则可以用一个二十面体的结构的头部加上螺旋对称结构的尾部构成。尾部可分为三类：短尾、可收缩长尾和不可收缩长尾。

1.1.3 病毒的组分

病毒是由基因组的核酸和衣壳蛋白以及若干功能性蛋白共同组成的。

1. 病毒的蛋白质

病毒的蛋白质是由病毒基因组编码的，分为结构蛋白（如衣壳蛋白、膜蛋白等）和非结构蛋白（酶等）。

1）结构蛋白

病毒的结构蛋白的作用是构成衣壳和囊膜，以保护病毒的基因组和参与宿主之间的传递（侵染等）过程。结构蛋白可分为以下三类。

（1）衣壳蛋白。衣壳蛋白可通过自组装，或通过骨架蛋白（scaffolding protein）形成螺旋结构或二十面体结构，从而起到保护病毒基因组的作用。此外，衣壳蛋白还参与装配成一定结构形态的病毒粒子，在其装配过程中又与核酸发生联系，把核酸包装成特定的形态。核酸内部的特定部位与某些衣壳蛋白又通过化学键相联系，如冠状病毒的N蛋白就是通过带正电荷的氨基酸与带负电荷的核酸相互作用而装配起来的。此外，衣壳蛋白还包括来源于宿主细胞的核膜、质膜或内质网膜的囊膜蛋白，如糖脂蛋白参与构成囊膜的成分。

（2）基质蛋白。基质蛋白的功能是把核衣壳蛋白和囊膜联系起来。它们通常是非糖基化蛋白，与囊膜表面疏水区域相联系，并与膜上糖蛋白之间相互作用。

（3）跨膜糖蛋白。跨膜糖蛋白的跨膜区域嵌于膜上。这些蛋白质大部分结构位于膜外，只有很小部分在膜内。糖蛋白多为单体的，其中部分结构聚合形成在电镜下可见的管状物。跨膜蛋白是囊膜病毒的主要抗原。

2）非结构蛋白

病毒的非结构蛋白可以存在于病毒粒子内，也可以存在于被感染的细胞内。许多非结构蛋白具有酶活性，这些酶是抗病毒药物设计的依据，因为药物如能影响这些酶的活性，则可能干扰病毒的入侵和复制。其他的非结构蛋白，有的参与病毒粒子的装配，有的能在转录过程中起调控作用，还有的参与核酸合成及复合物的形成等。终止宿主细胞大分子的合成是病毒非结构蛋白最常见的功能。

2. 病毒的基因组

病毒基因组的核酸是病毒遗传的物质基础。病毒基因组的核苷酸序列负有编码病毒蛋白（结构与非结构蛋白）的任务。至今发现的各种病毒均只含有一类核酸，或者是DNA，或者是RNA。病毒虽小，但其基因组的组成和结构的可变性远远超过细菌、植物或动物。

病毒基因组核酸的相对分子质量因不同病毒而有很大的差异，其变化范围一般在10^6～10^8之间。DNA病毒的核酸为1.5×10^6～2×10^8，例如，1977年最早被测定基因组全序列的病毒是*φX174*噬菌体，其基因组为环形单链DNA相对分子质量为$1.5\times$

10^6，是单链 DNA 病毒的最小基因组。而痘苗病毒基因组为线状双链 DNA，相对分子质量为 1.6×10^8。RNA 病毒的核酸相对分子质量为 $0.4\times10^6\sim2\times10^7$。如烟草花叶病毒基因组为单链 RNA，相对分子质量为 2×10^6，而轮状病毒（*Rotavirus*）的基因组为线状双链 RNA，分成 10 个节段，每个节段的相对分子质量为 $0.7\times10^6\sim2.7\times10^6$，总相对分子质量为 1.5×10^7。病毒基因组核酸的分子的大小反映了不同病毒基因组结构和功能的差异。例如，*φX174* 的基因组由 5387 个核苷酸物成，有 11 个基因编码 11 种蛋白质；痘苗病毒的基因组有 263 个 ORF，其中 36 个 ORF 编码早期蛋白，90 个 ORF 编码晚期蛋白。

与原核和真核细胞的核酸碱基组成一样，病毒基因组的核酸也是由 4 种碱基组成的，即 A、T（或 U）、G 和 C。但在不同的病毒核酸中，各种碱基的含量相差很大。例如，伪狂犬病毒（*Pseudorabies virus*，PRV）基因组的 G+C 含量多达 72%，鸡痘病毒（*Fowlpox virus*）基因组的 G+C 的含量只有 35%。一般来说，相同科属的病毒基因组的核酸碱基组成相似，反之，不同科属的病毒基因组的核酸碱基组成会有较大的差异。G+C 的含量通常与病毒双链 DNA 的稳定性有关，G+C 的含量越高，DNA 双链就越稳定。

3. 病毒的核酸类型和基因组的结物特征

原核和真核细胞的 DNA 一般为双链（double strand）的，而 RNA 为单链（single strand）的。但病毒的核酸却存在 4 种类型：双链 DNA（dsDNA）、单链 DNA（ssDNA）、双链 RNA（dsRNA）和单链 RNA（ssRNA）。在病毒单链 DNA 和 RNA 中，还有极性（polarity）的不同。对于单链 DNA，与 mRNA 序列相同的单链 DNA 称为正单链 DNA（+ssDNA）；与 mRNA 互补且为转录模板的单链 DNA，则称为负单链 DNA（−ssDNA）。病毒单链 RNA 如果能直接作为编码合成蛋白质的模板链或 mRNA，则称为正单链 RNA（+ssRNA）；反之，与 mRNA 序列互补的单链 RNA 则称为负单链 RNA（−ssRNA）。病毒基因组的结构在不同病毒科之间有很大的差异，其基因组 DNA 或 RNA 有的为线状单链或双链的，有的为环状单链或双链，还有的病毒基因组由数个核酸分子构成，称为分段基因组（segmented genome）。此外，有一些病毒基因组还有特殊的结构序列，如黏性末端、末端冗余、循环排列及末端反向重复等，它们与病毒基因组环状分子形成有关。一些结构复杂的病毒基因组除了有结构基因外，甚至还含有与病毒基因组表达相关的调控序列，如启动子、增强子等。

以下简介几种核酸类型的病毒基因组的结构特征：

①DNA 病毒基因组

DNA 病毒的基因组有单链 DNA 或双链 DNA，它们可以线状也可以环状形式存在。绝大多数 DNA 病毒的基因组为单一分子，但也有少数 DNA 病毒的基因组是分段的。

A. 双链 DNA 病毒基因组

绝大多数的动物 DNA 病毒基因组为双链 DNA，如疱疹病毒科（*Herpesviridae*）、虹彩病毒科（*Iridoviridae*）、腺病毒科（*Adenoviridae*）和痘病毒科（*Poxviridae*）的

基因组均为双链线状DNA，并且一般都有特殊的结构序列，如疱疹病毒基因组DNA有末端冗余序列；虹彩病毒基因组DNA有末端冗余和循环排列；腺病毒基因组DNA有末端反向重复序列；痘病毒基因组的DNA末端有反转发夹结构形成的末端共价交联。

乳头瘤病毒科（*Papillomaviridae*）、多瘤病毒科（*Polyomaviridae*）、嗜肝DNA病毒科（*Hepadnaviridae*）、昆虫杆状病毒科（*Baculoviridae*）及多DNA病毒科（*Polydnaviridae*）的病毒基因组均为环状双链DNA。其中，嗜肝DNA病毒基因组中有部分单链区是不完全的环状双链DNA分子，而植物中仅有的环状双链DNA基因组是花椰菜花叶病毒科（*Caulimoviridae*），其单链上也有缺刻，而且两种病毒科的DNA聚合酶均具有逆转录酶活性，因此均被称为DNA逆转录病毒。

B. 单链DNA病毒基因组

细小病毒科（*Parvoviridae*）的病毒基因组为线状单链DNA，其5′端和3′端均有回文序列，可形成发夹结构。此外，它们能产生两种不同极性的单链DNA，其成熟的病毒粒子或含有正链DNA，或含有负链DNA。依赖病毒属（*Dependovirus*）的腺联病毒（*Adeno-associated virus*，AAV）基因组DNA还具有末端反向重复序列，因此能形成锅柄样的环形分子。植物病毒的双生病毒科（*Geminiviridae*）的基因组为环状单链（正链）DNA，基因是分段的。

②RNA病毒基因组

RNA病毒基因组呈单链或双链，由单一RNA分子或几个RNA分子组成，后者即分段RNA基因组。病毒基因组RNA还有一定的二级结构，它们与病毒基因组的转录、翻译和包装的调控有关。

单链RNA病毒的基因组具有极性的区别，即正链RNA和负链RNA。正链RNA基因组具有mRNA的活性，因而具有侵染性。但逆转录病毒科（*Retroviridae*）的病毒成员是例外，它们的基因组RNA虽为正链RNA，但没有mRNA的翻译模板活性，故没有侵染性。它们的基因组RNA首先在自身逆转录酶的作用下，以病毒基因组RNA为模板，逆转录形成双链DNA中间体，然后由双链DNA中间体整合到宿主细胞DNA上，再经过宿主细胞的RNA聚合酶Ⅱ催化转录形成mRNA。

负链RNA基因组没有mRNA活性和侵染性，但携带有病毒特异的RNA转录酶。双链RNA病毒的基因组也缺少mRNA活性，但病毒粒子同样带有RNA转录酶。

A. 正链RNA病毒基因组

正链RNA病毒的基因组均为线状分子，但分为单一分子和分段基因组两种。黄病毒（*Flaviviridae*）、冠状病毒科（*Coronaviridae*）、披膜病毒科（*Togaviridae*）、嵌杯状病毒科（*Caliciiridae*）、动脉炎病毒科（*Arterviridae*）、四体病毒科（*Tetraviridae*）及多种植物病毒的基因组是单一RNA分子。正链RNA分子5′端有帽状结构，3′端有poly（A)尾，如冠状病毒。

其余病毒虽不一定有典型的帽状结构或poly（A）尾，但也有相似的特殊结构。有些正链RNA病毒的基因组RNA是分段的，根据基因所包含的RNA分子数目，分别称为二组分基因组、三组分基因组，等等。含有分段基因组的病毒除野田村病毒科

(*Nodaviridae*) 为动物病毒外，其余都是植物病毒。

B. 负链 RNA 病毒基因组

除丁型肝炎病毒（HDV）的负链 RNA 基因组为环状分子外，其余负链 RNA 病毒基因组均为线状分子。它们分为单一分子基因组和分段基因组两种，其中副黏病毒科(*Paramyxoviridae*)、丝状病毒科（*Filoviridae*)、波纳病毒科（*Bornaviridae*）和弹状病毒科（*Rhabdovirida*）是单一分子基因组；而沙粒病毒科（*Arenaviridae*)、布尼亚病毒科（*Bunyaviridae*)、正黏病毒科（*Orthomyxoviridae*）的基因组为分段负链 RNA。此外，沙粒病毒、布尼亚病毒基因组 RNA 的末端由于有末端反向重复序列(ITR)，从而可形成锅柄样环状分子。

C. 双链 RNA 病毒基因组

除单分病毒科（*Totiviridae*）的病毒基因组为单一分子双链 RNA 外，其余双链 RNA 病毒基因组均为分段的。例如，呼肠孤病毒科（*Reoviridae*）的动、植病毒，双 RNA 病毒科（*Birnaviridae*)，囊状病毒科（*Cystoviridae*)，双分病毒科（*Partitiviridae*）的病毒基因组均由 2 或 2 个以上双链 RNA 分子组成。呼肠孤病毒的线状双链 RNA 基因组有 10～12 个片段不等。

1.2　病毒分类系统

生物分类是根据生物的相似性和亲缘关系，将其归入不同的类群（分类单元)。分类的目的是探索生物的系统发育及其进化历史，揭示生物的多样性及其亲缘关系，并以此为基础建立多层次的、能反映生物界亲缘关系和进化发展的“自然分类系统”。

地球上现有的物种以百万计，千变万化，各不相同。最早人们把生物分为动物和植物两界系统。但许多微小的生物既像动物又像植物，如眼虫藻含有叶绿体，能游动，但没有真正的细胞壁。动物学者把此类微生物归纳在动物内，而植物学者却把它们归纳在植物内。1866 年 Haeckel 提出了原生生物界，加上动物界和植物界成为生物三界分类系统。1950 年人们应用电子显微镜研究细胞超微结构后，发现生物的细胞核有两型，称为真核型和原核型。动物界和植物界的细胞核都是真核，原生生物界的藻、原生动物和真菌的细胞核也是真核，而细菌和蓝绿藻的核是原核，因而原生生物界包括真核原生生物和原核原生生物，故 1956 年 Copeland 提出了生物的四界分类系统。1969 年 Whittaker 又根据生物获取营养的习性不同，把真菌上升为真菌界，提出了生物的五界分类系统。1971 年 Margulis 修订了 Whittaker 的五界分类系统，把绿藻、褐藻和红藻从植物界转移到原生生物界，把黏菌转移到原生生物界内。五界分类系统包含了所有的细胞型生物，目前被生物学工作者广泛采用。

与细胞型生物不同，病毒作为结构最简单的非细胞生命活体，既具有生物大分子特性，又具有生命的某些特征，借助于宿主细胞可以进行繁殖以产生更多的病毒。我国学者王大耜、陈世骧等于 1977 年提出了一个新的六界分类系统，即原核生物界、原生生物界、真菌界、植物界、动物界和病毒界。病毒有别于其他细胞型生物，在分类学上采用了与其他生物完全不同的系统。

生物的六界分类系统如下。

原核生物界 细菌，光合细菌；

原生生物界 褐藻，红藻，绿藻，原生动物，黏菌；

真菌界 真菌（低级和高级）；

植物界 苔藓植物，维管束植物；

动物界 多细胞动物；

病毒界 病毒，亚病毒因子。

1.2.1 病毒的主要类群

病毒作为一类病原生物，通常按照其“原始宿主”来划分类群。目前已从原核生物的细菌、支原体、放线菌、立克次体、蓝绿藻，真核生物的藻类、真菌、蕨类、裸子植物、被子植物、原生动物、腔肠动物、线虫、节肢动物、脊椎动物中分离到各种病毒。其中，细菌、被子植物、节肢动物、脊椎动物和人类中发现的病毒最多，反映了人们更多地注意到与人类健康和经济活动密切相关的一些宿主的病毒。

1. 脊椎动物病毒

脊椎动物病毒包括感染哺乳动物、爬行动物、两栖动物、鸟类、鱼类等动物的病毒，其中最值得关注的是感染人的病毒。常见的人类病毒病有天花、黄热病、小儿麻痹症、狂犬病、肝炎、麻疹、脑炎和艾滋病等，这些病毒病原对人的身体健康造成了极大威胁。近年来曾发生的一些重大公共卫生事件大多为病毒病，如传染性非典型肺炎(SARS) 的病原为冠状病毒；甲型 H1N1 流感的病原为甲型流感病毒；流行在热带、亚热带的登革热病由登革病毒引起；手足口病由柯萨奇病毒引起。在畜牧业中，家禽和家畜的主要病毒病有新城疫、禽流感、传染性喉气管炎、猪圆环病毒病、猪蓝耳病、马传染性贫血病等；引起世界性恐慌的疯牛病的病原是一种亚病毒传染因子朊病毒。近年来在鱼类中也发现多达数十种病毒病，如草鱼出血病、传染性胰脏坏死病、鲤鱼乳头状上皮瘤病毒病等，在水产养殖中需要特别重视。

2. 无脊椎动物病毒

无脊椎动物病毒研究最多的是昆虫病毒，如家蚕脓核症病毒、传染性软化病病毒、质多角体病毒常引起家蚕的严重病害，直接影响桑蚕养殖业。有些病毒以脊椎动物和无脊椎动物作为共同宿主，也是威胁人类的重要病毒病原。在农林生产上还有许多昆虫病毒可以自然感染有害昆虫，被用来作为天敌进行害虫的生物防治，如昆虫的核多角体病毒、颗粒体病毒等。此外，在水生动物虾、蟹、贝类中也发现有病毒存在，如对虾的白斑综合征病毒近年来普遍发生，造成了中国对虾濒临绝产的严重局面，使水产养殖业的经济损失重大。无脊椎水生动物病毒病研究已日益引起人们的重视。

3. 植物病毒

高等植物的病毒是最早被人们认识的，烟草花叶病毒是第一个被研究和观察到的病毒，对促进病毒学的发展起到了特殊作用。植物病毒在自然界普遍存在，在农业上引起粮食作物、油料作物、蔬菜、瓜果、花卉、牧草、林木和中草药的各种病害，降低农作物的产量和品质，造成重大经济损失。植物病毒绝大多数为 RNA 病毒，但近年来发现含有单链 DNA 的双生病毒在许多农作物和杂草上普遍存在，已成为世界范围内分布最广、病毒种类最多的一大类群。有些植物病毒的宿主范围极广，如黄瓜花叶病毒能侵染 40 科 191 种双子叶植物和单子叶植物，所以在植物病毒分离和鉴定中需要慎重，避免把已知病毒在不同植物上的侵染现象误认为是一种新的病毒。

4. 藻类、真菌、酵母和原生动物病毒

该类群病毒的发现较迟，研究不很系统，由于宿主都为低等真核生物，所以暂归类在一起。珊瑚轮藻病毒是第一个被发现的具有感染性的真核藻类病毒。在许多小球藻中也发现有 DNA 病毒存在。除了 DNA 藻类病毒之外，近年来还发现了大量 RNA 藻类病毒，这些 RNA 藻类病毒大多归属于海洋 RNA 病毒科。藻类病毒可能是抑制水体蓝绿藻疯长的一种生物因子，在环境治理中具有很大的应用价值。

真菌病毒目前已经报道 100 多种，病毒的宿主包括丝核菌、栗疫病菌、根前毛菌、燕麦孺孢菌、产黄青霉、小麦全蚀病菌、玉米黑粉菌等，可以抑制真菌的正常生长。但啤酒酵母病毒会影响酿酒业，蘑菇病毒则对蘑菇生产造成很大的损失。

5. 原核生物病毒

几乎所有的细菌都有相应的病毒（噬菌体）存在，目前已报道的细菌病毒有几百种，在古生菌中也发现有病毒，只有在那些人们还不充分了解的细菌中尚未报道相应的病毒。在发酵工业上，噬菌体污染会严重影响发酵周期，轻则影响产品的产量和品质，重则引起“倒罐”现象，造成直接经济损失。噬菌体的宿主范围不会跨越已经确立的细菌类群的分类界线，如小球菌的噬菌体不会在链球菌内增殖，伤寒杆菌的噬菌体也不会在假单胞杆菌内增殖。这一界线不仅限于“种”间，在株系间也存在着特异性。另外，在一些放线菌、支原体、立克次体内也发现了病毒的存在。

1.2.2 病毒的分类和命名

1. 病毒分类和命名的沿革

病毒分类是将自然界存在的病毒种群，按照它们的性质相似性和亲缘关系加以归纳编排，以了解病毒的共性与个性特点。病毒的分类与命名经过了半个多世纪的漫长而曲折的道路。早在 1927 年，美国病毒学家 Johnson 就提出过一个分类系统，此后有不少学者根据自己的研究成果发表了不同的分类方案，单是植物病毒分类方案就有 12 个之多，病毒分类曾一度处于分歧和混乱之中。

1966年在莫斯科召开的第九届国际微生物学大会上成立了国际病毒命名委员会（International Committee for Nomenclature of Viruses，ICNV），讨论确立病毒分类和命名的方针。1971年ICNV公布了关于病毒分类和命名的第一次报告，将500多个病毒分为RNA病毒和DNA病毒两大类，共有43个病毒属（组）。1974年ICNV更名为国际病毒分类委员会（International Committee for Taxonomy of Viruses，ICTV）。1976年ICTV公布了病毒分类和命名的第二次报告，将病毒已建立的属（组）按宿主划分为五大类；1979年公布了病毒分类和命名的第三次报告，根据病毒的核酸类型、包膜有无将病毒分为七大类，总共有53个科（组或群）；1982年公布了病毒分类和命名的第四次报告，将七大类病毒划分为54个科（组）和5个可能的科；1991年公布了病毒分类和命名第五次报告，将2430个病毒分为73个科（组），发表了20条病毒命名的规则及6条病毒种命名和描述的准则，并且首次提出了比科更高一级的分类单元，即单分子负链RNA病毒目。1995年ICTV公布了病毒分类和命名的第六次报告，该报告中共设立了49个病毒科、11个亚科、164个属（包括22个未定科的属），其中植物病毒分类不再采用组，而统一使用科、属、种分类单元。2000年ICTV公布了病毒分类和命名的第七次报告，设立了3个病毒目，科增至62个，属增至226个。2005年7月ICTV公布了病毒分类和命名的第八次报告，将ICTV所承认的5450多个病毒归属为3个目、73个科、11个亚科、289个属（其中24个病毒属为独立的属）。在亚病毒感染因子下设类病毒、卫星病毒和朊病毒。其中类病毒有2个科、7个属，卫星病毒有2个亚组，卫星核酸有3个亚组，朊病毒分为哺乳动物朊病毒和真菌朊病毒。与第七次报告相比，其新增加了9个科、2个亚科、56个属。第八次报告的最大特点是进一步明确了“种”作为病毒分类系统中的最小分类单元，在每一个确定种下面列出了一至几十个不同的分离物。

ICTV的重要作用在于统一领导了国际病毒的分类和命名，定期出版病毒分类和命名报告，成为国际病毒界统一遵循的病毒分类和命名系统。该组织一般每3～4年召开一次全体会议，讨论和审查各国病毒学家们提出的分类建议，修改和制定病毒分类方案。随着病毒学研究技术的提高，人们对病毒基本性质的知识不断更新和丰富，有关病毒分类的研究也在不断深入，新的病毒不断被报道，病毒的分类标准和指标内容越来越明确且接近病毒的本质。2008年在土耳其的伊斯坦布尔召开了ICTV第40次常务会议，最新的病毒分类和命名的第九次报告将于2011年正式公布。

2. 病毒分类和命名规则

在生物分类系统中，分类单元通常包括7个主要级别：界、门、纲、目、科、属、种。种（物种）是基本单元，近缘的种归合为属，近缘的属归合为科，科隶于目，目隶于纲，纲隶于门，门隶于界。生物种的命名体系是由Linnaeus（林奈）于250年前提出来的双名命名体系（Linnaean binomial system of nomenclature），采用两个拉丁化的名字来命名，通常以斜体字或下划双线以示区别。第一个名代表“属”名，是主格单数的名词，第一个字母大写；第二个名代表“种”名，常为形容词，须在词性上与属名相符。由属名和种名组合起来构成了物种的学名。例如，北美红枫的种名为 *Acer* rubrum；黑猩猩的种名为 *Pan troglodytes*；大肠杆菌的种名为 *Escherichia coli*。

病毒命名与其他动植物命名方法不同，不采用林奈创立的“双名法”，而是以宿主名、症状或病理特征（如花叶、黄脉、登革热、脊髓灰质炎）、地名（如布尼亚、马尔堡、埃博拉）、人名（如 Rous、Epstein、Barr）、病毒粒子形态（如弹状、丝状、纺锤状）、缩拼字（如 Asfar、Tombus、Bromo）以及字母和数字（如 T4、ϕX174）进行命名的。病毒的分类和命名不遵守优先法则，所用的命名应该便于使用和记忆。在设立新分类单元时，不再使用人名命名，上标和下标字符、连字符、斜线、希腊字母在新命名中不能使用。如果缩拼字对这一领域的病毒学研究工作者是有意义的，经过几个国际病毒研究小组建议，缩拼字命名可以被接受作为分类单元的名称。现有的病毒分类名称只要是有用的就应保留，新的命名不能与已经承认的病毒名称重复。人工产生的病毒和实验室的杂种病毒在分类学上不予考虑。

国际病毒分类系统采用目（order）、科（family）、亚科（subfamily）、属（genus）、种（species）的分类单元，并不是所有病毒科都必须隶属一个目，在没有适当目的情况下，科可以是最高的分类单元。

（1）病毒种的定义和命名：病毒种是指构成一个复制谱系、占据一个特定生态位、具有多个分类特征的病毒。多个分类特征强调病毒种不是单纯由某一个鉴别特征决定的，而是由多个特征来决定的，包括：病毒的基因组成，病毒粒子的形态结构、生理生化特性和血清学特性等。病毒种的复制谱系强调了病毒种的系统进化特性，即现今所有的病毒种可能起源于共同的病毒祖先。病毒种的生态位是指某种病毒的特定生物学特性、地理分布、寄主范围、媒介的嗜亲性、致病机理等。

病毒种的命名由几个有实际意义的词组成，但不是单独以宿主名加“virus”构成，当 ICTV 下属委员会不能肯定一个新的病毒种分类地位时，新种可以作为暂定种列在适宜的属和科中。在不考虑病毒属和科的情况下，病毒种名与病毒株系均应有明确的含义。

（2）病毒属的命名：病毒属是一群具有某些共同特征的种。属名的词尾为“virus”，设立一个新的病毒属时必须有一个同时被承认的代表种（type species）。

（3）病毒科的命名：病毒科是一群具有某些共同特征的属。科名的词尾为“viridae”，科下面可以设立或不设立亚科，亚科名的词尾为“virinae”。

（4）病毒目的命名：病毒目是一群具有某些共同特征的科。目名的词尾为“virales”。

（5）亚病毒感染因子的命名：有关病毒分类的规则也适用于类病毒的分类，类病毒种的词尾是“viroid”，属的词尾是“viroid”，亚科的词尾是“viroinae”，科的词尾是“viroidae”。逆转录转座子在分类中被考虑作为病毒。卫星病毒和朊病毒不是按病毒分类，而是采用任意分类，这种分类对专门领域的研究工作者是有用的。

一般而言，病毒粒子的形态、基因组构造和复制方式、病毒结构蛋白的数量及大小、非结构蛋白的数量及大小都可以作为病毒科、属分类和命名的依据。而病毒基因组的核酸类型、基因组的单双链、逆转录过程和病毒基因组的极性则与病毒目的分类和命名有关。

3. 病毒名称的书写规则

在病毒分类系统中所采用的病毒目、科、亚科和属的名称一律用斜体字印刷，名称的第一个字母要大写。病毒确定种的名称用斜体字印刷，第一个词的首字母要大写，其他词除专有名词外首字母一律不大写。属内的暂定种及没有归入属或科的病毒不用斜体印刷，但第一个词的首字母要大写。按规范的惯例，分类单元的名称应放在分类单元术语之前。

4. 病毒分类依据

目前病毒的分类根据多原则分类方案进行，主要依据病毒核酸类型和基因组序列，同时考虑病毒的形态结构、宿主范围和传播途径等生物学及非生物学特性。随着分子生物学技术的飞速发展，越来越多的病毒已完成全基因序列测定，许多新病毒在其刚发现时就可以进行序列分析，病毒的核酸序列是病毒的重要分类依据。但在病毒分类命名中，其生物学特性，如宿主范围、抗原特性、对宿主生理的影响和传播途径等仍是不可忽视的内容。病毒的分类命名仍应依据以下8个原则。

（1）核酸的类型、结构和相对分子质量：病毒核酸是DNA还是RNA，是单链还是双链，是线状还是环状，是单分子还是多片段，核酸相对分子质量占病毒粒体总质量的百分比，鸟嘌呤加胞嘧啶（G＋C）的含量等。

（2）病毒的形状和大小：病毒粒体的形状是杆状、球状、二十面体、弹状、砖形，还是其他特殊形状；病毒粒体的长度和宽度，病毒粒体的直径。

（3）病毒粒体的形态结构：包括壳体的对称型，是立体对称、螺旋对称还是复合对称；有无囊膜；二十面体壳体的壳粒数目和直径，螺旋壳体的直径。

（4）病毒对乙醚、氯仿等脂溶剂的敏感性。

（5）病毒的抗原性质和血清学关系。

（6）病毒在宿主和细胞培养上的特性：宿主、组织和细胞的特异性；病毒感染宿主的临床病理特征和组织嗜性；病毒在感染细胞内的复制过程；合成和装配部位；在细胞核内、细胞质内或细胞表面成熟的情况；细胞内包涵体的形成和细胞病理变化。

（7）除脂溶剂外对其他化学和物理因子的敏感性：包括对酸的稳定性、对热的稳定性和加入二价阳离子后的稳定性。

（8）流行病学特点：包括病毒的宿主范围、传播方式和媒介种类。

1.2.3　病毒分类系统

病毒分类经过几十年的发展，迄今已经形成了一整套比较完善的分类系统。自2005年发布病毒分类和命名的第八次报告之后，为了更加及时地公布经ICTV批准的病毒分类新建议，ICTV在自己的网站上分别于2007年、2008年、2009年发布了更新后的病毒分类系统和病毒种名单。在2009年的新分类系统中，共设立了6个目、87个科、19个亚科、348个属（其中13个病毒属为独立的属）、2290种。其中类病毒有2

个科、8个属、31种。其他亚病毒因子如病毒卫星和朊病毒没有列在其中，待第九次报告公布。本书附录是根据2009年国际病毒分类系统归纳的各病毒科及未归类病毒属的特征。

1.3 病毒入侵、繁殖及病理变化

由于病毒并非严格意义上的独立生命体，故而在病毒的整个生命周期中，它一定需要宿主细胞为其提供核酸复制、蛋白质合成和组装成熟的场所，而且不少病毒缺乏完整的酶系统，它也需要利用宿主细胞的一系列“组件”为其服务，这些都可导致宿主细胞发生病变。电镜是观察细胞及亚细胞结构的重要手段，目前我们所获得的关于细胞、细胞器，甚至一些细胞内大分子的形态信息大多都由它来提供。本节将着重讲述利用超薄切片技术结合其他辅助方法，在电镜下观察病毒的入侵、增殖及由此引发的宿主细胞变化。

1.3.1 病毒的入侵

电镜作为一种研究病毒的强有力的工具，在病毒入侵方面主要可以带来两方面的信息：病毒与受体的结合状况；病毒入侵细胞的方式。病毒与受体的结合状况包括结合部位及结合后病毒衣壳和受体的变化情况，这对研究和防治病毒是非常重要的，这一方面的研究主要利用免疫电镜和冷冻电镜等技术。

病毒入侵细胞的方式有核酸注入式、膜融合式和内吞式等，这些方式最初都是在电镜观察超薄切片的研究中首先发现的。此后，其他方法也陆续被应用到病毒入侵方式的研究中，但电镜具有可直接提供证据的巨大优势。

核酸注入式病毒入侵细胞时，其蛋白衣壳并不进入宿主细胞。噬菌体入侵细菌时，首先使用尾丝特异性识别宿主受体，并通过其尾丝附着在细菌的细胞壁上（图1-7A），然后尾巴刺穿宿主的细胞壁，或利用相关蛋白质在细胞壁上形成一条通道，使噬菌体衣壳内的核酸得以注入宿主细胞内（图1-7B），从而在后者内部开始核酸复制、蛋白质表达、衣壳组装等一系列噬菌体增殖活动[22]。

膜融合的入侵方式主要发生在囊膜病毒中，入侵细胞时病毒囊膜与细胞质膜发生融合，而囊膜内的核衣壳则进入宿主细胞，然后在细胞内完成脱衣壳、核酸复制等过程，如SARS冠状病毒（*SARS coronavirus*，SARS-CoV）入侵绿猴肾细胞（Vero E6）就是采用这种方式。SARS-CoV属于冠状病毒科（*Coronaviridae*）、冠状病毒属（*Coronavirus*），它是一种正义单链RNA病毒。取感染SARS-CoV不同时期的Vero E6细胞进行大量超薄切片观察，其中感染早期的细胞可清晰展现SARS-CoV入侵细胞的完整过程。从图1-8A可以看到，SARS-CoV首先吸附在Vero E6细胞表面，病毒的囊膜与宿主细胞的细胞膜融合，随后核衣壳进入细胞。图中还可看到刚通过细胞膜的SARS-CoV的核衣壳边界模糊，没有明显囊膜结构，整个粒子的电子密度均匀，说明SARS-CoV进入细胞后，已去除了外面的囊膜结构，仅剩下核衣壳部分[23]。

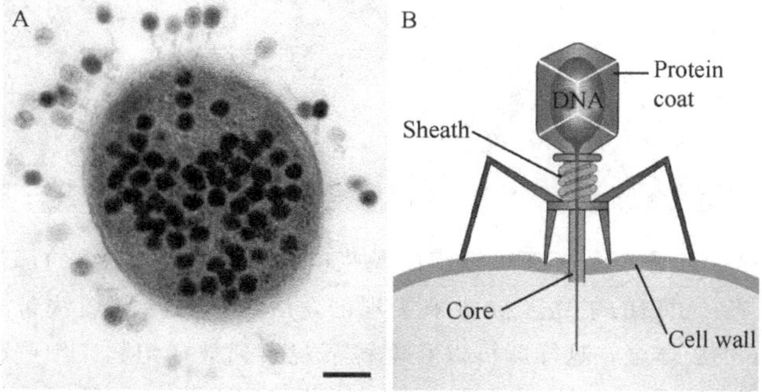

图 1-7 噬菌体采用核酸注入方式侵染宿主。A. T4 噬菌体入侵 *E. coli* K-12 的电镜照片（来自 John Wertz，Yale University）（标尺＝200nm）。B. T4 噬菌体侵染宿主细胞的模式图（引自 Molecular Nanomachines at the Department of Biochemistry，University of Zurich）

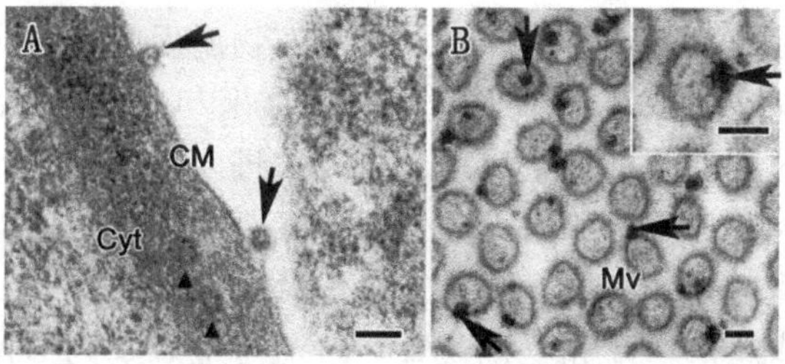

图 1-8 利用电镜研究病毒的入侵过程。A. SARS-CoV（黑色箭头指示）吸附到 Vero E6 细胞表面，病毒囊膜与细胞膜（CM）融合并释放出病毒核衣壳，三角形指示释放到细胞质（Cyt）中的模糊的病毒核衣壳（标尺＝100nm）。B. 完整的 BmCPV 病毒粒子以直接穿膜方式进入柱状细胞微绒毛（横切面），右上方插图为病毒穿微绒毛膜的局部放大图。Mv：微绒毛（标尺＝100nm）

内吞方式（endocytosis）是指病毒识别宿主细胞受体后，受体侧向移动进入包被窝（coated pits），细胞膜的下陷区域被网格蛋白（clathrin）包围从而形成内吞泡，并将病毒吞噬；包被窝缩进细胞质后以网格蛋白衣被膜泡（coated vesicles）的形式分离出来，这些膜泡随后向早期内吞体（early endosome）运输，去衣被后再与靶膜融合从而释放其内容物，病毒由此得以进入细胞内部。这种方式可以发生在有膜类或无膜类的病毒中，如犬细小病毒（*Canine parvovirus*，CPV）就是通过网格蛋白介导的内吞作用实现细胞入侵的[24]。电镜研究显示，染毒后许多 CPV 结合到细胞膜的下陷区域，并在有包被窝中发现病毒（图 1-9A），5min 后这些包被窝就缩入到细胞质中（图 1-9B），并向早期内吞体大量转移（图 1-9C）。

如上所述，病毒入侵细胞的方式大多是通过电镜观察直接证实的，此外通过电镜还可为分子生物学和细胞生物学等研究提供依据，这里以电镜观察家蚕质多角体病毒（*Bombyx mori cypovirus*，BmCPV）入侵家蚕中肠柱状细胞（midgut columnar cell）

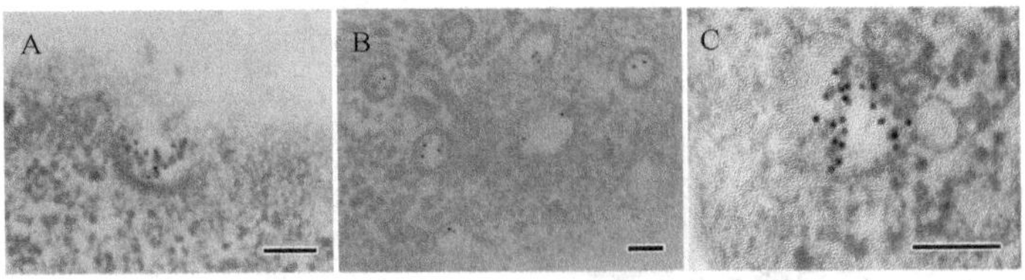

图 1-9　CPV 入侵 NLFK 细胞的免疫电镜分析。对 CPV 的标记是通过衣壳蛋白的单克隆抗体来实现的，后者通过预包埋法带上了 10nm 的胶体金，这样就可以在电镜下观察到被标记物。细胞分别在染毒后 0min（A）和 5min（B～C）进行固定[24]（标尺＝100nm）

的方式为例进行介绍。BmCPV 为呼肠孤病毒科（*Reoviridae*）、质多角体病毒属（*Cypovirus*）的代表种，是一种无囊膜的双链 RNA（*ds*RNA）病毒。多年来病毒学界对其入侵方式一直存在争议：Ko*bayashi*（1972）认为它采用的是类似于 T4 噬菌体的核酸注入方式，病毒粒子的突起前端吸附细胞表面，突起埋进细胞表层，从衣壳顶点释放纤维状的病毒核酸到细胞内并进行复制，释放出髓核物质后的空心病毒衣壳依然留在细胞外。然而分子生物学和冷冻电镜三维重构的研究结果却表明，BmCPV 的 RNA 聚合酶是锚定于病毒衣壳的内壁上的，如果病毒衣壳无法进入细胞，则即使病毒核酸被成功注入细胞内部，也将因为缺乏聚合酶而无法开展病毒复制。显然 Kobayashi 的解释是存在较大纰漏的，为了阐明 BmCPV 的入侵方式，作者通过活体感染二龄起蚕，添毒后在不同时间大量取样，制作超薄切片和电镜观察，可清楚地观察到 BmCPV 是以完整病毒粒子的形式穿过细胞膜入侵中肠上皮细胞的（图 1-8B），这也是对 BmCPV 穿膜入侵方式的首次报道[25]。

1.3.2　病毒的繁殖

病毒感染首先是识别受体、吸附细胞，然后以各种形式将核酸运入宿主细胞并开始病毒的繁殖过程。病毒的繁殖包括病毒核酸的复制、病毒蛋白的合成，以及病毒粒子的组装、成熟和释放。各种电子显微学技术（包括超薄切片、免疫电镜技术及冷冻电镜三维重构等）的广泛应用，为病毒学研究提供了大量病毒繁殖的形态表征及时空发生信息。

病毒核酸复制的过程，主要可以通过电镜原位杂交技术进行检测，实验设计还应充分考虑该病毒的核酸复制特性。这里还是以 BmCPV 为例介绍。作为典型的 dsRNA 病毒，它在复制过程中先产生单股正链 RNA（＋ssRNA），再以＋ssRNA 为模板合成负链从而形成 dsRNA 基因组。我们利用这种复制特性，采用电镜原位杂交技术来检测核酸复制中间体——＋ssRNA 在中肠柱状细胞中的分布，从而确定 BmCPV 的核酸复制场所。

从染毒后第 6h 样品开始检测到阳性杂交结果，显示病毒＋ssRNA 最先出现在中肠柱状细胞核内，并相对集中分布于核仁（nucleolus）区域，另外核基质（nuclear matrix）中也有少量分布。感染12h后，病毒+ssRNA大量富集在核仁中，并有部分开始向核外移动，于是在双层核膜（nuclear membrane）间隙中和细胞核外缘也观察到了+ssRNA，显示病毒+ssRNA在核仁内合成后再通过核膜运输到细胞质中（图1-10A）。该时段的结果还显示柱状细胞顶端胞质中的核糖体（ribosome）上也存在少量+ssRNA，说明+ssRNA正作为mRNA指导病毒蛋白的合成。第24h，病毒正链RNA均匀分散在胞质的一个小区域内，该区域内无细胞器，可能是病毒发生基质（virus morphogenesis matrix vesicae，VMMV）的目的地。而在其他区域一些病毒发生基质已形成，病毒+ssRNA出现在基质的边缘，暗示单链核酸被运到基质中用于病毒粒子装配。出现在病毒发生基质中的病毒粒子只有少数被成功标记，说明该类颗粒尚处于单链核酸的未成熟阶段，但该阶段可能非常短暂，因大多数病毒粒子都未被标记，显示它们都已经拥有了完整的双链基因组。从以上结果来看，+ssRNA在被病毒衣壳蛋白包裹形成非成熟颗粒（immature virion）后，立即在颗粒内部被病毒RNA聚合酶互补合成dsRNA基因组，这也很好地解释了为何第48h，包埋在多角体内的成熟病毒粒子（mature virion）均未被标记上胶体金。

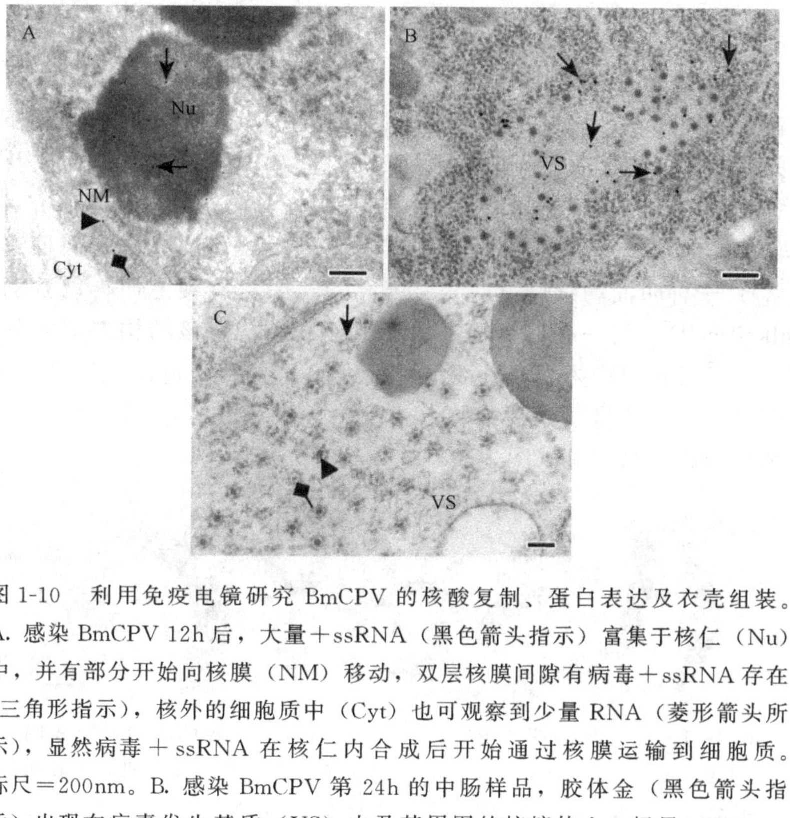

图1-10　利用免疫电镜研究BmCPV的核酸复制、蛋白表达及衣壳组装。A. 感染BmCPV 12h后，大量+ssRNA（黑色箭头指示）富集于核仁（Nu）中，并有部分开始向核膜（NM）移动，双层核膜间隙有病毒+ssRNA存在（三角形指示），核外的细胞质中（Cyt）也可观察到少量RNA（菱形箭头所示），显然病毒+ssRNA在核仁内合成后开始通过核膜运输到细胞质。标尺=200nm。B. 感染BmCPV第24h的中肠样品，胶体金（黑色箭头指示）出现在病毒发生基质（VS）内及其周围的核糖体上。标尺=200nm。C. 染毒48h的柱状细胞基部也开始出现病毒发生基质（VS）和病毒粒子，并可同时观察到无核酸的中空病毒衣壳（黑色箭头指示）、部分填充的病毒粒子（菱形箭头指示）和完整的病毒粒子（三角形指示）（标尺=100nm）

除了核酸复制分析，免疫电镜还能用于研究病毒蛋白的表达、病毒粒子的组装和运输过程。以BmCPV蛋白的合成动态为例，在BmCPV感染家蚕中肠柱状细胞3h后，观察到大量亲代病毒粒子进入柱状细胞内，这些病毒除分布于细胞质，还出现在了细胞核中。而随后的6～12h均未观察到病毒颗粒，这说明从病毒侵入细胞到产生子代病毒之间存在一段隐蔽期。而染毒6h样品的病毒蛋白标记结果也为阴性，说明此时病毒蛋白的合成可能还没开始。但第12h样品可检测到弱阳性免疫反应，在柱状细胞顶端的胞质内以及核糖体上都出现了少量被标记的病毒蛋白，只是此时仍未观察到病毒发生基质和可辨认的病毒颗粒，显然病毒衣壳的组装尚未开始。直至感染后第24h，中肠柱状细胞顶端细胞质内出现了病毒发生基质和子代病毒（图1-10B），免疫标记结果表明病毒蛋白集中分布在病毒发生基质内及其周边的核糖体上，基质的外层区免疫标记较多，基质内的病毒衣壳也能被标记上。这说明病毒蛋白从核糖体中合成出来后都集中到了病毒发生基质中，并随后组成病毒衣壳。第48h，病毒发生基质中大量成熟或未成熟病毒粒子被包埋在多角体蛋白中并形成多角体，除了多角体内部的病毒粒子，柱状细胞基部新出现的病毒发生基质和病毒粒子也都被胶体金所标示（图1-10C）。

1.3.3　病毒引起宿主细胞的病理变化

电镜下观察到的原核细胞结构相对简单，膜系统不发达，因而在电镜下观察原核细胞多使用负染色技术，主要关注于它的大小、形态（杆状、球状等），以及鞭毛或菌毛的着生位置、数量等。还可根据这些形态信息来进行分类学和细胞学研究。例如，新月柄杆菌（*Caulobacter crescentus*）就是一种甚为特殊的细菌，它具有两种完全不同的形态（图1-11A）：一种叫涌动细胞（swarmer cell），因具有鞭毛而得以游动；另一种叫柄细胞（stalked cell），其一端带有长长的管状柄杆结构，该结构末端能分泌高黏度物质，使得菌体可以吸附到物体表面。而只有柄细胞才具有染色体复制及细胞分裂能力，通过负染色即可很轻松地将这两类细胞分辨开来（图1-11B），放大后还可观察到内部的细胞器和细胞内膜状结构等（图1-11C）。

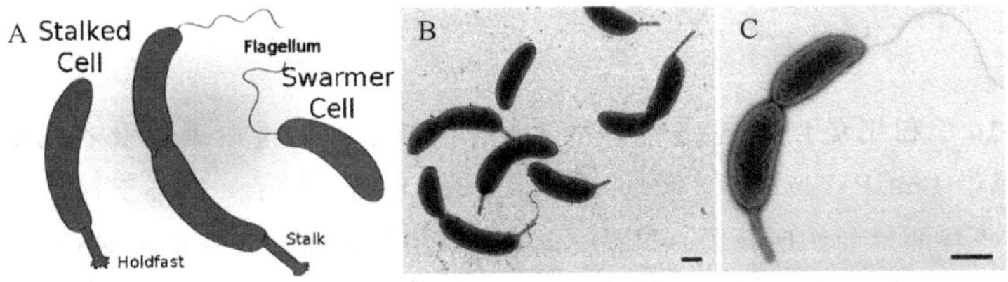

图1-11　新月柄杆菌的形态结构。A. 涌动细胞和柄细胞的模式图（引自www.wikipedia.org）。B. 通过负染色观察可以区分涌动细胞和柄细胞，菌体的鞭毛亦清晰可见（来自William C. Nierman，J. Craig Venter Institute）。标尺＝500nm。C. 柄细胞的负染色放大图（来自Michael Laub，Stanford University）（标尺＝500nm）

当病毒（噬菌体）入侵这些原核生物时，可导致原核细胞膜变得皱缩，呈波浪形，不再光滑，有些细胞还出现空泡化现象，其间包裹大量子代病毒粒子（图 1-12）。噬菌体 Chp2 侵染绵羊的鹦鹉热衣原体（*Chlamydia psittaci*）后，导致后者的细胞体积明显缩小，而且细胞内容物变得更紧密；同时还出现了大量已被“镂空”的衣原体膜，显然这些空泡状结构已经成为 Chp2 的病毒发生基质，子代病毒在其中大量组装并继续向外周扩散[26]。

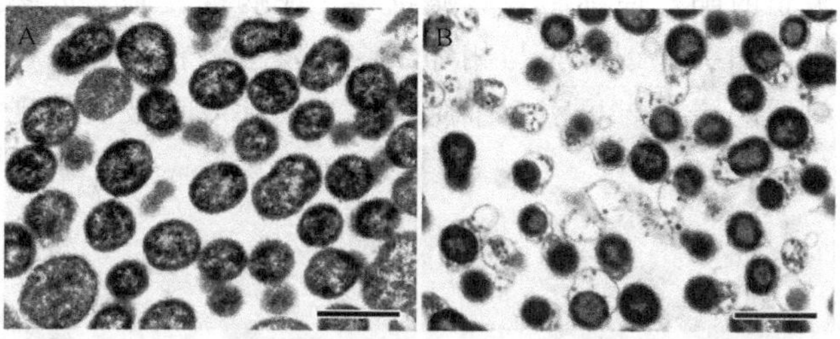

图 1-12 噬菌体入侵鹦鹉热衣原体后导致的细胞结构变化。取感染鹦鹉热衣原体 48h 后的 BGMK 细胞进行固定和超薄切片观察，其中 A 使用不带有噬菌体 Chp2 的衣原体进行染毒，B 则使用了含有噬菌体 Chp2 的衣原体[26]（标尺＝1000nm）

真核细胞结构比较复杂（图 1-13），表面细胞膜有多种分化，细胞内部还有丰富的细胞器，如细胞核（nucleus）、内质网（endoplasmic reticulum）、高尔基复合体（golgi complex）、线粒体（mitochondrion）、质体（plastid）、溶酶体（lysosome）、核糖体（ribosome）、微管（microtubule）、微丝（microfilament）及脂肪滴、糖原（glycogen）等。不同的病毒感染所引起的病变也不尽相同，其中细胞核、线粒体、内质网等的变化尤为明显。

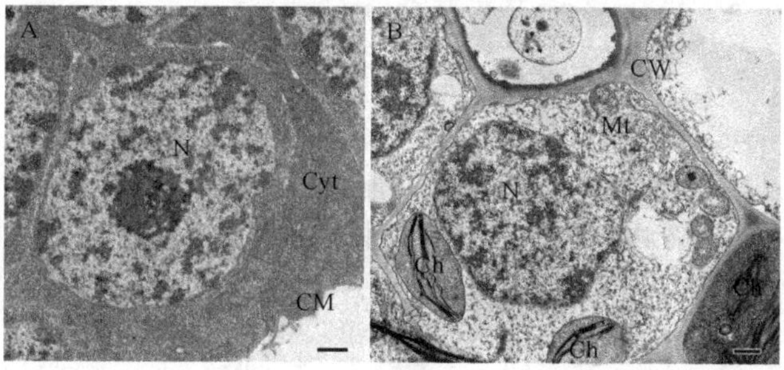

图 1-13 动物细胞（A）和植物细胞（B）在电镜下的超微结构。N：细胞核；Cyt：细胞质；CM：细胞膜；CW：细胞壁；Mt：线粒体；Ch：叶绿体（标尺＝1000nm）

1. 病毒入侵引起细胞膜和细胞的表面变化

细胞膜主要由蛋白质、类脂（胆固醇、磷脂）和糖类（糖蛋白、糖脂）构成，其主要功能是在液态的脂类双分子层和蛋白质结构基础上进行的。镶嵌在膜中的蛋白质执行许多重要的功能，其中包括主动运输膜内外物质的转运蛋白，接受激素、神经递质，以及一些药物信号的受体、许多酶及特异性的抗原等。动物细胞在其原生质外，仅有一层薄的质膜（即细胞膜）；而植物细胞的质膜外，尚有一层纤维素构成的细胞壁（图 1-13）。

病毒入侵可导致细胞膜及其表面分化而形成结构变异。在病毒入侵初期，病毒主要依靠识别细胞膜上的受体分子结合上去，继而改变细胞膜的结构，如病毒的囊膜与细胞膜融合；或导致细胞膜内陷，使细胞吞噬病毒等。在病毒复制、成熟过程中，病毒也可导致细胞膜发生变化，如引起细胞膜与相邻细胞膜发生融合，这在黄病毒中是比较常见的现象。病毒在成熟后的释放，可引起细胞膜发生出芽或者破裂等现象，从而释放成熟的病毒粒子（图 1-14）。

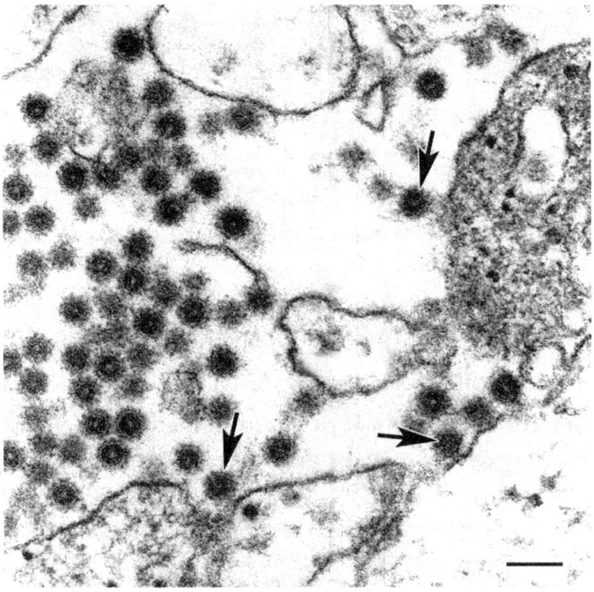

图 1-14　东部马脑炎病毒（*Eastern equine encephalitis virus*，EEEV）侵染 Vero 细胞 24h 的电镜照片。可见大量 EEEV 病毒颗粒聚集在细胞之间，其中一些还刚刚从细胞膜出芽（黑色箭头所指），周围的宿主细胞则遭受了巨大破坏，细胞膜边界变得模糊，甚至破裂成碎片（来自 F. A. Murphy，School of Veterinary Medicine，University of California，Davis）（标尺＝100nm）

2. 病毒引起的线粒体的变化

正常线粒体具有双层单位膜结构，是进行生物氧化及提供生命活动所需能量的重要细胞器，普遍存在于真核生物的所有细胞中。线粒体在细胞内的数量因不同细胞而有很大的差别，一般生理功能活跃的细胞中数量特别多，反之则较少。

线粒体外膜包裹在整个线粒体外面，内膜向线粒体内突起形成许多折皱，称为线粒体嵴（christae mitochondriales）。外膜与内膜之间的间隙称为膜间隙或外室，此区电子密度很低，故呈浅亮色。线粒体嵴与嵴之间的间隙称为内室，由于里面充满基质，故又称基质间隙，此区呈中等电子密度。基质内有一些直径 30～50nm 的高电子密度颗粒，颗粒内含有钙离子、镁离子等二价阳离子。不同种类的细胞线粒体形态上有较大差异，主要表现在线粒体整体的大小、形态，嵴的数量、形态和排列上。在大多数情况下，线粒体呈圆球状或棒状，分支状的线粒体、轮状线粒体、碟状线粒体和杯状线粒体也有报道。一般氧化代谢率高的细胞中，线粒体的嵴比较多，基质较少；而在代谢率低的细胞或一些植物细胞中，线粒体的嵴短而疏。

病毒感染宿主细胞后，常见线粒体发生嵴内肿胀，基质变稠，形成电子密度致密带，有些基质呈致密板状绕于线粒体周边，还有一些嵴消失，严重时线粒体膜破碎（图 1-15C)。有些病毒感染宿主细胞后，可引起线粒体膜内陷，形成小泡状结构（图 1-15D)，研究表明这些结构与病毒核酸的复制、蛋白质合成及其子代病毒粒子的组装等过程有关。这些步骤的完成往往需要大量的能量、物质运输等，所以还经常会引起宿主细胞内线粒体数量及分布等方面的变化（图 1-15B)。

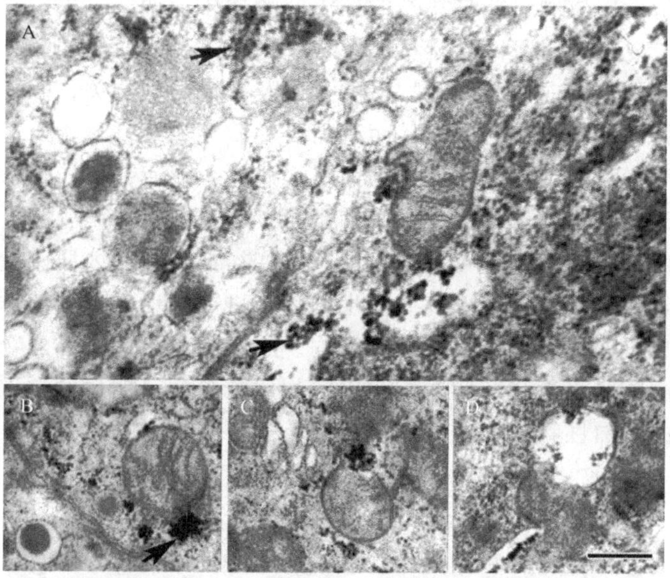

图 1-15 1 型糖尿病患者的胰腺（type 1 diabetic pancreas）组织超薄切片[27]。A. 电镜观察可见人体胰岛 β 细胞（human islet β cell）的胞质中含有大量柯萨奇病毒（*Coxsackie B4 virus*）颗粒（黑色箭头所示）。B. 病毒的分布大多靠近线粒体（黑色箭头所示）。C. 病变线粒体发生膨胀，内部的嵴消失。D. 线粒体部分松垮形成空泡（标尺＝1000nm）

3. 病毒引起的内质网结构的变化

内质网是由单位膜构成的一种重要细胞器，它广泛存在于各种细胞内，其形态和数量随各细胞而异，在有些细胞（如各种类型的白细胞）中很简单，只有少数小泡、小管状；而在另一些细胞（如浆细胞、肾上腺皮质细胞）中则十分复杂，且占细胞质的很大部分。内质网可分为粗面内质网和滑面内质网。

粗面内质网（rough endoplasmic reticulum，rER）的表面附有核糖体，其功能与蛋白质合成及运输有关。内质网可以是少数小的游离囊泡，也可以形成广泛的、互相连接的囊泡，但大多数为扁平状、管状或泡状，而且往往可见到核膜外层与粗面内质网相连。除哺乳动物的红细胞外，几乎所有的真核细胞都含有粗面内质网。在旺盛合成和分泌蛋白质的细胞（胰腺外分泌细胞、浆细胞）中，粗面内质网发达；而在幼稚的细胞或分化低、生长快的肿瘤细胞中，粗面内质网不发达，且数量很少。因此，细胞中粗面内质网的多少，常常可作为估计细胞分化程度和功能状态的一个指标。

滑面内质网（smooth endoplasmic reticulum，sER）表面没有附着核糖体，通常呈分支小管或小泡的不规则的网状结构，多数分布在细胞的边缘，且常和粗面内质网相连。滑面内质网存在于许多不同类型的细胞，其功能也多样，并不具有一种共同的功能。例如，肝细胞、分泌固醇类激素的细胞、壁细胞、小肠上皮细胞等都有发达的滑面内质网，但它们的功能却是不同的：肝细胞的滑面内质网与解毒作用、胆汁分泌、脂类代谢、糖代谢等功能有关；分泌固醇类激素的细胞的滑面内质网与胆固醇的合成有关；胃底腺壁细胞的滑面内质网可能与盐酸的分泌及渗透压的调节有关；心肌和骨骼肌细胞的滑面内质网构成复杂的肌浆网，能释放及获取钙离子，与肌细胞的收缩、舒张有关。

正是由于内质网与蛋白质和其他物质的合成及运输高度相关，病毒在繁殖过程中也需要内质网上的核糖体合成其蛋白质，而且需要内质网系统进行物质运输，有些甚至干脆把内质网作为病毒蛋白组装的场所，因而很多病毒入侵后都会导致宿主细胞的内质网发生明显病变。SARS-CoV 入侵 Vero E6 细胞后 7h 不到，内质网就会发生膨胀，并可看到膨胀的内质网内有子代病毒粒子的组装。病变初期，粗面内质网上的核糖体颗粒虽仍可见到，但数量明显减少，随着病变发生的程度进一步增加，核糖体会脱落，同时内质网膨胀的程度也可增加，呈空泡或囊状结构。膨胀的内质网内腔的物质也会有不同的变化，有些内质网膨胀成囊状结构后，其内的物质减少而呈明显的空泡，有些腔内还会有中等电子密度的蛋白性物质存在（图 1-16A）。

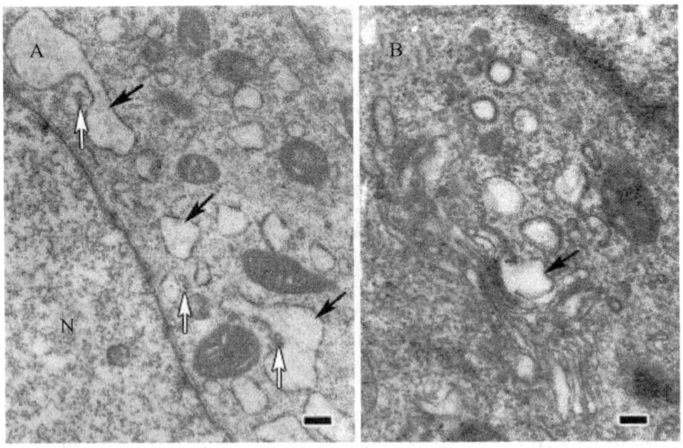

图 1-16 感染 SARS-CoV 24h 的 Vero E6 细胞的病变情况。A. 内质网腔扩张明显（黑色箭头所示），腔内电子密度较高，外周仍附着有大量核糖体；病毒核衣壳分布于内质网外周或内部（白色箭头标示）。N：细胞核（标尺＝400nm）。B. 高尔基体的病变主要表现为顺面高尔基体扁囊的膨胀（黑色箭头所示）（标尺＝200nm）

4. 病毒引起的细胞核的变化

细胞核几乎存在于所有的真核细胞中，它是遗传信息的物质基础——DNA的复制及储存场所，在一定的程度上控制着细胞的代谢、生长、分化和繁殖等活动。细胞核由双层核膜包裹，两层核膜之间的间隙为核周间隙，宽度为10～50nm。核膜上具有用于细胞核与细胞质之间转运物质的核孔，并可能具有开启和关闭的作用。一般来说，分化程度低及合成代谢旺盛的细胞，核孔数多；而分化程度高的细胞，核孔数少，如成熟精子的细胞核几乎没有核孔。

间期核中，异染色质呈电子密度高的染色质颗粒，聚集成大小不等的块状，不规则地分散在细胞核内；而常染色质呈浅亮区，分布于核中央、异染色质之间及核仁内外。常染色质和异染色质在结构上是连续的，不能截然分开，二者的分布和比例亦非固定不变，常因细胞的种类、生活周期及功能状态的不同而互相转化。一般来说，分化程度高的细胞异染色质多，如精子、嗜中性多核细胞；分化程度低、增殖速度快的细胞常染色质所占的比例多，如胚胎细胞、肿瘤细胞等。

核仁着色深，无界膜，呈绳索状交织的海绵结构，有时切片的角度也可能造成核仁在观察时与大块的异染色质类似。核仁不是固定的结构，它在细胞分裂时有周期性的变化。在分裂前期核仁消失，到分裂后期，它又在核仁组织区（nucleolus organizer regions）内重新出现。核仁的功能是合成核糖体RNA（ribosome RNA，rRNA）的场所，故与蛋白质的合成密切相关，核仁的大小和数量常反映细胞的生理状态。在蛋白质合成活跃的细胞，如胰腺细胞，核仁发达，大而明显，或有多个核仁；在蛋白质合成不活跃的细胞，如肌细胞和精母细胞等，核仁不明显，或小或无。

核液（nuclear sap）又称核基质（nuclear matrix），是一种无定形基质，染色质及核仁浸埋其中。核液含有可溶性RNA、糖蛋白及其他物质。

病毒入侵宿主细胞引起细胞核的变化主要表现在以下几个方面：改变细胞核的大小、形态；引起染色质的变化；改变核膜的结构。昆虫核多角体病毒（*Nuclear polyhedrosis virus*，NPV）入侵宿主细胞后，就可引起细胞核体积增大；其他的一些病毒则还可引起细胞核形态发生变化。核内染色质的变化主要体现在异染色质的增加，而且这些异染色质的分布很不均一。还有些病毒感染后，可导致核膜发生一系列的变化，如SARS-CoV感染Vero E6细胞后，可见双层核膜发生扩张形成一个囊泡状的结构，其间还可包裹病毒粒子；而疱疹病毒（*Herpes simplex virus*，HSV）感染Vero E6细胞后，细胞核双层核膜中间可形成一层电子密度较深的物质。病毒感染后期，比较常见的细胞膜病变是细胞膜破裂不完整，使细胞核与细胞质界限变得不清晰，最后细胞核碎裂（图1-17）。

5. 病毒引起高尔基复合体的变化

高尔基复合体由扁平囊、大泡和小泡三部分组成。扁平囊（Golgi saccule）呈盘状，由单位膜构成，囊的中部比较狭窄，边缘稍膨大，通常可以观察到3～8个扁平囊互相平行叠在一起，典型的为9层扁平囊叠在一起。扁平囊有凸面和凹面，小泡直径为

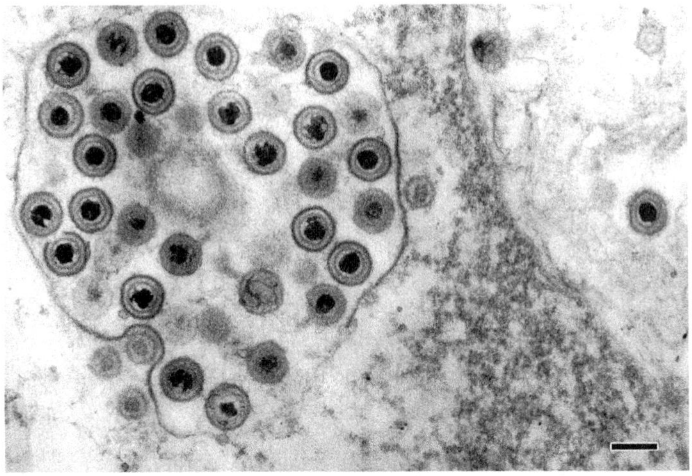

图 1-17　细胞核中的 HSV。大量病毒粒子已经在细胞核中组装完成，一些已经穿过核膜进入细胞质，可见部分核膜已变得模糊，核仁颜色也变淡（来自 F. A. Murphy，School of Veterinary Medicine，University of California，Davis.）（标尺＝200nm）

40～60nm，常见于扁平囊的凸面；大泡直径为 100～500nm，常见于扁平囊的凹面。不同类型细胞的高尔基复合体的数量、位置和分布是不同的：在排列有极性的柱状及立方上皮细胞内，一般位于核及游离面之间；在肝细胞中，以若干堆分散在细胞质中；在神经细胞中，则包围在整个细胞核的周围。高尔基复合体的大小和数量也因不同的细胞类型而差别很大。例如，神经细胞和胰腺细胞的高尔基复合体较大，肌细胞内的则小。此外，在同一类细胞中，高尔基复合体的数量也可由于不同生理状态而有所改变：细胞处在发育时期或机能旺盛时多；细胞机能低落或未分化时少；细胞处于衰老期则数量少或消失。病毒感染细胞后，初期可引起高尔基体囊泡增生，随后囊泡膨胀增大（图 1-16B），病毒粒子还可包含到这些囊泡中（图 1-18）。

6. 病毒引起核糖体的变化

核糖体大小约 15nm×25nm，呈现为染色较深的小颗粒。除成熟红细胞外，其他各种细胞都存在有这种细胞器，它是合成蛋白质的细胞器，由 RNA 和蛋白质两部分组成。核糖体在细胞内的分布有两种形式：附着在内质网表面上的称为附着核糖体，游离在细胞质中的称为游离核糖体。附着核糖体是以其亚大单位锚定到内质网膜上，它所合成的蛋白质分泌到细胞外面；游离核糖体所合成的蛋白质主要为内源性蛋白或可溶性蛋白，这些蛋白质主要是供细胞本身增殖、代谢所需，游离核蛋白体也合成某些特殊功能的蛋白质如血红蛋白、肌动蛋白和肌球蛋白等。在一些分泌细胞（如分泌胰液的胰腺细胞和分泌抗体的浆细胞）中，大部分核糖体是附在内质网上的；而在未分化细胞和淋巴细胞中，则多见游离核糖体。

核糖体由 mRNA 把多个核糖体串联到一起，成为合成蛋白质的功能单位，称为多

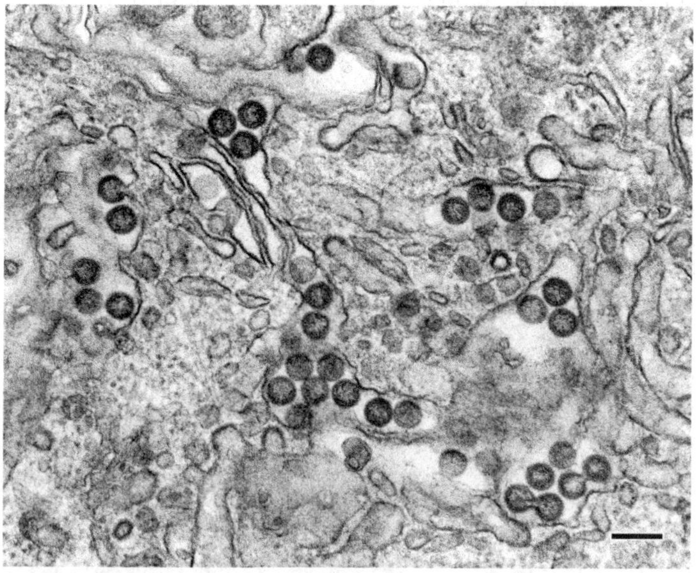

图 1-18 内质网囊泡中的裂谷热病毒（*Rift valley fever virus*，RVFV）。RVFV 入侵大鼠的肝细胞后，其子代病毒以出芽方式进入膨胀的内质网囊泡中，并借助内质网通道释放到细胞外（来自 T. W. Geisbert，U. S. Army Medical Research Institute of Infectious Diseases）（标尺＝200nm）

聚核糖体（polyribosomes）。附着或游离核糖体都可形成多聚核糖体，它们在电镜下呈针簇状、菊花状或念珠状的长链，或以平螺纹的排列形式附着于内质网膜表面，或游离于胞质中。多聚核糖体所集结的核糖体的数目与相关的 mRNA 的长度有关，也与所合成蛋白的分子质量大小有关，小的仅几个核糖体连接在一起，多的则可达几十个。

病毒感染时，可征调宿主细胞的核糖体用于大量合成病毒繁殖所需的蛋白质。感染初期往往可造成宿主细胞的各种形态的核糖体数量明显增加，而在感染后期又可引发核糖体从粗面内质网上脱落。

7. 病毒引起其他细胞器和细胞结构的变化

溶酶体是由单位膜包围而成的囊状结构，直径为 0.25～0.5μm。溶酶体普遍存在于哺乳动物各种细胞中，不过数目不多；在植物细胞中，液泡相当于动物细胞的溶酶体的细胞器；但在细菌中没有发现溶酶体。根据溶酶体消化活动的机能状态以及是否含有“底物”，将其分为初级溶酶体和次级溶酶体两大类。在电镜下，溶酶体的形态很多，凭常规电镜方法不易区别，需要使用电镜细胞化学技术特别是显示酸性磷酸酶的方法。病毒感染的宿主细胞有时可见溶酶体的增生。

细胞内还有其他的细胞器，如微体、微管微丝、脂肪滴等，病毒入侵后有时也会引起这些细胞器的变化，主要体现在数量上的改变。

病毒感染宿主细胞后，除了能造成细胞内原有细胞器结构、数量、形态等发生改变外，还可在宿主细胞内形成特殊的结构，主要包括：病毒发生基质、包涵体、多角体、微管、病毒伴随颗粒等。例如，昆虫核多角体病毒在形成过程中，能造成细胞核内异染色质形成网状的病毒发生基质，随着病毒发生的继续，最后还在细胞核内形成了多角体；出血热病毒则可造成细胞内形成大片的丝状包涵体（图 1-19）。

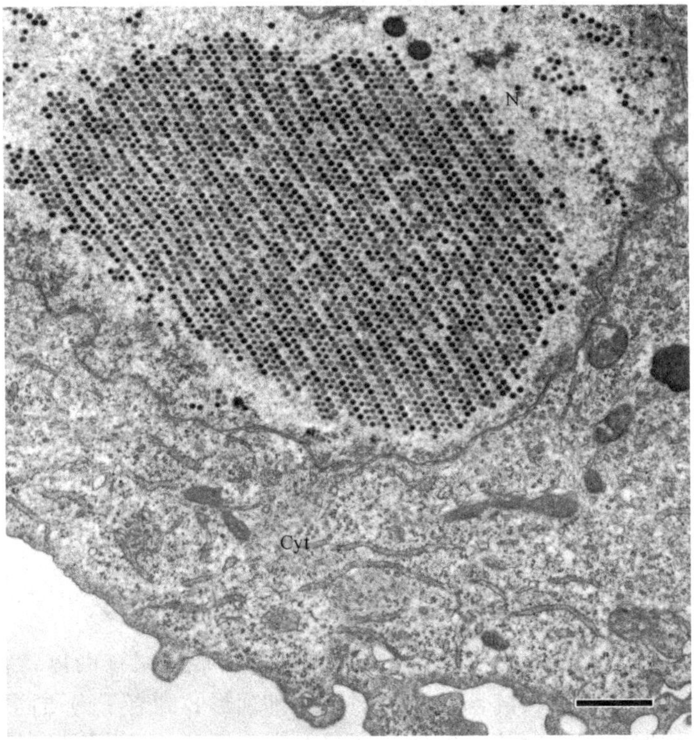

图 1-19　人腺病毒（*Human adenovirus*）大量累积于宿主细胞核中并呈晶格状排列（来自 F. A. Murphy，School of Veterinary Medicine，University of California，Davis.）。N：细胞核；Cyt：细胞质（标尺＝1000nm）

1.3.4　病毒的释放

病毒颗粒在细胞质内组装完成后，再通过糖基化、蛋白酶切等修饰行为完成病毒粒子的成熟过程。随后成熟病毒粒子将通过多种途径释放到细胞外，以继续扩大感染范围。有些病毒感染细胞后，在宿主细胞内大量繁殖可导致细胞破裂，病毒释放出体外。也有很多病毒，尤其是囊膜病毒，则通过细胞内运输系统，将病毒运输至细胞膜内侧，而后病毒再通过出芽方式为自己带上囊膜，同时也将成熟病毒释放到细胞外。此外，还有一些病毒粒子是通过胞吐方式释放到细胞外的，这些过程都可通过电镜直观地观察到（图 1-20）。

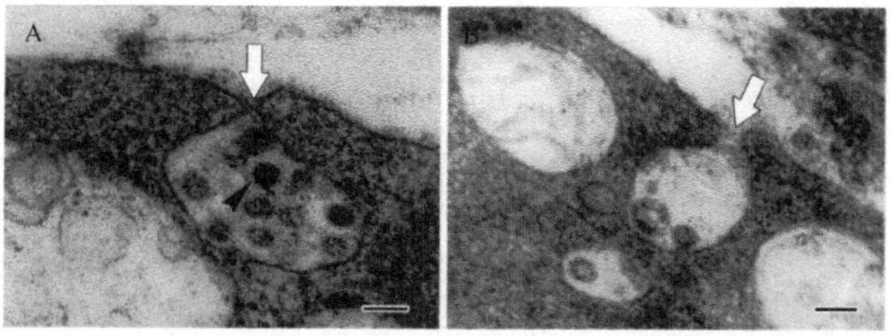

图 1-20　SARS-CoV 通过胞吐方式释放子代病毒粒子。平滑小泡中的成熟病毒粒子（黑色箭头所指）已经带上了囊膜，小泡转移到细胞膜内侧并与后者融合，形成释放通道（白色箭头所示）并将病毒运输出去（标尺＝100nm）

1.4　病毒的电镜诊断和鉴定

目前最常用的病毒性疾病诊断和鉴定技术包括分子生物学技术、免疫学技术和电子显微学技术等。这几种方法各有优势：当病原目标较为明确时，即可直接使用靶点 PCR 扩增、核酸杂交和血清免疫反应等方法进行简便快捷的诊断；但面对病原体未明的疑难病例及新病毒的发现鉴定等情况时，病毒的电子显微学诊断和鉴定技术就显得更为有效了。事实上，在 PCR 技术等现代分子生物学和免疫学手段建立之前，许多病毒都是由电镜发现和确定的。

不管何种技术，病原的确诊都需要符合柯赫氏法则（Koch's postulate）。在柯赫氏法则中的第一条，电镜可以对病原的形态结构进行很直接的观察，可以初步确定是否每个病体中具有同样的病原。在柯赫氏法则的其余三条中，电子显微学对分离的病原的形态特征和其引起的超微结构变化的描述都起到了很重要的作用。可见，因为电子显微学技术可以直接观察病毒的形态结构、数量，以及病毒侵染寄主后引起的细胞超微结构变化，使得人们更容易判断出发病原因和致病病毒的种类，在病毒性疾病的诊断和鉴定中具有不可替代的作用。

目前在病毒的诊断和鉴定中经常用到的电子显微学方法包括负染色法、超薄切片法和免疫电镜鉴定法等。除此之外，冷冻电镜单颗粒技术所获得的高分辨三维结构也可作为病毒鉴定的依据，这些技术的要点详见本书的相关章节。

1.4.1　病毒电镜诊断鉴定的依据

病毒的电子显微学诊断鉴定的依据主要包括：病毒形态学的依据；病毒形态发生学的依据，即病毒与宿主细胞的关系和引起的病变；免疫电镜的依据，即电镜下观察特异性抗体针对病毒性抗原所发生的标记反应。

1. 病毒形态学的依据

病毒形态学依据主要包括：病毒的大小；病毒的形状，如球状、丝状、弹状、杆状等；病毒粒子外表面有无突起，突起的长度、形态和分布位置等；病毒是否有囊膜结构，囊膜的形态，囊膜表面有无纤突，纤突的形状、长度和间距等；病毒衣壳是否具有对称性，是立体对称还是螺旋对称，是单层衣壳还是多层衣壳，壳粒的数目和排列方式等。

根据这些特征，在植物病毒的鉴定中，花椰菜花叶病毒科（*Caulimoviridae*）、双生病毒科（*Geminiviridae*）、呼肠孤病毒科（*Reoviridae*）、弹状病毒科（*Rhabdoviridae*）、苜蓿花叶病毒属（*Alfamovirus*）、欧尔密病毒属（*Ourmiavirus*）、油橄榄病毒属（*Oleavirus*）等都具有特殊典型的形态学特征，通过负染色即可在电镜下确定其归属。对于烟草花叶病毒（TMV）等螺旋对称的杆状病毒（图 1-21）和马铃薯 Y 病毒等线状病毒，可以直接用病变组织汁液的负染色观察，依据病毒粒子的大小和弯曲程度进行鉴定，一般可判断到科或属。而细小的球状病毒，不易用病变组织的粗汁液直接进行电镜观察，大多需要将病毒进行提纯后方可进行电镜鉴定。虽然球状病毒形态相似，但还是可以根据病毒粒子的外形进行初步判断。人和动物病毒同样可以根据形态学特征进行鉴定，如引起人腹泻的引起人腹泻的病毒，包括冠状病毒、呼肠孤病毒、轮状病毒和腺病毒。

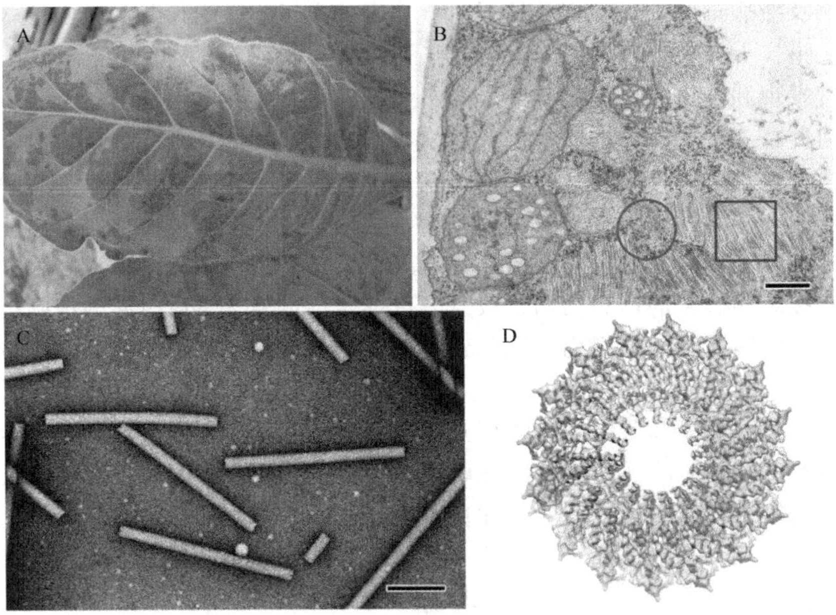

图 1-21　TMV 的电镜检测。A. 发生病变的烟草叶片。B. 病变烟叶的超薄切片显示细胞中含有大量的 TMV 粒子，可观察到 TMV 的横切面（红色圆框所示）和纵切面（蓝色方框所示）（来自 John Boynton，Duke University）（标尺＝1000nm）。C. TMV 的负染色观察，可通过其杆状形态、颗粒直径和表面横纹等进行鉴定（来自 Robert G. Milne，CNR，Istituto di Virologia Vegetale，Italy）。（标尺＝100nm）。D. TMV 的冷冻电镜三维结构，分辨率为 4.6Å[28]（见图版）

2. 病毒形态发生学的依据

病毒形态发生学的依据包括病毒在细胞内的分布、复制、组装和成熟的过程，以及某些囊膜病毒的芽生部位和病毒包涵体（病毒发生基质）的形态特征等。大多数有囊膜病毒都有一个脂质双层包膜和相关的膜蛋白，并在相应的细胞膜上发芽成熟，有的病毒在细胞质膜上发芽，有的则在内质网膜、核膜或高尔基扁囊膜和囊泡膜上发芽。

病毒发生过程中形成的包涵体同样也是病毒诊断鉴定的重要依据：现有资料表明，在植物病毒中至少有19个病毒科或属的成员产生不同的包涵体，可以与其他科或属区分开来。最典型的如马铃薯Y病毒科的柱状包涵体、烟草花叶病毒属的结晶体和X-体、花椰菜花叶病毒的病毒基质等。有些细胞病理变化特征还有助于区别病毒的种甚至株系，如番茄花叶病毒在细胞内形成角层状聚集体，不产生X-体，与同属的TMV等有明显区别。

3. 细胞病变依据

不同科或属的病毒引起细胞发生病变的程度、特征也是很不一致的。这些特性有时在光学显微镜下就可以观察到。但是电镜更能帮助人们判别一些细微的特征，如研究者在寻找SARS病原时，先后分别在患者身上发现了副黏病毒、疱疹病毒、呼肠孤病毒和SARS冠状病毒等，这些病毒所引起的细胞病变就非常不同：SARS冠状病毒引起病变的典型特征就是使细胞发生严重空泡化，而疱疹病毒入侵细胞后的空泡化病变却并不严重。

4. 免疫电镜的依据

利用免疫共沉淀或者免疫金标记在电镜下观察目标抗原是非常有效的病毒诊断和鉴定工具。1973年，美国学者Feinstone等就是首次以免疫电镜技术发现了甲型肝炎病毒（*Hepatitis A virus*，HAV）颗粒，他们将患者急性期粪便提取液与恢复期患者血清混匀孵育，然后对其沉淀物的悬浮液进行电镜观察，发现大量被抗体凝集的病毒粒子。这些粒子呈二十面体对称，无囊膜，直径为27～32nm，免疫电镜下病毒颗粒表面可见放射状和绒毛状抗体桥[29]。

1.4.2 病毒电镜诊断鉴定的特点

病毒的电子显微学诊断的快速和简便性是其一大特点。例如，通过对患病个体的水样粪便、口腔或鼻咽拭子、皮肤的水疱液，以及各种脏器、组织进行简单的处理，数分钟或十几分钟即可做出早期的诊断。一般情况下，在电镜下根据病毒的形态学特征可以鉴定到病毒的科甚至种，这对于那些需要复杂培养条件或尚不能在体外细胞中培养的病毒尤其有用。

通过电镜的诊断鉴定，可发现新的病毒致病因子是病毒电子显微学诊断的第二个重要特点。很多病毒都是通过电镜从患者临床样品中被检出并做出病原鉴定的，如乙型肝炎病毒（嗜肝DNA病毒科）、婴幼儿腹泻病毒（呼肠孤病毒科）和流行性出血热病毒

（布尼亚病毒科）等。在新的疾病，尤其新的病毒性疾病发生和流行时，电子显微学技术是寻找未知病原、鉴定病因的不可或缺手段。

病毒电子显微学诊断的第三个重要特点是对一些疑难病例，两种甚至多种病毒的同时感染或夹带其他病原入侵的诊断时，相对直观、可靠。虽然临床上普遍使用免疫学、分子生物学等手段进行疾病的诊断，但目前人和各种养殖动物在各个阶段都普遍接种各种疫苗，很多病毒的抗原具有交叉反应，这给血清学诊断带来干扰。而且面对不知具体病原的疾病时，由于缺乏针对性的抗体和分子标记，血清学和 PCR 诊断就会缺乏针对性，而采用高通量分子芯片的检测成本又很高，加之血清学及 PCR 检测偶尔还会出现一些假阴性或假阳性表征，此时电镜检测的直观性和高分辨解析能力就能很好地弥补前两者的不足。

下面以几个例子来说明电子显微学在发现新的病毒致病因子以及疑难病例中的应用。

1. SARS 致病原的发现与鉴定

2002 年底 SARS 疫情暴发后，在寻找其致病原的过程中，各个国家和地区的研究者都不约而同地用到了电子显微学技术，也有很多这方面的报道。报道非典型性肺炎暴发后的一周内，2003 年 2 月 18 日，我国研究人员通过电镜观察，在两份死于 SARS 患者的尸检肺标本中，发现了典型的衣原体的包涵体，而且肺细胞浆内衣原体颗粒十分明显。虽然现在看来这个论断并不正确，但它毕竟拉开了寻找 SARS 病原的序幕，也揭开了 SARS 神秘面纱的一角。3 月 18 日，德国用电镜在咽拭子标本中观察到副黏病毒。3 月 19 日，新加坡从患者呼吸道标本中发现副黏病毒颗粒并使用香港中文大学的 Metapneumo 病毒扩增引物获得较微弱的病毒基因扩增产物。3 月 20 日，香港中文大学在电镜下发现副黏病毒颗粒，同日国际上首先发现 Metapneumo 病毒的荷兰鹿特丹实验室检测到副黏病毒，但是 Metapneumo 病毒基因扩增为阴性。3 月 21 日，香港中文大学在猴肾细胞培养物中分离到病毒，随即研制了相应的血清学诊断试剂。香港大学 QueenMary 医院微生物病理系的 Peiris 等是最早报道 SARS 冠状病毒的，采用的方法就是将 SARS 患者生前肺活检组织及鼻咽部吸出物的病毒分离培养，然后应用负染和超薄切片电镜技术发现了冠状病毒的。美国用泰国患者标本感染培养细胞，从引发细胞病变的产物中发现了冠状病毒样颗粒（70～100nm），并在同一份标本获得了 HMPV 病毒 PCR 阳性结果。3 月 23 日香港病毒实验室在 8 份标本中发现其中 2 份含有冠状病毒 RNA；美国报道在香港标本中发现冠状病毒，同时建立免疫荧光检测患者血清的方法并将冠状病毒的基因扩增引物在网络公布。在新加坡和香港开始用鼻咽拭子支气管感染的方式进行非人类的灵长类动物实验。加拿大和法国也分别用电镜和 PCR 方法发现冠状病毒。此后，不同地区的科研人员都陆续报道了利用负染技术和超薄切片技术在电镜下对 SARS 患者分离物感染的 Vero E6 细胞进行研究，并从中发现引起 SARS 的 SARS-CoV。

同期，作者也使用电镜对 Vero E6 细胞中分离出的 SARS-CoV 进行了形态发生研究，完整地描述了该病毒在 Vero E6 细胞中的生活周期[23]。在电镜下观察经负染色处理的 SARS 患者咽拭子感染的 Vero E6 细胞上清，可看到病毒粒子大小不等，直径为

60～120nm，病毒粒子的形状呈近似圆形、椭圆形等多种形态，外面的囊膜上有长10～20nm的纤毛状突起，这些纤突排列较整齐，呈冠状分布（图1-22C）。对病变Vero E6细胞进行超薄切片观察发现，病毒通过膜融合入侵细胞后引发细胞产生大量空泡，线粒体外膜或嵴溶解，子代病毒在粗面内质网内膜上芽生成熟，在感染细胞扩张的核周隙和粗面内质网池中也有数目不等的病毒样颗粒（图1-22A）。细胞质中的病毒样颗粒则大多聚集在一堆，有些病毒样粒子尚未带上囊膜，直径大多数在50nm左右，有些粒子已带有囊膜，其形态结构与细胞外的粒子基本一致（图1-22B），成熟的病毒粒子经胞吐释放到细胞外。

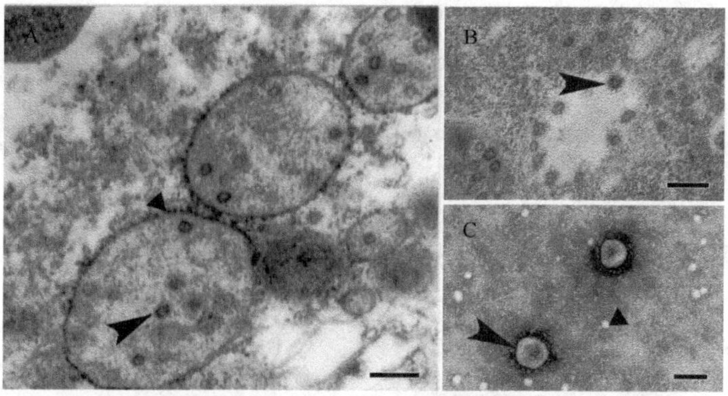

图1-22 SARS-CoV病毒粒子的电镜检测。A. SARS-CoV子代病毒（黑色箭头所示）在膨胀的内质网中进行组装，还可观察到附着于内质网外缘的核糖体（黑色三角形指示）（标尺＝200nm）。B. SARS-CoV感染的细胞质中，病毒样粒子大多聚集在一堆，有些粒子未带有囊膜，直径大多数在50nm左右，有些粒子已带上囊膜（黑色箭头所指）（标尺＝200nm）。C. 纯化后SARS-CoV（黑色箭头所示）的负染色照片，注意辨别视野中的杂质（黑色三角形指示）（标尺＝100nm）

2003年4月14日，加拿大及美国绘制出了怀疑与SARS相关的新型冠状病毒的基因组序列图，证实SARS致病原是一种全新的冠状病毒。在一系列有利证据的支持下，世界卫生组织负责传染病的执行干事海曼于4月16日宣布，经过全球科研人员的通力合作，终于正式确认冠状病毒的一个变种是引起SARS的病原体，这种新型冠状病毒（SARS-CoV）的证明过程符合柯赫氏法则，因此被认定为SARS的病原。

2. SARS确诊患者分离物中发现其他合并感染的致病因子

电镜对病毒感染者夹带其他病原入侵的诊断往往特别有用，作者在SARS确诊患者的咽拭子培养物中就曾发现了疱疹病毒。病例中的患者是一位护士，在照顾SARS患者时感染SARS，具有SARS病症，曾上呼吸机，但没有插管。SARS-CoV中和抗体的滴度先后为1∶480（出院前10天）和1∶640（出院后1个月）。根据血清学实验和PCR检测结果，该患者的确感染了SARS-CoV，但其咽拭子分离物感染Vero E6细胞所引发的病变与冠状病毒引起的细胞病变存在明显差异，最明显的区别是这些样本内没有发现空泡化，病变程度也较轻，而且样本内的未知病毒样颗粒的形态亦与 SARS-CoV 颗粒有显著区别：①许多衣壳样颗粒位于细胞核内，某些还具有深色的核心，因而推测这些很可能属于 DNA 病毒；②这种衣壳样颗粒呈正二十面体结构，而冠状病毒的核衣壳是不规则的；③沿细胞核膜有深色的条带，某些颗粒正穿越核膜；④细胞质内的衣壳有“皮层（tegument）”结构，而细胞外的颗粒有囊膜（图 1-23）。根据该病毒的形态学特征，推测其可能属于疱疹病毒，后经过分子生物学诊断也印证了电镜的分析。由此说明该 SARS 确诊患者身上还带有 SARS-CoV 之外的其他病毒性致病因子，并导致其临床病症出现。

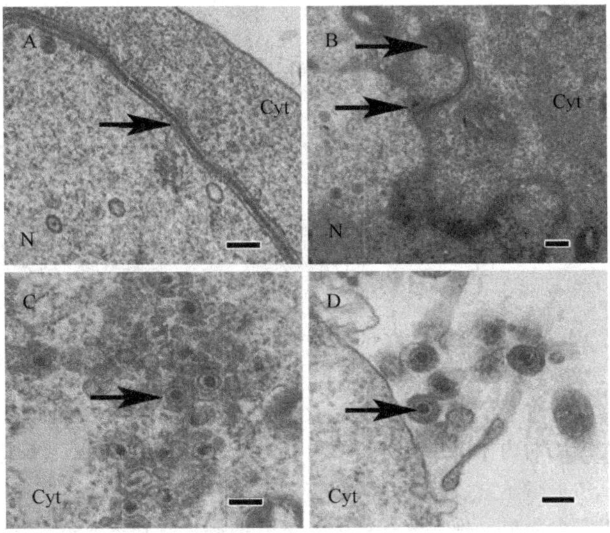

图 1-23 确诊 SARS 患者的咽拭子培养物中发现疱疹病毒。A. 沿核膜积聚的电子致密条带（黑色箭头所示）。B. 正在穿越核膜的两个病毒粒子（黑色箭头所示）。C. 细胞质中带有皮层结构的颗粒（黑色箭头所示）。D. 细胞外的成熟病毒粒子带有囊膜。N：细胞核；Cyt：细胞质（标尺＝200nm）

上面所提及的发现在 SARS 研究中并非特例，研究者通过电子显微学研究还在患者分离物中发现了呼肠孤病毒。感染细胞核周胞质内可观察到由大小不等、无定形的空心或者实心致密病毒颗粒所形成的包涵体。组装不完全的病毒颗粒仅有一个厚约 14nm 的外壳（衣壳）；组装完成的病毒颗粒为立体对称，裸露、无包膜，呈球形或类六边形，直径为 60～80nm，致密核心直径约 52nm，常排列成典型的晶格状。在细胞病变特别严重的感染细胞内，病毒颗粒排列松散、间距增宽，在包涵体外周可见病毒颗粒散布于变性肿胀的线粒体、粗面内质网及游离的微绒毛之间。由此可以推测该病毒颗粒是通过细胞裂解释放的，根据病毒形态学和形态发生学特征可以鉴定所检出的病毒为呼肠病毒科成员。这些诊断和发现为病理分析和疾病治疗提供了重要依据。

3. 从登革病毒培养物中发现新病毒

白纹伊蚊（*Aedes albopictus*）C6/36 细胞是一种常用的登革病毒（*Dengue virus*，

DENV）培养细胞株，作者在用电镜观察纯化所得的DENV时发现C6/36细胞中存在两种病毒：一种直径较大（为40～50nm），带有囊膜，应该就是DENV，但是数量很少；另一种颗粒数量众多，表面光滑，不带囊膜，直径为22～25nm，仅为DENV颗粒的50%左右，因此从形态学来看它并不是DENV，很可能是一种新病毒（图1-24）。

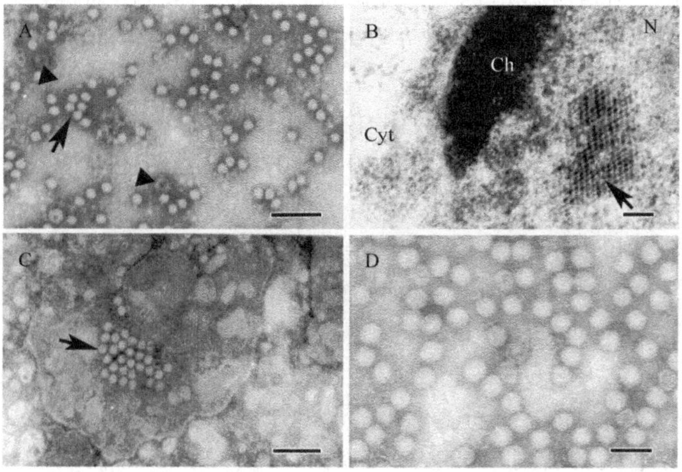

图1-24 C6/36 DNVV的电镜鉴定。A. 纯化DENV的过程中发现有两种病毒粒子存在，一种为DENV（黑色三角形所示），一种为新发现的C6/36 DNV（黑色箭头指示）（标尺＝100nm）。B. 对潜伏有C6/36 DNV的C6/36细胞进行超薄切片观察，发现其细胞核内存在大片晶格排列的颗粒（黑色箭头所指），细胞核膨大，核染色质部分浓缩成团块，并不均匀地分布在细胞核内。N：细胞核；Cyt：细胞质；Ch：染色质（标尺＝100nm）。C. 取潜伏有C6/36 DNV的C6/36细胞上清进行负染色，可观察到C6/36 DNV病毒粒子（黑色箭头所指）（标尺＝100nm）。D. 纯化后C6/36 DNV的负染色照片（标尺＝50nm）

为了准确定性此病毒，我们用DENV引物进行PCR，扩增出的基因序列与DENV 2型有90%以上的同源性，说明培养物中确实存在DENV。随后，病毒粒子的SDS凝胶电泳结果却表明病毒衣壳由两种结构蛋白构成，分子质量分别为40kDa和38kDa，但看不到DENV结构蛋白的电泳带（E蛋白52kDa，C蛋白12kDa，M蛋白8kDa），因而说明纯化物中的主要成分不是DENV，而是这种新病毒[30]。

基于电镜的细胞病理学研究发现，未感染DENV的C6/36细胞已存在一定程度的病变：膨大的核内有大片晶格状排列的病毒粒子，核染色质部分浓缩成团块，并不均匀分布在核中（图1-24B）。细胞质中也有成片的病毒晶格，有时还有膜轮状结构和排列较整齐的圆形颗粒出现，但此时的C6/36细胞仍能正常传代，说明该病毒为潜伏感染型。用DENV感染后的C6/36细胞进行对比观察发现，感染的细胞内也有类似的病变现象出现，但其病变程度更为严重，细胞质空泡化明显。这些病理特征与DENV所引起的典型病变完全不同，因此可以断定这种病变并不是DENV所引起的，尽管PCR实验证实C6/36细胞中的确存在DENV，但它并非主要病原体[30]。

比照现有的病毒分类学资料，只有野田村病毒科的条纹鲹神经坏死病毒（*Striped*

jack nervous necrosis virus，SJNNV)[31]和细小病毒科的埃及伊蚊浓核病毒（*Aedes aegypti densovirus*，AaeDNV)[32]具有上述病毒形态和细胞病变特征，所以这种病毒可能跟这两个科的病毒有亲缘关系。随后应用 cDNA 合成 Kit 和随机引物库的方法来构建含有此病毒核酸序列的质粒，从中挑取 288 个克隆用 T7 和 Sp6 引物进行 PCR 筛选，选择其中插入片段在 500～1900bp 的 8 个克隆进行测序，通过序列拼接获得了 3790bp 的大片段。经过 BLAST 比较发现这部分核酸序列与 AaeDNV 的序列[33]有 90%的同源性，与白纹伊蚊浓核病毒（*Aedes albopictus parvovirus*，AalDNV)[34]有 83%的同源性，说明它极可能是 DNA 浓核病毒。用 TRIzol LS Reagent 一步法提取病毒核酸后进行 1%的琼脂糖凝胶电泳，结果发现病毒核酸只有一条长约 4kb 的双链 DNA，该结果进一步说明这种病毒为浓核病毒，因为所有的细小病毒科成员都只包含一条单链 DNA，其中一部分病毒粒子包裹正链 DNA，而另一部分则包裹负链 DNA，所以病毒核酸经分离纯化后，正负链 DNA 会自动退火从而形成双链 DNA[35]。最后证实这种病毒基因组是单链 DNA，长度为 4096 个核苷酸，其正链上有 3 个可读框。分别用最大似然法[36]、最大简约法[33]和邻接法[37]建立分子系统发生树，对 6 种蚊子病毒的 3628bp（占基因组全长 90%）的 DNA 序列进行分析，结果显示此病毒（被命名为 C6/36DNV）是一种和 AaeDNV 亲缘关系较近的新病毒[30]。

电子显微学由于其本身的技术特点使它在病毒诊断鉴定中起着不可替代的作用，但在使用电子显微学进行病毒诊断鉴定时，也应特别注意几个问题。

病毒的鉴定是一个复杂而细致的工作，无论用什么方法进行未知病毒的鉴定都要满足或基本满足柯赫氏法则，尤其要注意在病变组织中发现某种病毒或其他微生物与该病毒或微生物是病原体完全是两回事。在病变组织中，很多时候可能存在不止一种的病毒或其他微生物，但病原体通常只有 1～2 种，判断这些微生物是否病原必须非常慎重，否则很容易造成错误。例如，在寻找 SARS 病原体的过程中就出现了误以为衣原体是致病原的错误。又如 20 世纪 70～80 年代，我国一些学者应用电镜研究了 400 多棵柑橘黄龙病株和健康植株的叶、茎及根部组织，发现 90%以上的病株存在一种病毒样颗粒，而健康植株的 90%以上都没有这种病毒样颗粒，于是认为柑橘的黄龙病主要由病毒引起。后来的各种研究却证明柑橘黄龙病是由类菌质体引起的，这就是因为该鉴定过程未严格按柯赫氏法则进行，从而造成了严重错误。

应用电镜研究病变组织的取样时间十分重要，因为病毒数量是呈抛物线变化的，在感染初期病毒数量很少，逐渐增多直至顶峰，此后病毒的数量会逐渐减少。但它的变化与病变程度并不同步，通常病毒数量最多时的组织病变并不一定最明显，当病变最严重时病毒数量往往已大大减少。具体到 SARS 病例中，就是在患者尸体组织中寻找 SARS-CoV 是很难的，因此研究病毒数量和形态时最好不要使用最严重病变的组织。

病毒的电子显微学研究有多种方法和技术，各自针对不同的研究，如病毒的形态、鉴定与分类，病毒与细胞的相互作用，以及病毒的高分辨率三维结构等。每一项研究可以使用一种方法，但更多是使用多种方法结合起来研究。下面将介绍病毒的电子显微学研究的主要方法和技术以及所取得的成果。

第 2 章　病毒样品的超薄切片技术

黄小俊、洪　健

病毒研究的最重要内容之一是研究病毒与细胞的相互作用，也就是病毒如何入侵细胞、如何与细胞的防御体系作斗争、如何复制自身、如何脱离细胞等。这些研究最直观的方法就是使用电子显微镜超薄切片技术（包括免疫标记），把感染病毒的细胞或组织样品切片放到透射电子显微镜下观察。图 2-1 所示为被疱疹病毒 I 型（*Herpes simplex virus I*，HSVI）感染的 Vero E6 细胞超薄切片电镜照片。衣壳发生在细胞核内，其中一些已具有黑色的核心，呈二十面体结构（黑箭头所示）。它们穿过深色条带的核膜到细胞质后就多了一层壳“皮层（tegument）”（白箭头所示），再穿过细胞膜后就多了一层囊膜（黑箭所示）。这一章讲述的就是如何使用超薄切片技术来处理感染了病毒的组织和培养细胞。

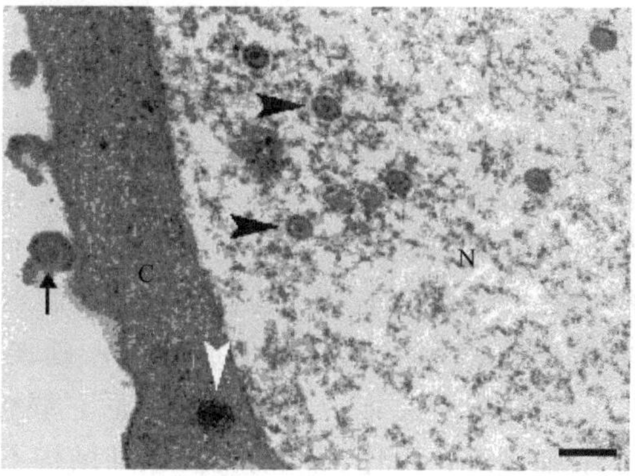

图 2-1　被疱疹病毒 I 型感染的 Vero E6 细胞超薄切片样品的电镜照片。C：细胞质；N：细胞核；标尺＝200nm

由于电子显微镜的照明电子束的穿透力很弱，一般像光学显微镜所使用的切片对电子束来说太厚了，大多数电子都被切片所吸收，从而无法成像。因此，需要切成超薄切片（厚度≤120nm），电子才能穿透并参与成像。要切成如此薄的薄片，样品块必须有一定机械强度；此外，电镜中的样品受电子束轰击，则要求样品受电子束轰击后不发生变化。因此，在制备超薄切片时必须充分考虑这些要求，从而使整个制样过程与石蜡切片有很大的区别。超薄切片技术的主要流程可归纳为取材、固定、包埋、切片和切片后处理（如染色）等步骤。超薄切片技术又可分为常温超薄切片技术和冷冻超薄切片技术。虽然这两种技术在具体操作上有很大的不同，但主要流程上是一致的。常温超薄切片需要把样品包埋到树脂中（为了把树脂均匀地引入细胞内部，还需要经过脱水和渗透），用树脂来硬化样品以支撑切片。冷冻超薄切片则通过高压快速冷冻过程使样品中的水结成非晶态的冰，从而在固定细胞或组织生理状态的同时，硬化了细胞和组织，完成了“冰包埋”的目的。

无论是常温还是冷冻超薄切片技术，它们的目的是相同的，就是在尽可能保存组织或细胞在取材时的真实生理状态和酶活性的前提下，制作成能用于透射电子显微镜观察的超薄切片（厚度为50～120nm）。

2.1 常温超薄切片技术的取材与固定

常温超薄切片技术是在光学显微镜石蜡切片技术的基础上发展起来的。其制作流程与石蜡切片基本相同，包括取材、固定、脱水、渗透、包埋、聚合、切片和染色等多个步骤。但由于电子显微镜具有更高的分辨本领，因此对样品细节的保存要求更高。由于电子束穿透能力较弱，因此要求超薄切片远较石蜡切片薄。超薄切片所用的固定剂、包埋剂，以及其他试剂和配方均与制作石蜡切片时有较大差异，具体方法上也有所不同。

2.1.1 取材

取材是超薄切片的第一个关键环节。取材是否正确与制备出来的样品能否符合观察要求直接相关。由于生物体内代谢非常迅速，生物组织离体后，细胞将会释放出各种水解酶引起细胞自溶，使细胞内部发生微细的结构变化。这些微细的改变在光镜下也许无法察觉，而在电镜下则会呈现为明显的缺陷。因此，取材应注意以下几点。

（1）分离切取组织要迅速，尽快使组织与固定液作用，从而最大限度地保存组织在生活状态时的结构。组织一旦离开机体本身，就容易发生自溶等变化。有人观察到如果延误15～30s固定，线粒体内致密颗粒就会减少或消失；延误15～30min，线粒体肿胀，内质网扩张呈小泡状，核染色质边集；延误45min后，线粒体内出现絮状沉淀物。如果时间再长，便会产生细胞自溶，不仅正常细胞的微细结构不可避免地产生损伤和破坏，在活细胞内寄生增殖的各种病原微生物也会同时失去原有的形态特征。

（2）组织块大小主要决定于组织的性质和制备样品过程中所用到的溶液（包括固定液、缓冲液、脱水剂和包埋剂等溶液）的扩散和渗透能力，如果使用冷冻固定时，还需考虑所用的冷冻方法。一般样品块的大小不超过1mm^3，大于这个体积时，样品块内部可能固定不够或渗透不好。取样时所用的器具必须干净，刀、剪等必须锋利，在操作时尽量避免拉、锯、压等动作对组织细胞造成的机械损伤。

（3）在电镜放大几万倍后获得的结构信息就好像从茫茫大海中取一滴水，要想根据这一滴水的成分、结构信息了解整个大海中的水的状态，需要对取水的地点、时间、气候等多个方面进行充分的考虑。为了得到准确的结果，研究者应尽量减少个体差异，如取合理限度内的最大样品量，或者在均一的取样群体内进行取样。此外，对于组织样品还要考虑性别、年龄和体重等其他因素；而对于培养细胞、细菌等样品，则要考虑培养的时间、营养条件等因素。取样时，如果培养细胞的营养不够，细胞没有及时传代培养，可能引起正常培养细胞中出现不正常的结构。

（4）对于一些特殊的样品，取样时还要特别注意。①层状样品。有些细胞，其亚细胞组分的排列可成层状排列。例如，肾脏近曲小管细胞，该细胞的顶部明显地与基部不同。层状组织还有植物的叶组织、各种表皮等。对于这些有层状分布结构的细胞群，如果其片层足够大，样品应该系统取样，每层细胞单独包埋。如果片层太小，上述方法不能办到，则采用定向取样[38]，尽量做到一张切片上显示所有层片。当涉及复杂的组织时，辨认和分离研究区域可以先制作约 1μm 厚的半薄切片用于在光镜下定位、定向。②成束状或方向性定向排列的样品。有些组织或细胞有明显的方向性，取样包埋后有明显的横截面和纵截面。对于这些组织或细胞来说，通常采用横截面和纵截面斜交的方向取样[39]，尽量减少不同截面而造成的特殊性，全面反应样品的情况。许多束状样品，如肌肉和神经组织等，往往具有收缩特性，取样时应注意样品处于收缩状态还是松弛状态，不同的状态，其结构等也会有改变。③悬液（颗粒性的）样品。这些样品是一些完整的生物体的悬浮液，如病毒、细菌、原生动物、游离的细胞培养液和亚细胞组分等。这类悬浮颗粒样品在进行包埋块制作时需要将样品聚集在一起。为了聚集样品得到一个团块，首先要将悬浮颗粒样品离心。对于贴壁培养的细胞，或能自然沉淀的颗粒样品，离心前最好先小心吸干培养液或上清溶液，然后加入固定剂，固定 1h 左右，再进行离心。对不能贴壁或自然沉淀的样品，应注意在离心后放置 0.5h 左右，使发生位移的细胞成分和亚细胞器重新排列，回到离心前的状态，再进行固定。在离心的过程中，离心力的大小和离心的时间对样品结构影响很大，因此要尽量缩短离心时间和降低离心速度。离心成团的颗粒样品，很容易在制样的过程中散开，因此很多时候还需将样品在常规脱水前进行琼脂或白蛋白预包埋。进行琼脂包埋时，琼脂的温度需要考虑，如果将温度比较高的琼脂倒入样品中，样品很容易受到损伤。操作时需将琼脂溶解后冷却至快凝固的温度，再迅速与样品相混合。此外，有些细胞悬浮液（如腹膜渗出液细胞、巨噬细胞等）极易黏附在没有处理的玻璃器皿表面，制备样品时应采用硅化的玻璃器皿[39]。

另一个值得注意的是，所有的动物和人类的组织及器官，理论上说都是潜在感染源。活的动物和未经固定的组织、细胞等都不应带入电子显微实验室。如果一定要在电镜室内进行取样操作，则需要划分出一个专门的工作区。操作完成后遗留的小体积液体及小块的组织可以用 10 倍体积的漂白粉作用 2h 后丢弃，而大块的组织及动物尸体需要装入塑料袋中，并加入木屑等吸水材料吸收多余液体，袋外标明危险警告标记后做焚化处理。工作区域的家具表面及实验器械须用漂白粉溶液或强氧化试剂处理。而经过固定的样品（含有对固定液有高度抵抗力的病原样品除外）可以当作无害样品进行后续操作。

2.1.2　固定

固定（fixation）是制样过程中最关键的一步，它的失败将导致整个制样过程的后续步骤完全无用。这一步将终止组织细胞的生化过程，同时把它们的超微结构改变控制在最小范围内，并保护这些结构在后续的脱水、包埋等过程中不被破坏。可供选择使用的固定剂种类和固定方法及方式很多，它们各自有其优缺点。严格来说，不存在一种固定策略能满足所有组织的固定要求。不同发育阶段的同一组织或同一组织的不同部位都可能需要采用不同的固定策略。

1. 固定的目的及固定良好的标准

由于在电镜下无法观察活细胞，所以在电镜观察之前必须先把细胞固定。固定的目的是把细胞的动态系统转变为不可动的、稳定的胶体，而这种胶体在所有方面都尽可能地接近生活时的有机体状态，同时这种胶体能有效防止后续的脱水、包埋和观察中被电子束照射时所造成的改变，并使其结构在电镜下有较好的反差。所以，固定是超薄切片技术中极重要的一环。固定的好坏将直接影响到最后的结果，只有良好的固定，才有可能获得真实而又优美的形态学图像。固定良好的标准见表 2-1。

表 2-1　细胞良好固定的标准

名称	形态结构特点
细胞壁	基本分层、致密、没有断裂
细胞膜	低倍下呈完整清晰的单层结构，高倍下见三层结构
核膜	内外膜完整，基本平行，可见核孔
线粒体	饱满，外膜完整光滑，内嵴连续，内、外膜间保持一定距离，没有肿胀或收缩
粗面内质网	内质网池完整，膜上核糖体可辨，没有脱落或丢失
滑面内质网	呈分枝小管状或泡状，膜完整
高尔基复合体	扁平囊呈堆叠排列，膜完整
核内含物	核仁、核液及染色质保存完好，并且层次清楚可辨
糖原颗粒	致密，保存良好，没有丢失
细胞质基质	呈精细颗粒状，分布均匀，未见明显的空白区

通常固定造成的缺陷及其主要表现如下。

（1）粗面内质网的膨胀和泡状化，滑面内质网的降解。

（2）线粒体基质的降解，线粒体基粒的丢失，出现不规则的线粒体并有髓鞘状现象。

（3）微体中致密基质和结晶包涵物的丢失。

（4）核染色质块状化分散于核边缘。

有些细胞病变也呈现类似上述的图像特征，所以设计实验时需要有对照组实验。若对照组也出现上述图像特征时，应该从固定过程中作细致的分析，找出造成缺陷的原因。

2. 固定方法

固定方法分为两类：一类是化学固定法，另一类是物理固定法。

目前，用于生物样品超薄切片技术的主要固定方法是化学固定法。尽管如此，我们对化学固定法原理的了解还不是很透彻。在化学固定法中，有两个很重要的过程：一是形成稳定的蛋白胶体结构，这一结构的形成有赖于蛋白质与蛋白质之间稳定的交联作用，戊二醛、甲醛和四氧化锇都有很强的交联蛋白作用；另一个是稳定细胞以及细胞内部的膜结构，四氧化锇和乙酸铀都对膜结构的固定有重要作用，四氧化锇主要固定不饱和脂类，而乙酸铀主要稳定磷脂。

物理固定主要依赖于微波和冷冻固定。微波能加快戊二醛和甲醛的渗透速度，可将醛类固定剂的固定时间缩短到几十秒内完成。但由于微波的分布不均，其固定效果可能与预期有所出入。现在微波固定并没有广泛使用，只用于某些组织细胞化学技术或快速固定中。关于冷冻固定，后面的章节还会详细介绍。

固定剂的选择固然重要，而选择合适的固定方式也不容忽视。合适的固定方式能确保固定剂在任何明显的超微结构改变之前快速到达组织细胞的各个部位。不同种类、不同部位的生物组织及细胞所要求的固定方式不同。下面介绍几种常用的固定方式。

1）浸泡固定（immersion fixation）

这种方法比较简便，它适用于一些能允许在短时间内停止供血仍保持其功能和结构的器官或组织，以及一些病理检查的样品。其方法是通过解剖（或手术）尽快从机体中取出所需的组织，并按取材的要求把组织切成小块，进行常规的双重固定。浸泡固定主要的缺点是易使离体组织发生自溶，且因固定剂穿透慢而导致组织深处固定不好。

一般的固定步骤包括：前固定（一般使用醛类固定剂）→缓冲液洗涤→后固定（一般使用四氧化锇）→缓冲液洗涤。

2）灌注固定（fixation by vascular perfusion）

一些取材比较复杂或对缺氧比较敏感的器官或组织，采用解剖取材浸泡固定得不到理想的结果，必须采用血管灌注固定。所谓灌注固定，就是将固定液通过血液循环的途径灌注到所需固定的组织中。灌注固定时，首先必须把动物麻醉［小动物可以用氯仿麻醉，大动物可以静脉或腹腔注射 30～50mg/kg（动物体重）的乙基戊基巴比通（Pentobarbitone）或其他麻醉剂，鱼或两栖类可以浸泡在 0.02%～0.05% MS222 麻醉剂中］，然后根据动物的大小选用全身灌注或局部灌注的方式。全身灌注一般适用于较小的动物，而局部灌注则适用于较大的动物。

全身灌注通常是直接用注射器（连接灌注液）通过左心室插入主动脉，并固定好针头。当注入固定液时，用小剪刀在右心房刺一小洞作灌注液回流，待组织已达适当硬度时（一般需要 10～15min），取出所需组织，最后将组织块切成小块作常规浸泡固定。

局部灌注的方法则必须根据所需的器官或组织选择合理的灌注路线，才能获得较好的固定效果。例如，主要灌注的脏器为肝、胃、肠道、肾、骨髓和睾丸等，穿刺部位可选择腹主动脉，并根据动脉分支位置的不同确定穿刺方向，阻断流向其他脏器的血管分支，然后剪开肾动脉或骼静脉做灌注液回流。待组织适度硬化时（一般需要 10～15min），取下组织块，切成小块做常规浸泡固定。

因为机体各个脏器的组织结构不同，为了避免在灌注时压强过大而引起组织结构变形，目前许多实验室都使用一种血管灌注装置（带有分压计及控制流量的装置）来做灌注固定。利用这种装置，可以控制灌注的压强和灌注的流量。有人对不同脏器灌注时的压强及其相应流量做过实验，认为灌注时各种脏器压强及流量数值在表 2-2 范围内，即可取得较好的固定效果。

表 2-2　各种脏器灌注时的压强及其相应流量

脏器	灌注压强/kPa	灌注流量/(ml/min)
肝、胃、肠道	16.0～18.6	9～10
肾	16.0～18.6	9～10
骨髓	24.0～26.6	11～12
睾丸	26.6～30.0	12～13

血管灌注固定与浸泡固定相比，灌注固定操作较为复杂，而且对固定液的消耗也很大。但它固定速度快，且固定均匀，因此在保存细胞超微结果方面比浸泡固定优越得多。

灌注固定的固定液与浸泡固定的固定液稍有不同，除了醛类固定剂和必要的缓冲液以外，还可能包括维持胶体渗透压的多聚糖、PVP（polyvinylpyrrolidone）、二价离子、血管扩张剂（如亚硝酸钠）。

一般的固定步骤包括：麻醉→解剖→插好血管灌注装置→洗净血管中的血液→灌注固定液→取出组织块→切成小块→常规浸泡固定。

3）真空固定

植物材料有较厚的细胞壁和丰富的液泡，因此固定液的渗透比较困难。为了使植物材料获得满意的固定效果，通常在植物材料固定时使用真空泵抽气，以便排去样品内的空气，保证组织块与固定液充分接触。此外，植物组织离开植物机体以后，其超微结构上的改变主要是由水分的丧失引起的，所以植物的叶片、茎、根等取材后必须立即进行固定。

一般固定的步骤包括：取材并将材料浸泡在固定液中（醛类固定剂）→ 使用真空泵温和地抽气直到材料沉入固定液内（有时需要经过反复抽气→放气→抽气过程，才能较彻底把材料中的气体排去）→常规浸泡固定。

4）培养细胞的固定

假如所固定的材料是微生物、单细胞原生动物、细胞提取物或组织培养的细胞，应先离心倒去上面的培养液（或上清液），然后才按常规方法进行固定。对于试管或培养瓶培养的单层细胞，在倒去培养液之后，立即加入前固定液，并轻轻刮下或用酶消化使细胞脱落，2000r/min 离心 15～20min 使细胞成团，然后倒去上清液，缓慢地再次加入前固定液，尽量避免细胞团被冲散，待前固定完成后进行后固定。对于生长在玻璃、塑料薄膜或其他材料（如微孔过滤器）上的单层细胞，可以将细胞连同支持物一起浸入固定液中进行常规浸泡固定。对于悬浮培养的细胞，可在培养液中直接加入前固定液，离心使细胞成团后，进行常规双重固定。若离心后细胞不易成团，可在沉淀物中加几滴熔化的琼脂或牛血清蛋白，用琼脂预包埋松散的细胞，使细胞凝集成团，最后把细胞团切成小块，再进行常规的浸泡固定。培养细胞的前固定液一般需预热到细胞的培养温度，在相同温度下进行固定。单细胞或悬浮细胞的固定时间要适当缩短，前固定缩短为15～

30min，四氧化锇固定缩短为 15～40min。

3. 几种常用的固定剂

固定剂最先应用在光学显微技术中，但光镜中使用的以沉淀方式来凝集蛋白性的固定剂对电镜并不适用。于是人们引入四氧化锇和中性甲醛进行固定。早期的电镜生物样品化学固定法都采用四氧化锇单一固定，但四氧化锇不能很好地保存糖原和其他碳水化合物，而且四氧化锇在组织中的渗透速度比较慢（约 2mm/h）。早期使用的中性甲醛也令人很不满意，因为早期使用的甲醛很不纯，含有甲酸和甲醇的残留（一般有 10%～15%）。甲醇的存在对样品的保存很不利，于是后来人们改进了甲醛的制备方法，使用多聚甲醛新鲜配制甲醛，提高了它的纯度。1963 年 Sabatini、Bensch 和 Barrnett 推荐使用醛类（特别是戊二醛）作为初级固定剂。使用戊二醛或戊二醛-多聚甲醛初步固定后再使用四氧化锇后固定的双重化学固定对大多数动物和植物组织都十分有效，因而成为目前大多数实验室常规的固定方法。

电镜中使用的固定剂都有毒性，操作时都要很小心，尽可能在通风橱中完成操作。如果实验室中发生固定剂泄漏，必须立即用大量奶粉覆盖泄漏出来的溶液，待反应充分后收集处理。

1）四氧化锇

四氧化锇（osmium tetroxide）是一种很强的氧化剂，呈浅黄色结晶，其分子式 OsO_4，相对分子质量 254，熔点 41℃，沸点 131℃，饱和水溶液的浓度为 7.24%（25℃），水溶液为中性，有极大毒性。市售有密封的四氧化锇晶体和 2%的四氧化锇水溶液两种。四氧化锇晶体溶于水的速度很慢，必要时可以使用超声波来加速溶解。市面上也有已经配制好的 2%四氧化锇水溶液出售，使用相当方便。但要特别注意的是，无论是四氧化锇晶体还是水溶液都会挥发出四氧化锇气体，即使在 0℃时也有四氧化锇气体释放，因此应将四氧化锇置于密闭玻璃容器中保存。四氧化锇气体对呼吸系统有刺激，对眼睛有严重的破坏作用，因此在使用时应特别小心，尽可能在通风橱中进行，并且严格控制用量。废弃的四氧化锇溶液应加入乙醇水溶液或硫酸亚铁溶液，使四氧化锇转化为黑色沉淀，降低毒性，以便收集处理。

四氧化锇作为固定剂有如下优点。

（1）四氧化锇可以与脂类、糖类和蛋白质反应。其对脂类的固定作用可以补充醛类固定剂对脂类固定不足的缺点。其反应方程式如图 2-2、图 2-3 和图 2-4 所示。

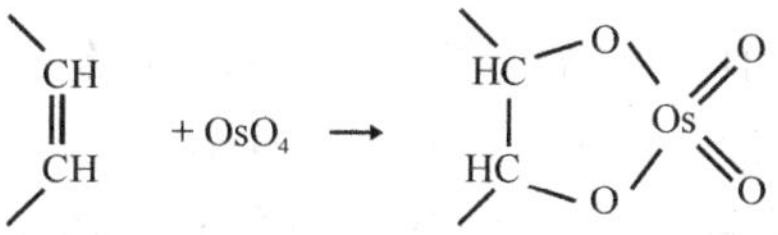

图 2-2　四氧化锇与不饱和脂类的反应方程式

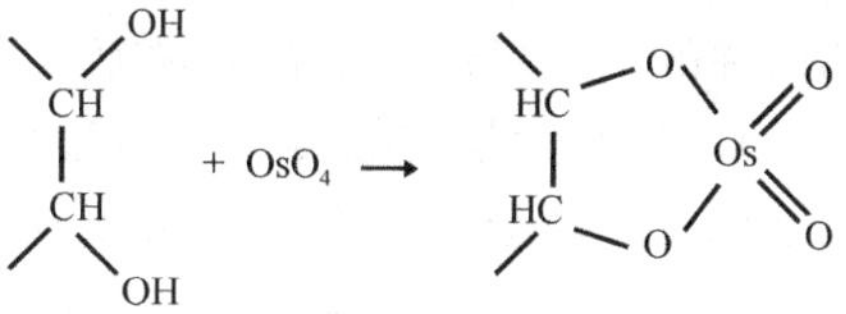

图 2-3　四氧化锇与糖类的顺位两个羟基的反应方程式

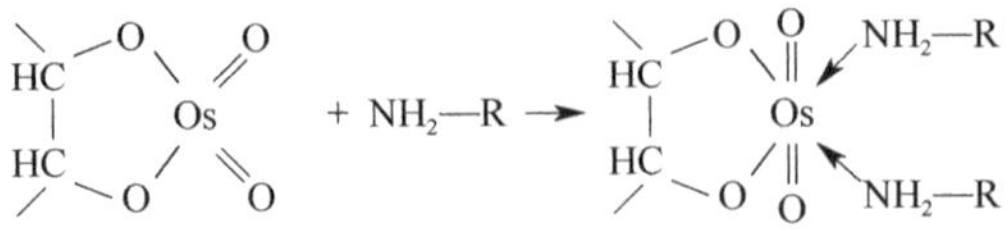

图 2-4　四氧化锇与氨基的反应方程式

(2) 能增加膜的反差，起到“电子染色”作用。用四氧化锇固定的材料，往往细胞膜结构比较清晰。这是由于被还原的锇沉积在细胞膜结构上，而锇是一种原子序数较高的元素，能加强它们的电子散射（质量密度大），所以四氧化锇作为固定剂的同时，又可作为电子染料，使被固定的样品图像有较好的反差。

(3) 四氧化锇会破坏大部分细胞膜的半透膜特性，配制四氧化锇固定液不用考虑渗透压。

四氧化锇虽然具有以上优点，但它也存在不少缺点。

(1) 四氧化锇渗透力弱，所以组织块要小（0.5～1mm^3），否则，将从组织块表面到中间形成一个固定梯度，固定效果由组织表面到内部逐渐减弱，致使组织块固定不均。

(2) 不能保存糖原也不能有效固定核酸，而且对微管固定效果也不理想。

(3) 固定的时间不宜太长。时间过长，会使组织变脆，给切片带来困难。此外，四氧化锇与蛋白质、不饱和脂肪酸交联形成的复合体都是易溶于水的物质，特别是在长时间的固定后，更易溶解。因此，使用四氧化锇固定样品，时间控制在1～2h较为适宜。

(4) 四氧化锇能与乙醇或醛类起氧化-还原反应，生成沉淀。所以，醛类处理过的样品转入四氧化锇固定之前或四氧化锇固定之后转入乙醇溶液脱水之前都必须用相应的缓冲液充分漂洗干净。

(5) 四氧化锇是酶的钝化剂，不能用于细胞化学的研究。

2) 醛类固定剂

a. 甲醛

甲醛（formaldehyde）分子中只有一个碳原子，含有一个醛基，分子式为CH_2O，相对分子质量为30。市面上虽然有多种形式的甲醛溶液出售，但它们含有少量的甲酸和甲醇，对被固定的样品会产生不良影响，适合电镜样品固定的是由多聚甲醛（paraformaldehyde）新鲜制备的甲醛溶液。甲醛溶液的毒性很大，即使是稀释液也要格外小心操作。甲醛溶液对皮肤有硬化作用，长时间接触可能导致皮肤破裂、皮炎或是过敏症状；甲醛极易挥发，它对呼吸道也有影响，长时间暴露在甲醛气体中会使嗅觉敏感度降低；此外甲醛对眼睛也有影响，而且还被认为是致癌物质。因此在操作甲醛粉末或溶液时都必须很小心，戴上手套并在通风橱中进行。少量废弃的醛类试剂（甲醛、戊二醛和丙烯醛等）可以直接在大量流水冲稀的情况下倒进水池内（但要注意相关部门的相关规定），当然少量的醛类试剂与过量的1mol/L甘氨酸混合后，再在大量流水冲稀的情况下倒进水池会更安全。通常100ml的甲醛（1%）需要50ml的1mol/L甘氨酸，100ml戊二醛（1%浓度）则需要35ml，而丙烯醛需要40ml。大量的醛类试剂必须集中回收处理。

甲醛作为固定剂有如下特点。

(1) 由于甲醛的分子质量小，它的穿透能力比戊二醛强，反应温和，可用于细胞组织化学研究的前固定；而且它不像戊二醛有两个醛基，引入较少的游离醛基到组织细胞中，因而在一些细胞组织化学研究中更有利。但它的反应是部分可逆的，对细胞基质保存差，脱水后大部分基质丢失，所以不少实验室不单独使用甲醛来固定样品，而将它与戊二醛配制成混合固定液使用。

(2) 甲醛对生物样品的作用与戊二醛相似，主要引起蛋白质交联（在水溶液中，单个的甲醛分子以 HO-CH_2-OH 的形式存在）。反应如下：

$$R—NH_2 + HO—CH_2—OH \longrightarrow R—NH—CH_2—OH + H_2O$$

$$R—NH—CH_2—OH + R'—NH_2 \longrightarrow R—NH—CH_2—NH—R' + H_2O$$

(3) 与戊二醛不同，甲醛既与 DNA 又与核蛋白反应，但这些反应都是部分可逆的。另外，甲醛固定脂类的能力不强，但可以和与脂类相连的蛋白质作用。

b. 戊二醛

戊二醛（glutaraldehyde）是一种五碳醛，含有两个醛基，分子式为 $C_5H_8O_2$，相对分子质量为 100。电镜固定通常用市售的 25％的戊二醛水溶液稀释成需要的浓度，其 pH 为 4.0～5.0。氧气、高温、中性或碱性 pH 均能使戊二醛发生聚合失去醛基，并降低交联效力，所以平时这种原液应保存在低温处。此外，戊二醛存放时间过长时，pH 会降低，颜色变黄，固定效力也大大降低，若戊二醛 pH 降至 3.5 以下或含有其他杂质时，必须纯化后才能使用。戊二醛对皮肤有硬化作用，虽然它的挥发性较甲醛弱，但仍最好能在通风橱中操作。

戊二醛作为固定剂有如下特点。

(1) 它的反应速度快，是优良的前固定剂。但它的渗透速度较慢，必要时配合甲醛使用效果更佳。

(2) 它是蛋白质的强固定剂。它能快速而不可逆地与氨基反应。其反应的可能途径如下：和甲醛相似，戊二醛的一个醛基与氨基反应，脱水后生成不稳定的 Schiff 键化合物

$$—CH_2—CHO + NH_2—R \longrightarrow —CH_2CH{=}N—R + H_2O$$

由于戊二醛有两个醛基，它可以通过与相邻的另一氨基反应而产生交联作用。戊二醛的两个醛基也可能与同一氨基作用，形成环状结构，如图 2-5 所示。

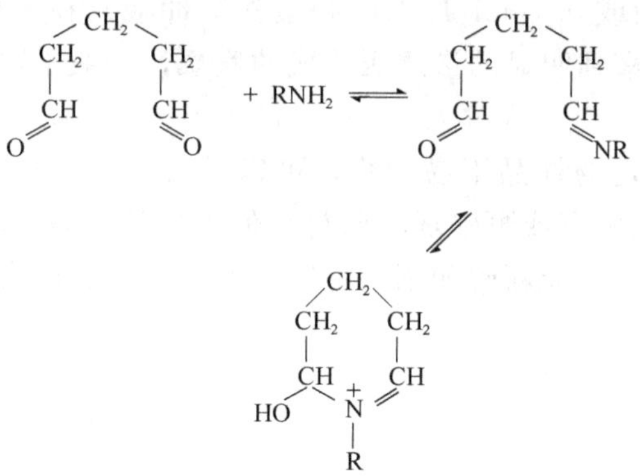

图 2-5　戊二醛的两个醛基与同一氨基反应

这种环状结构可以进一步与另一戊二醛反应，生成丁间醇醛冷凝物（aldol condensate）。这种化合物与氧分子共同作用，生成稳定的嘧啶类衍生物（pyridine derivatives），并在此过程中发生交联（图 2-6）。

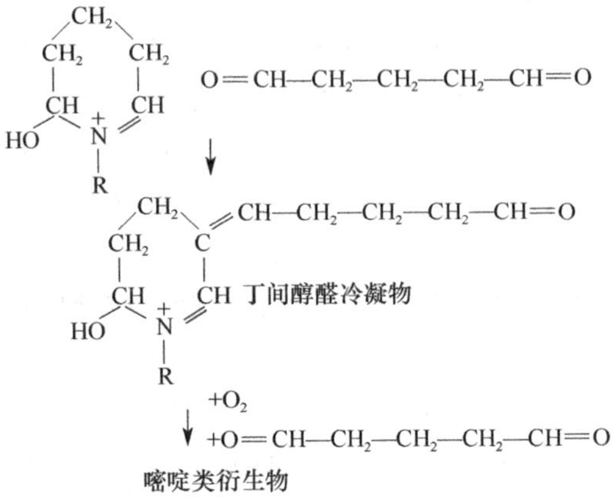

图 2-6　戊二醛的进一步反应

（3）与甲醛不同，戊二醛的这一步反应是不可逆的，而且需要氧气的参与。由于大块的样品内部氧气供应不足，戊二醛在大块样品的内部无法形成稳定的生成物，会导致样品内部的固定效果不佳。因而在使用戊二醛固定时，小块的样品固定效果较为理想。戊二醛通过交联作用固定蛋白质的过程会伴随氢离子的释放，使样品 pH 降低。为了维持 pH 稳定在最佳水平，在戊二醛的固定剂中要加入足量的缓冲液。

（4）戊二醛能通过固定核蛋白来固定组织和细胞中的 DNA 及 RNA，能保存糖原，也可以固定与蛋白质有关联的或含有氨基和亚氨基的脂类。但是只使用戊二醛固定的样品无法阻止后面的脱水、渗透和包埋过程对样品脂类的抽提，因而对细胞膜的固定效果不理想。

（5）戊二醛在固定过程中并不完全破坏细胞膜的半透膜特性，因而需要选择合适的固定液渗透压，以免造成固定假象。但合适的固定液渗透压随被固定细胞和缓冲液的种类改变，很难找到一个通用的渗透压。在实际操作中，1.0%～2.5%戊二醛（使用 0.1mol/L 磷酸盐缓冲液或 0.1mol/L 二甲胂酸盐缓冲液）在一般情况下已经能提供理想的固定效果。除非观察到明显的渗透压造成的假象，一般不对固定液专门进行渗透压调节。

（6）用戊二醛前固定的样品不易变脆，可以进行长时间固定（但最好不要超过一周），因而适用于远离实验室或野外现场取材。但戊二醛在稀释溶液中会自行发生一系列反应，因而固定液应尽可能新鲜配制，配制好的固定液和经戊二醛前固定后的样品应储存在 4℃中。

4. 其他固定剂

乙酸铀（uranyl acetate）既是一种固定剂，又是一种染色剂。它可以与磷酸基团反应，从而固定 DNA 和 RNA；同时含有磷酸基团的磷脂，从而对膜结构的保存有帮助。

另外，它可以与蛋白质中的酸性基团（如天冬氨酸残基、谷氨酸残基）和碱性基团（如赖氨酸残基）反应，从而起固定蛋白的作用。但乙酸铀不能很好地保存糖原。通常在使用了醛类固定剂和四氧化锇固定剂后，再使用0.5%～1.0%的乙酸铀水溶液进行第三重固定。操作乙酸铀时要特别注意，尽管市售的乙酸铀放射性不强，但它仍是一种潜在的致癌物。乙酸铀应密封于棕色瓶阴凉处保存。

丙烯醛（acrolein）是一种三碳醛，含有一个醛基和一个双键。它比甲醛和戊二醛活泼，渗透组织的速度也比甲醛和戊二醛快。它可以很好地保存蛋白质和磷脂，最好作为甲醛或戊二醛固定液的添加剂使用。通常使用市售密封的100%丙烯醛液体，固定时使用的浓度小于1%。它溶于水的速度慢，毒性很大，着火点低（只有19℃），其储存和使用都比上述另外两种醛类危险，非必要时不推荐使用。丙烯醛非常活泼且挥发性很强，即使是操作稀释后的溶液也要格外小心，所有与丙烯醛相关的操作绝不能离开通风橱进行，并且最好有经验丰富的操作者在场指导。丙烯醛适合于固定大块的样品、植物组织或有厚细胞壁的微生物样品，以及表面覆盖有几丁质或蜡质的样品。但丙烯醛不适用于整个动物的灌注固定。

丹宁酸（tannic acid）是一种从植物中提取的物质，泛指五倍子酸（gallicacid）糖苷或多聚糖苷。大分子很难渗透到组织中，因此电镜中使用低分子质量的丹宁酸。丹宁酸既是一种强的固定剂，能固定许多蛋白质及糖类衍生物，又是一种媒染剂，能增强对重金属（如铀、铅）的吸收，从而增强样品反差，特别是细胞外膜、弹性纤维、细胞连接、肌肉纤维等。由于丹宁酸渗透速度慢，通常只用作渗透速度快的固定剂的添加剂使用。丹宁酸没有固定的用法，0.5%～2.0%丹宁酸和0.5mg/ml皂角苷［Saponin，增加丹宁酸的渗透速度］与2.5%～4.0%戊二醛一起使用可以得到良好的效果，但固定时间要延长到3～4h以上，并且推荐使用乙酸铀做第三重固定。丹宁酸适用于灌注固定。

重铬酸钾（potassium dichromate）在固定中有两种作用，一是缓冲作用，二是固定作用，帮助保存脂类和糖类。在处理神经组织样品时，因为重铬酸钾能很好地保存髓磷脂，可与四氧化锇配合使用，作为第二重固定剂。但需要注意的是，重铬酸钾是一种致癌物质，应小心操作。

高锰酸钾（potassium permanganate）可以与脂类反应，增强膜结构的反差；可以保存DNA和糖原，但有一定的抽提作用，几乎无法固定细胞内的颗粒性或纤维状结构，可能会引入一些假象。高锰酸钾穿透性强，适用于有厚细胞壁或蜡质层包被的植物及昆虫样品。使用时可以不加缓冲液，固定时间不宜太长，一般用0.5%～1.0%高锰酸钾溶液0～4℃下固定30min到2h。

5. 常用的缓冲液

上面介绍的是几种常用的固定剂，在固定生物样品时，还需要把固定剂配成固定液。为了防止组织细胞在固定时微细结构发生改变或破坏，通常采用一种仿效细胞外液的缓冲液来配制固定液。这种缓冲液在固定时主要起着以下三个方面的作用。

（1）维持稳定的pH，使固定液的pH保持在生理值上，一般选择7.0～7.4。

（2）提供合适的渗透压，使细胞不发生肿胀或收缩。

（3）提供适宜的离子成分，使生物样品既不发生抽提，也不出现沉淀。

缓冲液的种类很多，但目前电镜技术中最常用的缓冲液是磷酸盐和二甲胂酸盐缓冲液。缓冲液的渗透压可通过改变缓冲液的体积克分子浓度，或者加入葡萄糖、蔗糖或氯化钠来调节，二价的正离子（Ca^{2+}、Mg^{2+}）也可以用来平衡离子成分。

1）磷酸盐缓冲液

磷酸盐缓冲液（phosphate buffer）的优点如下。

（1）无毒，容易操作。

（2）价格便宜，容易获得。

（3）能满足多数固定的需要。

磷酸盐缓冲液的缺点如下。

（1）不能与 Ca^{2+} 共存，容易产生沉淀。

（2）长期储存容易长菌。

0.2mol/L 磷酸缓冲液配方如下。

原液 A：$Na_2HPO_4 \cdot 2H_2O$ 35.61g（或 $Na_2HPO_4 \cdot 7H_2O$ 53.65g；或 $Na_2HPO_4 \cdot 12H_2O$ 71.64g）加双蒸水溶解至 1L。

原液 B：$NaH_2PO_4 \cdot H_2O$ 27.60g（或 $NaH_2PO_4 \cdot 2H_2O$ 31.21g；或 NaH_2PO_4 24.00g）加双蒸水溶解至 1L。

将原液 A 和 B 按表 2-3 混合，可以得到不同 pH 的 0.2mol/L 的磷酸盐缓冲液。

表 2-3　磷酸盐缓冲液的配制

pH(25℃)	6.8	7.0	7.2	7.4	7.6	7.8
原液 A/ml	24.5	30.5	36.0	40.5	43.5	45.75
原液 B/ml	25.5	19.5	14.0	9.5	6.5	4.25

如果需要配制 0.1mol/L 的磷酸盐缓冲液，可按上述比例加入双蒸水至 100ml。0.1mol/L 磷酸盐缓冲液，pH7.2 时的渗透压为 226mosmols，加入 0.18mol/L 蔗糖溶液后，可使渗透压提高到 425mosmols。

2）二甲胂酸盐缓冲液

二甲胂酸盐缓冲液（cacodylate buffer）的优点如下。

（1）能与 Ca^{2+} 及其他应用于细胞化学的重金属共存。

（2）可以长期保存。

二甲胂酸盐缓冲液的缺点如下。

（1）砷有毒性，可以经皮肤吸收，配制时应戴手套，并在通风橱内进行。

（2）价格比较昂贵。

（3）该溶液不能和强还原剂一起使用，否则会产生挥发性的有毒砷化合物。

二甲胂酸盐缓冲液的配方如下。

原液 A：二甲胂酸钠 $Na(CH_3)_2 \cdot AsO_2 \cdot 3H_2O$ 21.4g 加双蒸水溶解至 1L。

原液 B：0.1mol/L 盐酸。

将原液 A 和 B 按表 2-4 混合，可以得到不同 pH 的 0.1mol/L 的二甲胂酸钠缓冲液。

表 2-4　二甲胂酸钠缓冲液的配制

pH	6.7～6.8	6.9～7.0	7.1～7.2	7.3～7.4
原液 A/ml	10	10	10	10
原液 B/ml	1.86	1.26	0.84	0.54

其他更多缓冲液配方可参考 Good 等 1966 年发表的文章。

6. 常用固定液配方

10%多聚甲醛储备液：2.5g 多聚甲醛溶于 25ml 蒸馏水，加热到 60～70℃，摇动使它溶解，逐滴加入 1mol/L NaOH 至澄清，冷却后备用。最好使用前新鲜配制，在通风橱中操作。测 pH 时可用 0.1mol/L NaOH 或 0.1mol/L HCl 调整（表 2-5～表 2-7）。

表 2-5　甲醛固定液

最终浓度	1%	2%	3%	4%
10% 多聚甲醛储备液/ml	10	20	30	40
0.2mol/L 缓冲液/ml	50	50	50	50
双蒸水定容到/ml	100	100	100	100

表 2-6　戊二醛固定液

最终浓度	1.5%	2%	2.5%	3%
0.2mol/L 缓冲液/ml	50	50	50	50
25% 戊二醛/ml	6	8	10	12
双蒸水定容到/ml	100	100	100	100

表 2-7　甲醛和戊二醛混合固定液

0.2mol/L 缓冲液			50ml			
甲醛终浓度/%		1	2	3	4	
10%多聚甲醛储备液/ml		10	20	30	40	
戊二醛终浓度/%	0.5	1	1.5	2	2.5	3
25%戊二醛/ml	2	4	6	8	10	12
双蒸水定容到/ml			100			

配制好固定液后必要时可加入丙烯醛（<1ml）。若缓冲液为二甲胂酸盐，可加入 0.02～0.03g $CaCl_2$（终浓度为 2～3mmol/L），磷酸缓冲液不加 $CaCl_2$ 或者可在这步加入其他必要的小体积添加剂。

2%四氧化锇储备水溶液：将装有 1g 四氧化锇的安瓿连同用来存储四氧化锇储备液

的棕色磨口瓶一起泡酸1～2天，充分冲水洗净酸液，并用蒸馏水冲洗几次。取出安瓿，用刻刀划几道刻痕，再用蒸馏水冲洗干净。往棕色磨口瓶中加入50ml（若为0.5g四氧化锇，则加入25ml）双蒸水，把安瓿放入棕色磨口瓶内，盖上瓶塞，封闭瓶口，用力摇动棕色瓶，使安瓿与瓶壁碰撞破碎。将棕色瓶存于4℃放置1～2天后令其完全溶解，即可使用。

1%四氧化锇固定液：使用干净的5ml或10ml容量瓶、0.2mol/L缓冲液和2%四氧化锇储备液（或市售的2%四氧化锇水溶液）以1∶1的比例定容。

7. 固定的注意事项

固定是一种极其复杂的化学过程，受许多因素的影响。一般来说，选用文献已经报道过的固定条件和方法可以得到比较理想的结果。在固定前，以下一些问题需要注意。

1）固定液的浓度

一般来说，用于电镜生物样品的固定液浓度要适宜，较低或较高的浓度都是不适合的。浓度较低，固定时间必须延长，这容易引起细胞质的抽提及组织的肿胀；浓度较高，易损坏细胞的超微结构。尤其是四氧化锇和高锰酸钾，浓度太高能使蛋白质分子氧化而断裂。一般戊二醛的浓度为1%～4%，而四氧化锇常用的浓度为1%～2%。

2）固定液的使用量

固定液的使用量应为样品体积的40倍以上，使用过少的固定液会影响样品固定的效果。

3）固定液的渗透压

由于对活细胞内的渗透压了解还不多，所以要准确地计算固定液的渗透压是不可能的。但固定液的渗透压维持到接近生理值是必要的。因为低渗的固定液会引起细胞器或整个细胞膨胀，而高渗的固定液比低渗的固定液对样品的损害要少。固定液的渗透压可通过改变缓冲液的浓度或者通过增加钠、钙、镁等电解质或葡萄糖、蔗糖等非电解质来调节。

4）固定液的pH

固定液的pH必须接近需要固定的组织或细胞的pH。由于大部分动物组织的平均pH约为7.4，所以目前电镜固定液的pH都选用中性（7.2～7.4）。但是，为了获得较好的固定效果，对于不同的动物或组织，必要时应适当改变固定液的pH。

5）固定的温度

理论上，低温能降低酶的活性，减少细胞自溶和胞内物质的抽提，但可能引起某些细胞结构的形变，而室温固定可加速固定液渗入组织的速度，且能增加固定剂与细胞组分之间的化学反应速度，但室温也能加速组织自溶，因而固定时的温度至今仍存在争议。一般来说，培养细胞固定时多使用培养温度，涉及免疫或细胞化学技术的样品多使用低温固定。

6）组织块的大小

固定液的渗透速度是比较缓慢的，特别是用浸泡固定的样品，从组织块的表层到深部存在着固定梯度。为使组织块固定比较均匀，组织块一定要小（0.5～1mm^3），片状的组织厚度小于 250μm。

7）固定时间

固定速度像其他化学反应一样，取决于温度、pH、特定的离子反应、特定的固定剂种类和组织本身特性等因素。温度、固定剂和组织材料是固定时间长短的主要因素。对于动物的单层细胞，用戊二醛或四氧化锇在几分钟内就可固定完成。相反，许多植物细胞，甚至单层的植物细胞或有细胞壁的单细胞藻类、酵母细胞等，由于有细胞壁阻碍固定剂穿透进入细胞质，固定时间较长，一般都需要 4h 以上。

2.2　常温超薄切片技术的脱水、渗透和包埋

2.2.1　脱水

1. 脱水的目的及其影响

因为绝大多数的包埋剂是不溶于水的，样品经双重固定及缓冲液冲洗后，在包埋之前必须彻底脱水（dehydration），用既能与水又能与包埋剂互溶的脱水剂替代水，以方便包埋剂渗透到组织或细胞中。脱水过程对样品的影响在于对脂类的抽提并引起组织细胞的收缩。

2. 常用脱水剂及脱水方案

目前，常用的脱水剂有乙醇（ethanol）和丙酮（acetone），也有的实验室使用氧化丙烯（propylene oxide）作为渗透的过渡试剂。丙酮和乙醇相比较而言，挥发性更强，脱水速度更快，但更容易吸水而导致脱水不完全，能抑制丙烯酸树脂的聚合。一般来说，更倾向使用乙醇，因为它挥发性不强，毒性弱，与水的互溶性好。

脱水过程逐级进行，一般的程序如下：

30％乙醇或丙酮	5～10min
50％乙醇或丙酮	5～10min
70％乙醇或丙酮	5～10min
90％乙醇或丙酮	10～15min
100％乙醇或丙酮	三次，每次 10～15min

根据 Boyde 等（1980）的研究，低浓度的脱水剂会引起样品的膨胀，而高浓度的脱水剂能引起样品收缩。为了避免样品少受脱水剂的破坏，有人认为应避免样品接触低浓度的脱水剂，而应从 70％开始脱水。程序如下：

70％乙醇或丙酮	10～20min
90 或 95％乙醇或丙酮	10～20min
100％乙醇或丙酮	两次，每次 15～30min
乙醇：氧化丙烯（1：1）	10min
氧化丙烯	10min

另外，Bencosme 和 Tsutsumi（1970）提供了一个快速脱水方案（样品至少有一维厚度为 0.1mm）：

70%乙醇	3min
80%乙醇	3min
90%乙醇	3min
100%乙醇	两次，每次 5min
氧化丙烯	两次，每次 5min

3. 脱水过程中的注意事项

脱水过程虽然比较简单，但在操作过程中必须注意以下几点。

（1）脱水必须彻底，由于脱水不足而导致的最常见的缺陷主要是组织块不硬化或硬度不够，这个缺陷可以导致后面超薄切片过程中切片厚度不均匀。此外，由于脱水不足可以导致树脂渗透不完全，从而引起样品块上产生空洞，造成切片到处有小洞，甚至使切片破碎。能否脱水完全的一个很重要因素是脱水剂能否具有 100%的浓度。特别是无水乙醇中一定不能含有水分，必要时可在市售的无水乙醇或丙酮中加些吸水剂，如无水硫酸铜、无水硫酸钠等，以便吸去残余的水分。为了尽可能降低水对脱水剂的污染，100%的脱水剂及其样品在 100%脱水剂进行脱水的过程都尽可能在室温中进行。此外，为了脱水彻底，在脱水过程中应不时振动样品使它们与脱水剂充分混合，也可以使用特制的旋转或振荡器。

（2）脱水时间不宜过长，因为某些细胞成分（如脂类等物质）易被乙醇或丙酮溶解。一般脱水的时间可根据组织的性质和组织块的大小而定。植物、真菌及昆虫等组织样品由于具有厚密的细胞壁或外骨骼，一般每一步的脱水时间要适当延长。结缔组织比一般较疏松的组织脱水时间略长些。此外，若脱水当天无法完成时，样品可在 70%乙醇中过夜。

（3）更换液体时动作要迅速。特别是置换无水乙醇（或丙酮）时，注意不要让样品干燥，否则样品内易产生小气泡，使包埋剂难以渗入，造成将来切片困难。此外，固定后的样品必须用缓冲液充分冲洗后，才能进行脱水，否则四氧化锇与乙醇作用生成沉淀。每次加入的脱水剂至少要为样品的 20 倍体积。更换液体后容器的盖子必须盖紧，防止脱水剂从空气中吸水。

（4）经过常规浸泡固定的样品一般在室温下进行脱水，未经四氧化锇固定的样品，通常脱水需要在低温下进行，以减少脱水剂对脂类物质的抽提。

（5）在环氧树脂聚合时，残留的脱水剂（特别是乙醇）可以与树脂发生不利的反应，从而严重影响包埋块的硬度，造成人为缺陷。因此脱水过程与树脂包埋、聚合过程需要有几步逐渐用包埋剂替换脱水剂渗透的过程。此外，在用 100%脱水剂进行脱水时，采用丙酮替换乙醇可以在一定程度上降低这种缺陷。

2.2.2　渗透和包埋

1. 渗透和包埋的目的

渗透和包埋（infiltration and embedding）的目的是使包埋剂逐步渗透入组织细胞内，以便与细胞外的包埋剂同时聚合，保证能切出质量优良的超薄切片。一般电镜用的包埋剂应具备如下的特点。

（1）硬度适宜而且均一，有良好的切割性能，目前通用的包埋剂切割性能都很好。一般来说，Epon 和非极性丙烯酸树脂的切割性能要比低黏度的环氧树脂（如 Spurr 等）及极性丙烯酸树脂（如 Lowicryl K4M 等）好。

（2）能溶于脱水剂或渗透的过渡试剂，并且有足够的低黏度，以保证能自由地渗入样品。

（3）对样品的伤害不大，聚合前后体积变化不大。环氧树脂聚合前后体积变化不大（大约收缩 2%），而丙烯酸树脂收缩相对大一些（收缩 15%～20%）。

（4）能经受电子束轰击。

（5）透明度好，高倍电镜下不显示本身任何微细结构。

（6）毒性低，使用方便，但目前使用的包埋剂在聚合之前都有毒，操作时要注意。

2. 常用包埋剂及配方

根据上述对包埋剂的要求，目前使用的包埋剂种类颇多，但普遍使用的是环氧树脂，在免疫和细胞化学技术中还会用到丙烯酸树脂。

1）环氧树脂

环氧树脂（epoxy resin）是一类具有末端环氧基的甘油多聚酯。它的分子中有两种反应基团，即环氧基团（epoxide group）和氢氧基团（hydroxyl group）。其末端基团易与含有活性氢原子的化合物如胺类（DMP-30、DMAE、乙二胺等，又称催化剂或加速剂）反应，使单体首尾相连接形成长链聚合物。此外，在单体中的氢氧基团能与有机酸酐（如 MNA、DDSA、九烷基琥珀酸酐、NSA 等，又称硬化剂或固化剂）结合，使单体分子形成横桥。所以，环氧树脂以单体渗入细胞组织，而这种单体在一定的温度条件下，在硬化剂和加速剂作用下，就形成一个非常耐溶剂和耐化学腐蚀的交联稳定的三维空间聚合体。为了改善聚合体（包埋块）的切割性能，还会在环氧树脂包埋配方中加入增塑剂，以调节包埋块的韧性。

环氧树脂包埋剂对细胞微细结构有较好的保存性能，聚合后体积缩小较少，而且在真空中能经受较长时间的轰击。但它的操作不太方便，反差较弱。

环氧树脂的型号较多，常用 Epon812、Spurr 树脂（ERL-4206 包埋剂）等，现介绍最常用的两种环氧树脂。

a. Epon812 包埋剂

Epon812 是一种长链的脂肪族环氧化合物，是目前国际上普遍采用的一种优良包埋剂，黏度为 150～210cP（25℃）。该包埋剂的配制方法甚多，但一般都按 1961 年 Luft

提出的配方进行。其配方如下。

A 液：	Epon812	62ml
	DDSA	100ml
B 液：	Epon812	100ml
	MNA	89ml

上述配方若改变 A 液和 B 液的比例，则可调节聚合块硬度，A 液多则软，B 液多则硬。通常冬天使用 A∶B=2∶8；夏天使用 A∶B=1∶9，可视组织的硬度和气候不同选择其比例。配制时可先分别配制 A 液和 B 液，然后将 A 液和 B 液按一定比例混合后，再加入 1%～2%的加速剂，边加边搅拌，使其充分混合。为了方便操作，也有人将 Epon812、DDSA 和 MNA 三种成分按一定比例直接混合使用。Epon812 的聚合温度为：37℃过夜，60℃ 24～36h。

根据南方地区的气候条件，可用下列配方：

Epon812	51ml
DDSA	12ml
MNA	37ml
DMP-30	1.8～2ml
聚合条件	室温过夜，60℃，8～12h

DDSA 是十二烷基琥珀酸酐（dodecenylsuccinic anhydride）的简称，它是一种可得到软性包埋块的长链脂肪族分子。

MNA 是甲基内次甲基二甲酸酐（methyl nadic anhydride）的简称，又称六甲酸酐，它有两个链环，能获得较硬的包埋块。

DMP-30 是 2,4,6-三（二甲基氨基甲基）苯酚［2,4,6-tris（dimethylaminomethyl）phenol］的简称，它能加速固化过程。

b. Spurr 树脂（ERL-4206 包埋剂）

这是 1969 年由 Spurr 推荐使用的包埋剂，所以也称 Spurr 树脂。它含有两个环氧基，是一种低黏度（25℃，7～10cP）的环氧树脂。由于具有黏度低的特点，所以近年来多用于植物材料。其配方见表 2-8，可获得不同性能的包埋块。

表 2-8　Spurr 树脂包埋剂配方

性能	标准硬度	硬	软	快速聚合配方	缓慢聚合配方
VCD	10.0	10.0	10.0	10.0	10.0
DER-736	6.0	4.0	7.0	6.0	6.0
NSA	26.0	26.0	26.0	26.0	26.0
DMAE	0.4	0.4	0.4	1.0	0.2
聚合时间70℃/h	8	8	8	3	16
混合时间/d	3～4	3～4	3～4	2	7

VCD 是二氧化乙烯环己烯（vinylcyclohexene dioxide）的简称。它的分子小，黏度低，聚合块硬度大。

DER-736 是 diglycidyl ether of a polypropylene glycol 的简称。它属于脂肪族，分子小，有低黏度性质，可调节包埋块的硬度。

NSA 是 nonenylsuccinic anhydride 的简称。它是一种特殊的硬化剂，应避免暴露在潮湿的大气中，以防环氧或酐链的水解作用。

DMAE 是 dimethylaminoethanol 的简称。它是催化剂，增加催化剂的比例，可以缩短聚合的时间。

Spurr 树脂最终硬度可用 DER-736 的量来调节。配制时，先把前三种成分混合，最后才加入 DMAE，但从开始到混合完成达到淡黄色状态，需较长时间。此包埋剂在 70℃、8h 即可完全聚合。包埋剂最好是用时新鲜配制，但为了方便，可预先配制好保存在低温和防潮的环境中。因 Spurr 树脂嗜氧，聚合时可考虑加盖，但要根据实际实验条件进行摸索确定。Spurr 树脂比 Epon812 树脂的黏度低，但毒性比 Epon812 树脂大，所以操作时要更加小心。此外，Spurr 树脂各成分间的分子质量差异较大，在组织中的渗透速度不一，个别成分容易渗透不均而导致局部聚合不完全。

2）丙烯酸树脂

丙烯酸树脂（acrylic resin）无色透明，由丙烯酸衍生物聚合而成。丙烯酸单体黏度低，可以在低温下渗透及聚合，因而能满足免疫和细胞化学技术低温操作的要求。其聚合方式有两种，即热聚合和紫外线照射聚合。但它对脂类等成分的抽提比环氧树脂严重，为此它也需要在较低的温度下使用才可能减少抽提作用。此外，聚合前后丙烯酸树脂的体积变化较环氧树脂大（体积收缩 10%～20%），并且它在电子束的照射下稳定性比环氧树脂低。放热的聚合过程可引起组织细胞结构的损伤，致敏性也比环氧树脂强，使用时要小心防护。一般来说，除了免疫和细胞化学技术外，超微结构的研究并不推荐使用它。在电镜中使用较多的丙烯酸树脂有伦敦白胶（LR White）和 Lowicryl 系列的树脂。

a. 伦敦白胶

伦敦白胶含有 7 种不同的丙烯酸单体和 2 种增塑剂，引发剂是 BPO（dibenzoyl peroxide），加速剂为 *N*,*N*-dimethyl paratoluidine，但具体的配方和成分没有报道。它的黏度低，渗透能力强，可用于较大的组织块或致密的组织。由于它有一定的亲水性，方便水性染料进入，染色效果佳，使用非常方便，通常买回来的是已经混合好的试剂。但因 BPO 已经加入，必须一直保存在 4℃中，以防其自发聚合。即便这样，它的有效期仅为 12 个月。伦敦白胶可以微溶于水，因而可以采用部分脱水方案，但不能使用丙酮作为脱水剂。氧气会抑制聚合反应的进行，因而聚合时要在模块中注满包埋剂并盖紧盖子。此外，伦敦白胶不能在－15℃以下的温度使用。为了方便运输和储存，也有未加 BPO 的伦敦白胶（Uncatalysed LR White）出售，这种试剂需要加入催化剂（9.9g 催化剂/500g LR white）充分搅拌并室温放置 24h 以上才能使用。充分混合的包埋剂同样保存在 4℃中，一旦加入催化剂后，它的有效期便为 12 个月。

b. Lowicryl 系列包埋剂

Lowicryl 系列包埋剂是专为低温（－20℃以下）包埋设计的包埋剂。它有两种类型：一种是极性树脂 K4M（最低渗透温度为－30℃，最低聚合温度为－50℃）和

K11M（最低渗透温度为－60℃，最低聚合温度为－60℃）；另一种是非极性树脂HM20（最低渗透温度为－50℃，最低聚合温度为－50℃）和HM23（最低渗透温度为－80℃，最低聚合温度为－80℃）。极性树脂亲水，使样品保存在一个水性的环境中从而使蛋白质较少变性，且染色的效果较好；而非极性树脂的切割性能比较好。两种树脂通常都在隔绝氧气的情况下低温紫外线照射聚合。Lowicryl 系列包埋剂全部以试剂盒的形式出售，有详细的说明书提供参考。

3. 常用渗透和包埋方案

组织块在完全脱水后，即可进行渗透。渗透最好是把盛有样品的小瓶装在旋转器中进行，以便包埋剂能充分渗入细胞和组织。渗透包括两步：第一步将样品置于100%脱水剂及等量包埋剂的混合液中（室温30min到几小时）；第二步将样品置于纯包埋剂中（室温几小时或过夜，中间一般更换两次新鲜的包埋剂）。经过上述渗透之后，即可进行包埋。常规的包埋是把经渗透后的样品挑入已装有包埋剂的空心胶囊，或特制的锥形塑料囊，或多孔橡胶模板中，将包埋剂灌满，放入标签，然后根据包埋剂聚合时所需的温度及时间放进温箱聚合，制成包埋块。

生长在玻璃、塑料薄膜或其他材料如微孔过滤器滤膜上的单层细胞包埋时与常规的包埋方法有所不同，分为两种情况：一为最后去除支撑物的包埋法，二为连同支撑物一起切片的包埋法。一般来说，生长在塑料（塑料的培养皿，由聚苯乙烯、聚乙烯、聚酯制成的塑料片）表面的细胞聚合后都能轻易与支撑物脱离，都可以使用第一种方法。去除支撑物的包埋法步骤如下：细胞连同支撑物一起放入合适大小的瓶子内固定、脱水、渗透，然后把支撑物和细胞一起倒扣（细胞面朝下）在注满包埋剂的合适大小的扁平塑料盘子或橡胶模板上聚合，冷却后去掉支撑物和盘子。当需要观察细胞和支撑物之间的相互作用时，往往需要连同支撑物一起切片观察。此时需要选择一种适合切片的支撑物来培养细胞，为此，可以选用微孔过滤器的滤膜或透析膜等通透性好的材料作支撑物，也可以使用包埋剂（如Epon、Spurr等）制成的薄片作为支撑物来培养细胞。制样步骤如下：细胞连同支撑物一起放入合适大小的瓶子内固定、脱水、渗透，然后把支撑物和细胞一起插入装有同种包埋剂的合适大小的扁平塑料盘子或橡胶模板中聚合。

4. 渗透和包埋的注意事项

（1）包埋过程中，一切器材用品都要干净、干燥。

（2）配制包埋剂时，每加一种试剂都要充分搅拌均匀，并尽量防止产生气泡。

（3）若用Epon包埋，还要控制室内的湿度（最好相对湿度在60%左右），否则聚合不均匀，造成切片困难，甚至包埋完全失败。

（4）Epon包埋块要保存在干燥器内，以防吸湿，Spurr包埋块不会吸湿，可室温下保存。

5. 渗透和包埋可能引起的图像缺陷

渗透和包埋引起的图像缺陷主要由不合适的包埋剂配方引起。

不合适的包埋剂配方能产生细胞器皱缩、切片挤压等缺陷。环氧树脂的聚合一般需要一种次级的非环氧化分子（硬化剂）。硬化剂和树脂的环氧基反应形成键，使单体结合在一起。树脂的环氧基和硬化剂的反应基之间的比率决定了聚合链的长度，也决定了树脂块的切割性能。虽然切片的挤压、颤痕和表面缺陷常受到超薄切片刀质量的影响，但优化树脂的配方、选择合适的比例可以降低这种缺陷的形成。一般来说，在选择包埋剂配方时，应选择与样品的软硬度相当的配方。

组织或细胞成分的膨胀也可能是包埋剂配方不当引起的缺陷。例如，当切片从包埋块中切下后浮于水表面时，含有组织成分的部分切片可能膨胀甚至在水面扩散开来。这种情况的出现，是树脂不均匀地渗透组织，特别是树脂各组分的分离导致了聚合不完全的树脂微池。这样，组织、细胞和细胞器等可能以不同的速率发生肿胀（或收缩），从而导致切片变形甚至解体。Spurr 树脂配方比 Epon 树脂配方更容易产生这种缺陷。可能是由于 Spurr 树脂配方中环氧树脂单体与硬化剂之间在黏度上具有较大差异，导致单体和硬化剂以不同的速率渗透组织，当渗透不充分时，在组织的局部区域形成配方不合适的树脂混合物。这种影响在组织块的深处是最显著的，在这里树脂成分达到最大分离[39]。

不合适的包埋配方还可能引起包埋小点，即在切片上出现一些致密的、黑色小点的颗粒。它经常出现在线粒体、过氧化物酶体和红细胞上。如果 Spurr 包埋剂的配方不当，在用柠檬酸铅对切片进行染色后，染料可能和一些树脂本身的成分或与一些组织成分起反应，从而形成包埋小点。在脱水和包埋前，用乙酸铀进行块染，也可能引起这种包埋小点。用 1%EDTA 或 0.5%的盐酸对切片进行前处理可以减少这种现象的出现[40]。值得注意的是，在固定过程中，由于固定不当而引起的固定小点与包埋小点很相似。固定小点主要出现在高尔基体、滑面内质网和叶绿体的光滑膜等处。固定小点可在使用乙酸铀和柠檬酸铅对切片进行染色前，先用 1%～2%高碘酸来处理切片而得到改善。

2.3 常温超薄切片的制作和染色

2.3.1 常温超薄切片的制作方法

超薄切片是在超薄切片机上进行的。要切出比较理想的超薄切片，除了有一台质量好的超薄切片机外，还要有渗透、包埋良好的包埋块和好的切片刀，以及操作者的熟练技术等。

1. 超薄切片的原理

超薄切片机是一种贵重的精密仪器，根据不同的进刀系统（热膨胀式和机械进刀式）分为两类。

热膨胀式超薄切片机是利用金属杆热胀冷缩产生长度变化的原理来进刀进行切片的，原理如图 2-7 所示，样品在样品杆的带动下快速通过锋利的刀刃，并削下样品突出刀刃的部分。由于样品杆在电热丝的加热下稳定并极其缓慢地伸长，可以有控制地切下极薄的切片。切片的厚度取决于加热电流的大小，电流越大，膨胀越迅速，切片就越厚。

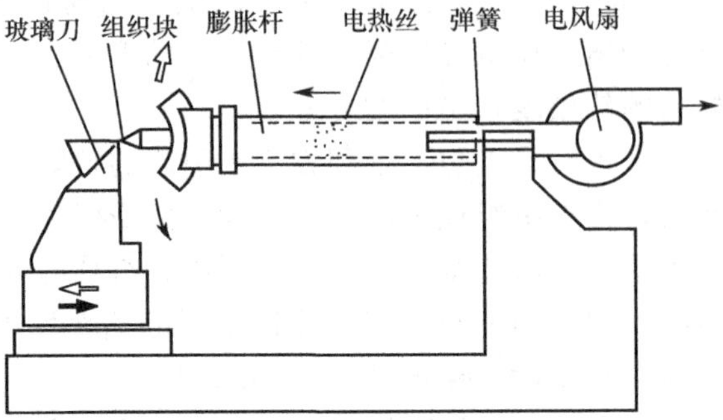

图 2-7　超薄切片机原理示意图

机械进刀式超薄切片机是以微动螺旋和微动杠杆来提供微小进刀而切出切片的，它操作方便，可以切出较大面积的切片。

2. 超薄切片的步骤

1）覆膜铜网的制备

在电镜中，超薄切片必须置于一种金属网（如铜网等）上才能进行观察。常用的铜网直径为 3mm，铜网上的网孔大小和多少是不同的，可根据需要进行选择，常用的是每英寸* 为 200 目的铜网。为了使超薄切片能很好地贴附在铜网上并提高切片抵抗电子照射的能力，可以在铜网上铺上一层聚乙烯醇缩甲醛（Formvar）等材料的支持膜。具体方法如下所述。

a. 清洗铜网

新铜网一般用无水乙醇清洗后便可使用。旧的铜网可以经下列方法处理重新使用：先将旧铜网用载玻片压平，把压平的铜网放入小三角锥瓶中，倒入浓硫酸浸没铜网，并不断摇动三角锥瓶 3～5min，倒去硫酸。加入 1mol/L 氢氧化钠溶液中和硫酸，3～5min 后倒去氢氧化钠，或直接用大量清水多次洗涤，再用蒸馏水冲洗 4～5 次，最后用无水乙醇或丙酮洗几次，干燥备用。

b. 制备支持膜

Formvar 膜的制备方法如下。

（1）把 Formvar 用氯仿配制成 0.2%～0.3%制膜液。

（2）把干净的玻片浸入制膜液中静置片刻，取出后垂直放在一张滤纸上使其上的溶液晾干。

（3）用锋利的刀片，沿膜四周划一刻痕后，将其缓慢地斜插入培养皿的双蒸水中，使膜与玻片分离，漂浮于水面上。

---

* in，英寸，1in=0.0254m

（4）将洗干净的铜网排列于膜上，用一张稍大于膜面的滤纸覆盖其上，待滤纸刚湿润时，用镊子夹住滤纸一端，一边轻轻提引，一边翻转，将贴有铜网的滤纸取出水面，晾干备用。

近年来，许多实验室在观察超薄切片时，已不再在铜网上铺上一层支持膜，只要把洗净的铜网用无水乙醇或丙酮浸泡之后，待干便可直接用来贴附切片。没有支持膜的铜网贴附的切片，在电镜下细胞结构比较清晰。

2）制刀

目前用于超薄切片的刀有两种：一是钻石刀（diamond knife），另一种是玻璃刀（glass knife）。钻石刀虽然质量好、耐用、适用面广，但价格昂贵，而且容易损坏，需要小心保护。玻璃刀虽然比较脆，不耐用，但价格低廉，适合初学者使用。制刀用的玻璃是一种特制的硬质玻璃。

玻璃刀的制作，目前多用制刀机裁制。它操作简单，制出的刀合格率也比较高，而且还可以根据需要制作出不同刀角（knife angle）的玻璃刀。制刀时，先将玻璃条洗净晾干，制成方块（如做 45°刀）或菱形块（如做 35°刀），然后沿着稍偏离对角线的方向划割，便可得到两把三角形的刀。

按上述方法制成的玻璃刀，必须在解剖镜下用投射光照射或用暗视野显微镜下检查，以确定适用与否。刀刃平整光滑、无锯齿状波纹者适用（图 2-8），反之，只好抛弃，重新制刀。玻璃刀最好在使用前新鲜裁制，以免沾染灰尘或碰坏，玻璃内部的分子运动也会导致刀刃变钝。

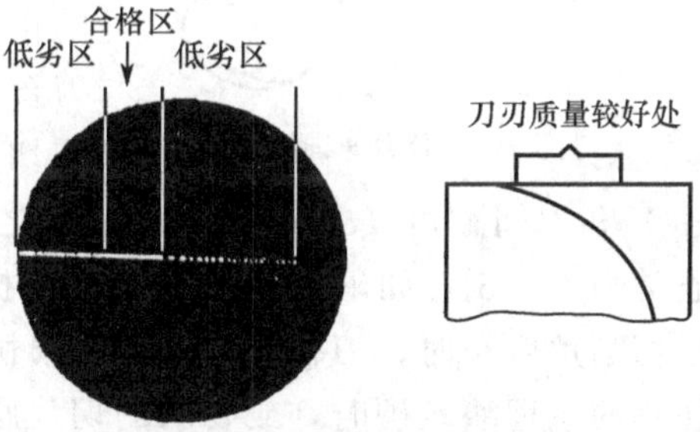

图 2-8　玻璃刀刃质量检查

钻石刀无需制备，但使用前后都需要适当清洗，不同厂家生产的钻石刀可能有所不同，详见钻石刀的说明书。

3）水槽制作

经检查后的玻璃刀还须在刀上作一小水槽，以便在切片时让切下来的超薄切片漂浮在液面上。水槽制作的方法很多，但通常都是由预先成形的金属片、塑料水槽或胶带制成。为了防止漏水，水槽和玻璃刀相接处须用石蜡或指甲油焊封。在焊封时，应注意刀刃不要粘上石蜡或指甲油，以免损伤刀刃。

4）修块（trimming）

在进行超薄切片前，首先必须对包埋块进行修整。修块可以用双面刀片手工修整，也可以使用修块机修块，或者用玻璃刀在超薄切片机上进行修块，它们的大致过程是相似的。如图 2-9 所示，首先依样品的位置，将包埋块顶端削平，露出组织，然后再削去周围的包埋剂及无关的部分，把要观察的部分修成锥体（但注意不要把锥体修得过于突出，否则在切片的过程中容易产生振纹），并将顶端的平面修成边界明显的、平整的梯形（或方形）。

为了避免超薄切片的盲目性，以及便于作光镜和电镜的对照观察，可以作定位修块。定位修块一般可分为两个步骤。第一，切出半薄切片（0.5～2μm）。其方法是先削

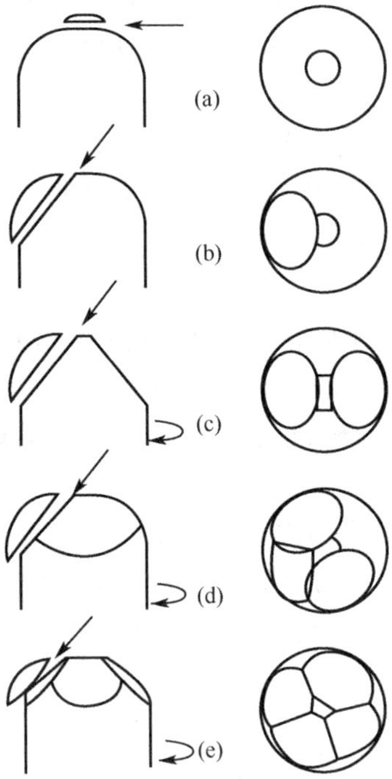

图 2-9 修块步骤

去包埋块表面的包埋剂以露出组织，然后沿组织边缘将周围的包埋剂去掉，使其粗略成一梯形面，并在表面作一记号（如去掉一边的角等），把修好的组织块在切片机上切出 0.5～2μm 的切片，并把切片移到载玻片上进行染色以便在光镜下观察。第二，进一步修好包埋块。方法是根据光镜下观察和半薄片上的方位标记，按上述修块的方法，保留要进行电镜观察的部分，把其余部分削去后进行超薄切片。

5）超薄切片（ultrathin sectioning）

装块 把修好的包埋块固定在定向头上，然后锁住样品杆，把定向头固定在样品杆上。固定时，必须使组织块切面的底边水平放置，若是修成梯形的切面，要让长边在下方。此外，夹持器夹着包埋块的位置应尽可能靠近样品面，以减少切片时的振动。

装刀 把装有水槽的刀插入到刀夹，并固定于一合适的位置上。此时，刀边应紧靠着刀夹的前缘，刀刃应与刀台上的标志杆等高，并根据组织块软硬程度不同，调节切割角度［cutting angle，是实际刀角（knife angle）和刀间隙角（clearance angle）之和］，当刀角已经确定时，只能调节刀的间隙角，通常为 4°～5°；如果是钻石刀，可根据说明书中推荐的刀角来选择（一般为 6°左右）。当切割角度小时，刀较锋利，但磨损快；当切割角度大时，刀较钝，但磨损慢。所以当切割的包埋块较硬时，或要求的切片厚度较薄时，切割角度要适当调小（可以选择制作小刀角的刀，也可以减少刀的间隙角），以保证有足够的锋利程度；而当切割较软的包埋块时，切割角度要适当调大，以减慢刀的磨损速度。

对刀 对刀是超薄切片过程中极为重要而又较难掌握的一环。对刀时，操作者必须十分仔细，否则将无法切出切片。对刀的步骤为：锁定样品杆和装刀后，先调整显微镜及刀的位置，使其能看清刀刃并能看到样品块的位置，调整样品面的位置让切面的两个平行边与刀刃平行；然后选择好的刀刃段，用粗调进刀，直至在组织块的表面观察到影子（反射像）时，仔细观察影子，并调整刀刃与样品面的角度，使刀刃与样品面完全平行（此时影子是平行的，且上下移动样品块时影子经过样品面的范围的粗细是不变的）；最后用细调进刀，使影子呈一条几乎觉察不出来的狭缝为止。此时，若使样品面在刀刃上下运动，则可看到刀刃刚刚接触到样品面。

加水 对完刀后，即可向刀槽内注入双蒸水或 15%乙醇溶液。开始可注入过量的液体并使液面成凸面，以保持浸湿刀刃，然后在显微镜下吸回一些液体，直到液面出现一反射光的亮面为止。这个亮面不仅可以体现所需的水面，而且通过它还可以观察切片的质量并估计切片的厚度。如果刀刃浸湿和亮面无法同时满足时，可以在保持刀浸湿的最低水面的情况下尝试调整灯的角度，如果灯是固定的，可以重新升高水面再慢慢地降低，重复尝试，如果还是不行，可以使用眼睫毛帮助浸湿刀刃。但注意当水面过高时，切片很难连接成带，而且样品面和刀背容易沾湿。

切片　加水后，即可打开自动切片开关进行切片。开始时，切片可稍厚一些（为80～90nm），然后可根据切片的情况调节切片速度和厚度，直至切出满意的切片。切片机上虽然有切片厚度指示标志，但并非代表切片的实际厚度，可以结合切片在亮水面上的干涉色来粗略估计切片的厚度。干涉色和切片厚度近似值关系（适用于折射率为 1.5 的树脂，如甲基丙烯酸树脂、环氧树脂等）如下：

暗灰色　40nm 以下
灰色　40～60nm
银白色　60～80nm
金黄色　80～130nm
紫色　130～190nm
蓝色　190～240nm

切片过厚，实际上不能用于电镜观察。要获得较好的图像，一般需要银白色到金黄色的切片。

在切片时，切片速度也是影响切片质量的因素之一。通常使用 2mm/s 的切片速度，稍硬的样品可使用较慢的速度（1mm/s 或更慢），但非常硬的样品，如金属和骨骼，需要较快的速度（10mm/s 或更快）。切片速度过快会增加样品的受挤压程度；而速度过慢会使切片难度加大，水槽液容易沾湿刀背。

捞片　切片的捞取通常是用镊子夹住铜网，对准液面上的切片轻轻一沾（有支持膜时，膜面向下），使切片覆于铜网上，然后晾干切片。此外，也可以用镊子夹住铜网，浸入水槽，先用眼睫毛或钢针固定切片条的位置或先让切片的一角轻轻贴附在铜网的一端，再把铜网自下而上提起。此法操作难度较大，但有利于捞取连续切片。

3. 超薄切片的注意事项

（1）超薄切片过程中，切片成功与否，对刀很关键，所以对刀时，要仔细和耐心。

（2）刀槽中所用的蒸馏水可能是一个污染源，所以尽可能用新鲜的蒸馏水（最好是双蒸水），不要用去离子水，因为它常残留着去离子时所用的交换树脂。此外，也应该注意切片时的碎屑等对水槽造成的污染。

（3）室内温度要相对稳定，室内要安静、清洁、无震动。

（4）固定刀时要注意不要损坏封固刀槽的石蜡，否则造成漏水，要重新做刀槽。如果用指甲油密封，应等指甲油完全干了以后才能使用，否则未干的指甲油会浮于水槽液上，造成污染。

4. 造成超薄切片缺陷的因素

在一定的设备条件下，一个已经进行了良好固定、包埋、渗透和聚合的样品块，在进行超薄切片制备时通常还有许多因素可造成切片的困难，如切片过程本身的物理过程、切片环境的因素（包括环境振动、空气流动、温度、湿度等）。

切片刀在对包埋块切削的过程中，刀刃对树脂表面产生压力，这种压力可导致树脂表面层发生变形。切片从表面被削下来后，一旦漂浮于液面时，大部分变形是可恢复的。但有些变形，特别是一些压缩仍旧存在。变形恢复依赖于所用树脂的种类和样品的性质，改良包埋树脂配方，可以改善切片变形恢复的程度。此外，选用钻石刀、降低间隙角、减少样品块表面积等均可降低切片变形的影响。

环境因素主要是能引起振动的所有因素，如机械泵、冰箱、空调、空气抽湿机的振动和噪声，再如外围交通、人员的走动或操作者触碰切片机等引起的振动，这些因素都可能会导致切片缺陷。其他的环境因素还包括空气的湿度、温度的变化等。过度的热量能引起超薄切片机的一些金属部件发生差动热漂流，从而引起切片厚度差异。而非常低的湿度可引起静电荷堆积在包埋块的表面或刀刃上，阻止切片被切割。在切片过程中静电荷还能产生许多问题，虽然它在切片上不引起常见缺陷，但会影响切削和收集切片，比如在连续切片时，静电荷的问题显得更突出，常可导致切片长带被瓦解。近几年生产的超薄切片机均在在机器上配有除静电装置。

5. 超薄切片过程引起的常见缺陷

1）颤痕

颤痕是切片厚度有规律的变化（厚薄交替变化）。在一些切片上，颤痕可见于整个切片（图 2-10），而有些只局限于某一区域（图 2-11）。后一种情况可能是样品组分不同的一种反映（主要是硬度不同），这种局部的厚度差异在脂滴和植物细胞的液泡中比较常见。颤痕总是平行于切片的底边，即平行于刀刃。

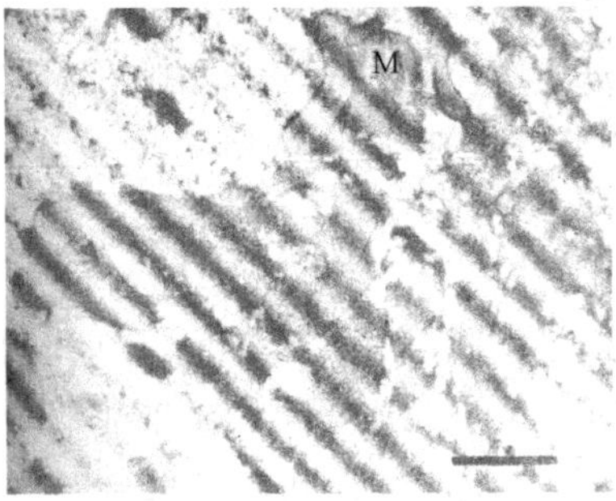

图 2-10　颤痕可见于整个切片

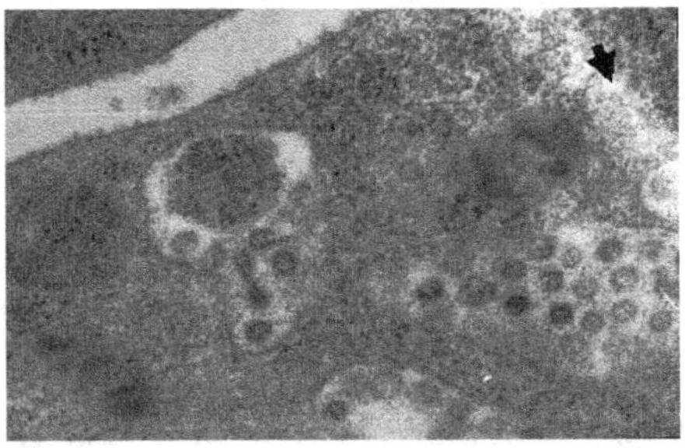

图 2-11　局部颤痕。切片局部区域的颤痕导致部分地方增厚，部分变薄（箭头所示）

颤痕产生的一个原因可能是刀和样品相互作用时产生的高速振动，包括切片机的各部件的震动，样品块、切片机夹头、刀或其他组件等安装不够牢固等。如果是这种原因引起的颤动，只需仔细检查各部件和样品的固定情况，就可改善。

外部有振动源，包括切片机附近有电梯、升降机，切片桌不稳定，人员太多或走动太多等也可引起颤痕，移走振动源即可减少颤痕。

切割速度、玻璃刀刀角及样品大小选择不恰当也可引起颤痕。一个硬的包埋块可能需要较慢的切割速度。此外，刀角的改变也可改善颤痕的出现。对于硬度较高的包埋块，刀角的减小可以适当减少颤痕的出现频率；对于软的包埋块，可能选择大的刀角更合适。样品块的大小也是颤痕的来源，一般来说，小的样品表面对刀和包埋块的压强也小，这样形成颤痕的可能性也相对小。对较硬的树脂和难切的样品（如植物、昆虫和骨组织），树脂块的表面修理得小一点特别重要。一般建议样品块的表面的梯形大小是底边 0.5mm 左右、高小于 0.5mm。正方形的树脂块表面每边 0.5mm 左右比较合适。

形成颤痕的其他重要的因素还有在修块时切面太突出，远远高于基础树脂块平面；或者夹样品的夹头在固定样品时角度不合适，导致样品表面与支持点太远。这些都可导致颤痕的出现。一般在修块时，斜面的角度不要大于 50°，使得切割面有合适的支持力。样品固定在夹头时也要保持最近的支持点靠近样品切割面。

此外，若样品块太软、太硬或聚合不完全，都可导致颤痕的产生。遇到这种情况时只能更换样品树脂包埋块。

2）皱缩

皱缩是指样品块表面的长度比切下来的切片长，在电镜下观察图像结构显示定向的改变，或者部分切片中显示平行切割边的波动和皱纹（图 2-12）。皱缩的形成与树脂的种类和硬度、样品的种类、刀角、切割速度等有关。较软的树脂容易产生皱缩，植物材料比动物材料容易产生皱缩，特别是样品具有不同周围树脂硬度的组分时，皱缩就肯定发生在样品较软的部位。皱缩一般也平行于刀刃。

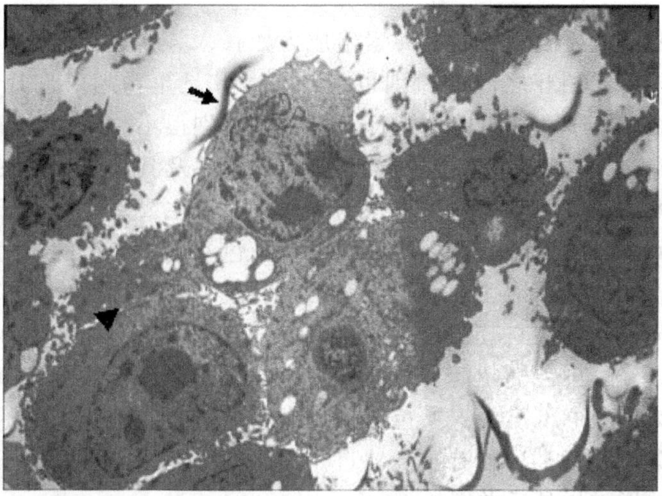

图 2-12　皱缩（箭头所指位置）。同时显示颤纹所引起的切片靠左右两侧厚度较厚，而中间变薄。在片的左下方还显示有刀痕（▲）显示

样品块表面修整得足够小、调整刀角度、改变树脂硬度、切割速度不要太快都能将皱缩减少。皱缩可以用化学蒸气熏蒸和加温来改善。常用的化学蒸气包括二甲苯、氯仿和三氯乙烯等化学试剂。使用时将一张滤纸片沾少许上述化学试剂，小心地在刀槽漂浮皱缩切片的水面上方移动。通过观察切片的干涉色，就可看到化学试剂熏蒸的效果。可看到皱缩的金黄色切片变为浅黄色或银灰色。这个方法在使用过程中应注意滤纸片吸取的试剂不能太多，不能让化学试剂滴入水槽中。滤纸片要靠近水面才有作用，但绝对不能碰到水面。滤纸片碰到水面时可将切片带粘走，或导致切片带断裂，而且其中的化学试剂容易污染样品。加温是另一种改善皱缩的方法。

值得注意的是，不管采用何种方法，都不能过度使用，因为过度使用化学试剂或加温方法，虽可以改善皱缩，但可导致切片本身撕裂或出现空洞。

3）刀痕

刀痕是切片上面被划破成垂直于底边的一道痕。如果刀痕严重，切片浮于水槽水面时，就能在切片上观察到。

刀痕的产生主要是刀刃有缺陷，刀刃表面不光滑或有缺口。

另一种原因是样品中有非常硬的材料，使切片过程中刀刃受到破坏，造成缺口。在植物样品中很容易碰到这种情况。植物细胞壁经常显示刀痕，这种原因引起的刀痕，严重时会导致刀痕一直延伸到周围的细胞质和其他细胞，不严重时局限在硬的少数地方。当小的残渣或小块树脂沾到刀刃时也能产生刀痕。

避免刀痕的产生就是仔细检查刀的质量，对于质量差的坚决丢弃；或者记住刀刃缺口的位置，使用时避开缺口。玻璃刀在使用过程中容易产生残渣，此时应及时更换位置或更换刀。另外，使用钻石刀通常能提供一个有较少刀痕缺陷的切片。

2.3.2 染色液和染色方法

生物样品主要由低原子序数的轻元素组成，如碳、氢、氧、氮等。这些元素原子对电子的散射能力很弱，相互之间的差别也很小。尤其是生物超薄切片样品被树脂所包埋，这些包埋树脂对电子的散射能力与样品本身的差别很小。因此，整个样品的质量厚度差别很小，观察时像的反差很弱。这会影响像的观察及其分辨率，使生物超微结构看不清。为了提高像的反差，除了通过电镜的操作外，更主要是通过电子染色（staining）的方法来提高样品本身的反差。这种所谓的电子染色不同于光镜的染色，它实际是利用某些重金属盐类（如铅盐、铀盐等）与细胞的某些成分或结构结合起来，由于重金属对电子散射能力很强，使那些与其结合的结构或成分对电子散射能力增强，从而达到提高样品反差的目的。经过染色的超薄切片不仅提高了反差，而且重金属沉淀在切片上还增加了切片对电子束损伤的抵抗力。染色还可以进行电镜组织细胞化学的研究。

目前使用的染色剂很多，各有其优缺点。理想的染色剂应满足以下几点。

（1）能强烈地增加样品反差。

（2）没有形成人工假象。

（3）不会引起细胞精细结构的畸变。

（4）没有细胞成分被抽提。

（5）染色均匀，染色时间短。

（6）制备和使用简单并且稳定等。

1. 常用染色液及配方

目前最常用的染色剂是铀盐和铅盐。铀可与大多数细胞成分结合，特别易与核酸结合，而且染色比较细腻、真实，不易出现沉淀颗粒。但铀有一定的放射性，使用时要小心，染色操作不当也会引起细针状的铀污染。铅对细胞和组织各种结构都有亲和力，易与蛋白质结合，尤其是对不能被四氧化锇染色的糖原也有染色作用。但铅染色比较麻烦，它易与空气中的二氧化碳接触形成不溶解的结晶碳酸铅，这些结晶沉积在切片上形成颗粒状污染，严重影响观察和记录。

最常用的铀盐和铅盐是乙酸铀和柠檬酸铅，其配制方法如下。

乙酸铀染色液通常是用水或 50%乙醇配制成饱和溶液进行染色。由于乙酸铀在甲醇中比在乙醇中容易溶解，所以也有人使用甲醇配制的乙酸铀染色液。因为环氧树脂吸收甲醇，所以乙酸铀的甲醇液比水溶液渗入组织更深，染色速度较快，但甲醇比乙醇的毒性大。

柠檬酸铅染色液的制备通常采用 Reynold 法：

硝酸铅	1.33g
柠檬酸三钠	1.76g
去二氧化碳的双蒸水	30ml

上述成分混合于 50ml 的容量瓶中，用力摇荡 1min 后，间歇摇荡 30min，当溶液出现均匀的乳白色悬浮液时，加入 1mol/L 氢氧化钠 8ml，溶液变成无色透明，再加水至 50ml，溶液的 pH 大约是 12。紧塞瓶口，于冰箱内保存备用，如果出现混浊即不能使用。

1965 年 Venable 和 Coggeshall 提出了一个简化的配制柠檬酸铅染色液的方法，以下是稍作改动的方案：在 5ml 容量瓶中加入 0.01g 的柠檬酸铅和 5ml 去二氧化碳的双蒸水，用力摇荡直至柠檬酸铅几乎完全溶解，此时溶液呈乳白色，再加入一至两滴去二氧化碳的 10mol/L 氢氧化钠，溶液立即变澄清。

2. 常用的染色方法

由于铀和铅具有不同的染色特征，所以目前切片普遍都采用双重染色，即先用铀染色后，再用铅染色，相互补充，从而获得较佳的染色效果。切片经双重染色后，即可在电镜下观察。

乙酸铀的染色可以采取两种方式：包埋前染色或包埋后染色。包埋前染色通常称为块染，一般在脱水的过程中进行。如用乙醇脱水，当脱至 70%乙醇时，可将样品块放在 70%乙醇饱和乙酸铀溶液中进行脱水，同时进行约 2h 染色，也可放在冰箱中过夜。包埋后的染色通常是切片之后进行，故称为片染。一般来说，片染的效果比块染好，因为片染具有以下优点：①因为组织已被包埋，所以染色剂的抽提和置换较少；②精细结构变形较小；③反差增加显著；④染色较均匀；⑤操作简单且易于控制。此外，块染可能会使组织变硬，从而造成切片的困难。

片染的过程大致如下：在干净的培养皿内放置蜡板（或直接在培养皿中灌一层熔化的石蜡，冷却后即可使用），把乙酸铀染液滴在蜡板上，将捞有切片的铜网覆于染液上 15～30min，然后用双蒸水冲洗、吸干。再将铜网覆于柠檬酸铅染液上 5～10min，用双蒸水冲洗、吸干，即可在电镜下观察。当需要染色的铜网数量较多时，可以在一块干净的橡胶上割数条短裂缝，把铜网逐个夹在裂缝中直立起来，并将橡胶放置于干净的培养皿中，将乙酸铀染色液小心地滴在铜网贴有切片的一面，使其充分接触，15～30min

后，将橡胶取出，用双蒸水冲洗并吸干，再将橡胶放回培养皿中，在橡胶周围放入一些固体氢氧化钠，再小心并尽可能快速地将柠檬酸铅染液滴在铜网贴有切片的一面，使其充分接触，5～10min后，迅速用双蒸水充分冲洗、吸干，把铜网逐个取下后，即可在电镜下观察。

片染过程中应注意：①把铜网覆盖于染液上时，应注意有切片的一面向下，使切片与染液接触进行染色；②用双蒸水冲洗时，由于切片与铜网贴合得不太牢固，因而不要剧烈冲洗，防止切片被冲走；③在柠檬酸铅染色时，为了防止染色液与空气中的二氧化碳接触生成不溶解的碳酸铅，可在染液旁边放一些固体氢氧化钠，或把蜡板放于小秤瓶中进行染色，并且染色过程中要盖紧盖子，尽可能避免空气中二氧化碳与染色液接触；④最佳染色时间取决于组织和包埋剂的类型，染色液的pH、类型和浓度，固定液的类型，切片的厚度等。一般来说，用Spurr包埋的切片染色时间要比用Epon812包埋的切片染色时间长，动物材料一般比植物材料所需的染色时间长，薄的切片比厚的切片染色时间长。在保证能获得合适反差的前提下，染色时间应尽可能短，因为延长染色时间可能会发生抽提甚至脱染，污染的概率也增高。

此外，超薄切片的染色也可以在自动染色机中进行，其使用方便，效果良好，且染色过程在真空中进行，可避免碳酸铅引起的切片污染。

3. 铀染色引起的缺陷

乙酸铀在放置过程中很容易形成铀盐沉淀，有时这种沉淀肉眼很难分辨，在吸取溶液时很容易将这些沉淀吸出，从而使染色时在切片上留下明显的铀污染缺陷。一般来说，铀污染在电镜高倍观察中显示细小的针状聚集体。

对切片上的乙酸铀沉淀物可用草酸来清洗[41]。用0.2%～0.5%的草酸溶液在室温下清洗铜网15s可清除乙酸铀沉淀物；若用1%的草酸水溶液清洗30s，则能达到完全脱除的效果。

4. 铅染色引起的缺陷

铅离子很容易与空气中的二氧化碳结合成不溶于水的沉淀物。铅染色过程中形成的沉淀物的种类有以下几种。

（1）很大的球形沉淀物。一般这种沉淀物是碳酸铅沉淀。这种沉淀物很容易判断，但有时它沉淀在某些细胞结构上，很容易被看成是这些细胞结构的组成（图2-13）。这种缺陷的避免方法之一是不要使用放置太久的染色液；在染色过程中，注意将切片和空气隔绝或用其他方法阻止切片与二氧化碳结合。也可以用10%的乙酸水溶液处理切片，减少这种沉淀。

（2）针状沉淀。常见于界面，如红细胞的周围与充满液体的腔隙接壤之处。如果延长铀染色，再接触铅离子，就很容易产生这种缺陷。

（3）染色小点。很容易在线粒体和过氧化物酶体等细胞器基质及红细胞内或周围出现黑色小点样的沉淀物（图2-14）。这种缺陷可在染色后间隔5s就出现，所以与铅和二氧化碳形成的复合物不同。这种染色小点可以通过用0.5%HCl或乙二胺四乙酸（ED-

TA）对切片进行预处理来改善。

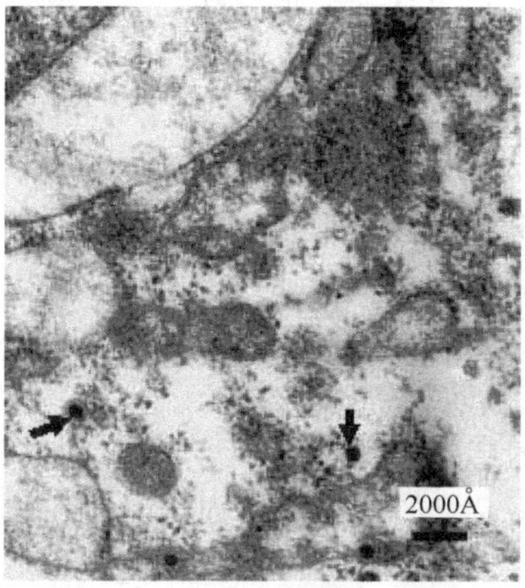

图 2-13　铅污染造成的图像缺陷（箭头所指位置）（标尺＝200nm）

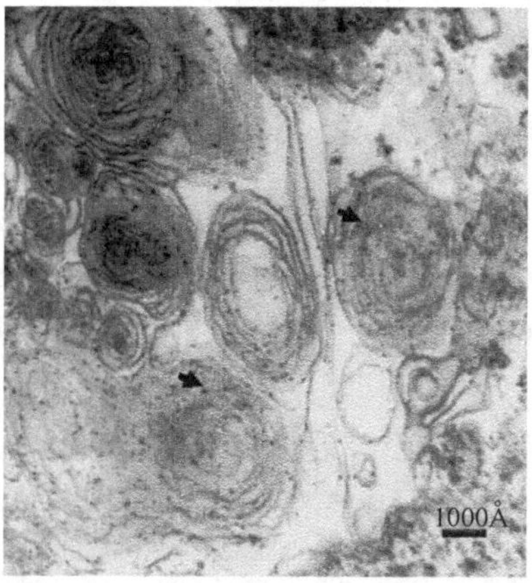

图 2-14　染色小点（箭头所指位置）（标尺＝100nm）

（4）无定型的网状物。这种缺陷很可能是乙酸铀-柠檬酸铅复合物引起。这种缺陷可以采用上面清除乙酸铀缺陷的方法进行处理。

2.4　冷冻超薄切片技术

冷冻超薄切片是把预先冷冻的样品在冷冻条件下制备成超薄切片的方法，于 1952 年由 Fernandez-Moran 提出[42]。20 世纪 60 年代末，出现了商品冷冻超薄切片机，这一方法开始得到广泛应用。冷冻超薄切片的目的是为了避免常规样品制备过程中脱水、包埋等步骤，因为这些步骤中的化学和物理因素常常导致细胞的变化，如大分子的变性、抗原或酶活性的丧失、可溶性成分的移位乃至流失。此外，由于固定剂在细胞内扩散和渗透的速度相对于快速冷冻慢很多，使用常温超薄切片技术不能有效地研究细胞内发生的快速变化，而冷冻超薄切片技术恰好补充了这个不足。

冷冻超薄切片技术大致分为四步：取材、冷冻固定、切片、切片后处理。

冷冻超薄切片技术的某些步骤（如冷冻固定）常常和常温超薄切片技术相接轨，形成一半流程冷冻、一半流程常温的制作过程（如取材、冷冻固定、冷冻置换和包埋、常温超薄切片、切片后处理），既避免了冷冻超薄切片中最难操作的切片步骤，又在一定程度上比全程常温切片提供更多细节信息。

2.4.1　取材、醛固定和包封

1. 取材

冷冻超薄切片技术的取材注意事项和常温超薄切片技术差不多，只是样品的厚度要求更薄，至多 0.5mm。

单层培养细胞是最容易取材的，因为单层培养细胞的厚度不会超过 20μm。这种厚度下采用任何一种冷冻固定方法都能收到很好的效果，但具体的取材方式取决于所使用的冷冻固定方法。组织的取样只能要求尽可能薄，以及快速完成取样进入冷冻步骤或者浸泡在醛类固定剂中。

2. 醛类固定剂

对样品进行预固定，有利于保存生物样品的超微结构，保留生物大分子的活性。醛类固定剂中戊二醛对结构保存好，甲醛有利于保留抗原的免疫原性，所以通常用低浓度的戊二醛（0.1%～0.5%）做短时间的预固定，也可以根据情况使用戊二醛和甲醛的混合液。

戊二醛和甲醛混合液常用浓度为 0.1mol/L 的二钾胂酸钠缓冲液（pH7.2）、4%多聚甲醛和 0.5%戊二醛混合。根据具体的样品和研究目的，需要对固定时间和固定液的浓度进行调整。

如果研究目的是观察形态，可用较高浓度的戊二醛（如 2.5%）；如果要进行细胞化学或免疫电镜研究，则必须针对所研究的酶或抗原，选择适当浓度的戊二醛和多聚甲醛混合固定。好的固定条件要能在结构维持、抗原性保留和抗原检测等诸因素之间达成一个最佳的折中。为了确定这个条件，必须研究不同比例的戊二醛和甲醛混合液对目标抗原免疫细胞化学和生物化学的影响，可通过测定不同固定条件制备的半薄冷冻切片中目标抗原的免疫荧光标记程度来确定最佳固定条件。

在冷冻超薄切片技术中，固定的目的不仅是保存细胞的结构，而且也是为了维持解冻后超薄切片的正常状态，增加超薄切片的稳定性。一张未经固定的超薄切片，当其漂浮在切片刀的槽液表面时，将因表面张力的作用而破坏，这是因为切片中没有包埋剂作为支撑的介质。

3. 包封剂

所谓包封（encapsulation），就是利用某些大分子溶液浸透样品的过程。这些大分子的相对分子质量比较大，它们不像常规包埋剂那样渗透到细胞中去，不会穿过细胞膜而进入细胞，只能占据细胞间的空隙，起临时成型和支持作用，以便切出大面积的、平整的切片。它们不会像常规包埋剂那样影响细胞内的结构，这一步对于分散的细胞样品尤其必要。

常用的包封大分子物质有明胶、纤维蛋白原、醛交联的牛血清蛋白等物质。

用明胶包封时，将经过醛固定处理的组织块放到 30℃的 10%～20%的明胶溶液中，15～30min 后放到冰箱中冷却到 4℃凝固，样品即被明胶包封。

用纤维蛋白原时，将经过醛固定处理的组织块放到含钙、镁离子的缓冲液配制的 1%纤维蛋白原溶液，加一滴凝血酶溶液，纤维蛋白原转化成蛋白而凝固，其他操作同明胶。

用牛血清蛋白包封时，将 10%～20%牛血清白蛋白溶于 0.1mol/L 磷酸缓冲液（pH7.2）中。将经醛固定的组织块表面的残余液体用滤纸吸干，并迅速投入牛血清白蛋白溶液中。向牛血清白蛋白溶液中逐滴加入 25%的戊二醛，并使之充分混合，最后戊二醛的浓度达到 2.5%。在上述条件下，牛血清白蛋白在 0.5min 左右即可被戊二醛交联（聚合）。

当然，不经过包封的样品更接近自然状态。随着冷冻超薄切片机等设备的改进，不包封也可以切出较大面积的平整的切片，所以包封不是必需的步骤。

2.4.2　冷冻保护处理与冷冻固定

1. 冷冻保护剂

理想状态下的冷冻固定要求冷冻速度达到20 000℃/min，使细胞内外的水都固化为非晶态。但细胞不是良好的热导体，如此快的冷冻速度对细胞来说很难达到。达不到的后果就是冰晶的形成。冰晶的出现不但可能破坏细胞的膜结构，引入各种假象，而且也大大影响了冷冻切片的质量。因此，冷冻固定的目标之一就是尽可能不出现冰晶、少出现冰晶或只出现小冰晶。

冷冻保护剂就是为了这个目的而引入冷冻超薄切片技术中的。它们的主要作用有降低水的凝固温度、增加溶液的黏性（减少游离水分子的数量，从而减慢冰晶的生长速度）、增加冰晶核的数量（需要游离水分子来长大的冰晶数目增多，但游离水分子的量没有增加，从而减慢冰晶生长速度）。

常用的冷冻保护剂分为两种：一种是穿透性的，可穿过细胞膜进入细胞内部；另一种是非穿透性的，停留在细胞外。

常用的穿透性冷冻保护剂包括甘油（glycerol）和二甲基亚砜（DMSO，dimethyl sulfoxide）。甘油只能穿透动物组织细胞而不能穿透植物组织，而二甲基亚砜两者都可以穿透。甘油的最佳穿透温度为 20℃（0℃时几乎无法穿透细胞），工作浓度为 20%。二甲基亚砜工作浓度为 10%～30%。这两种冷冻保护剂都对膜结构有破坏作用，极容易引入假象[43,44]，在超微结构研究中很少使用。

常用的非穿透性冷冻保护剂包括 PVP（polyvinylpyrrolidone）、HES（hydroyethylstarch）和葡聚糖（如蔗糖），PVP 和 HES 的工作浓度为 15%～25%。虽然非穿透性的冷冻保护剂对细胞的伤害比穿透性的要小[45]，但可能造成细胞皱缩。这是由于细胞内外的渗透压不同而引起的。蔗糖的工作浓度为 1.6～2.3mol/L，它不但很好地抑制细胞外冰晶的形成，而且在冷冻条件下使冷冻切片更容易进行。此外，还有人把冷冻保护剂混合使用，如 10%甘油可以和 20%蔗糖一起使用。

2. 常用的冷冻剂

1）液氮（liquid nitrogen）

液氮的冷冻温度（－196℃）尚符合要求，但若把组织细胞样品直接与它接触，冷冻速度比较缓慢。原因是在热的组织细胞表面会形成一层气层，阻隔液氮和组织细胞的充分接触。而且液氮价格比较便宜，多用于维持冷冻环境。

2）液态丙烷（liquid propane）

丙烷的熔点低（－189℃）、沸点高（－42℃），热传导迅速，热容高于其他常用冷却剂，很适合直接冷冻组织细胞样品。另外，异戊烷（isopentane）的加入（0%～4%）可以降低异戊烷和丙烷混合物的熔点，使它在液氮温度下维持液态。

3）液态乙烷（liquid ethane）

乙烷的熔点（－182℃）和沸点（－89℃）与丙烷相似，热传导比丙烷更快，也很适合用于直接冷冻组织和细胞样品，但它在液氮温度下容易转化为固态，使用上不如异戊烷和丙烷混合物方便。

4）液氦（liquid helium）

液氦的温度可达到－271℃，但和液氮一样，它与热的组织和细胞接触时表面也会形成气层，同样不适用于直接冷冻组织细胞。而且它的价格比液氮贵很多，很少用于冷冻超薄切片技术。

3. 常用的冷冻固定方法

最传统的冷冻固定是先将小块的组织或细胞团经过醛类固定剂（如0.1%～0.5%戊二醛）和冷冻保护剂的处理，然后再将组织或细胞团手动投入液态丙烷或液态乙烷中进行冷冻。这种冷冻固定方式避免了常温超薄切片中的脱水、渗透、包埋的步骤，有效减少了这些步骤中有机溶剂对脂类的抽提作用，也在一定程度上减少了大分子的变性、抗原或酶活性的丧失。这种方法操作简单，但理想的冷冻固定厚度不深。

插入式冷冻固定（plunge freezing）在传统的冷冻固定基础上做了一些改进[46～48]。组织细胞样品不再是手动地投入冷冻剂中，而是以0.75～1.75m/s的速度快速插入液态丙烷或乙烷中。使用这种方法，可以不使用固定剂和冷冻保护剂的混合液处理组织和细胞，而是直接进行快速冷冻。插入式冷冻固定的理想固定厚度为距离表面10～30μm。Wild等曾使用这种方法研究过病毒入侵细胞的膜融合过程[49]。

冷金属块镜面冷冻固定（cold metal block freezing，metal mirror freezing）与上述两种冷冻固定方式不同。它的冷冻方式需要把薄样品贴到已冷却到液氮（－196℃）或液氦（－254℃）温度的抛光金属面（铜或银）上。一般来说，在－196℃，铜的冷却效果比银好，而在－254℃时，两者效果差不多，所以铜块的使用更为普遍。用这种镜面冷冻未经处理的细胞或组织，理想的冷冻固定深度可达30～50μm。冷冻的面积视冷金属块大小不同，可以达到1cm^2或更大。使用镜面冷冻固定方法有不少的成功范例[50,51]。

喷射冷冻固定（jet freezing）在一定程度上类似于插入式冷冻固定，但运动的不是样品而是冷却剂。冷却剂（通常使用丙烷）被液氮冷却至－180～－190℃，以约100m/s的速度被喷射到待冷却的样品表面。高速运动的冷却剂带来更快的热交换，从而使喷射冷冻固定效果优于插入式。该方法理想的冷冻固定深度理论上可到达40μm，如果使用两面式的喷射法，理想固定深度将更深[52]。不过要注意的是，高速运动的冷冻剂会对样品的喷射面造成一定的机械损伤[44]。

高压冷冻固定（high-pressure freezing）是目前冷冻固定效果最好的方法。它的原理是水在高压下转变为晶体的温度下降，从而有效抑制冰晶的成核与生长。使用这种方法最大的好处是理想的冷冻固定深度可达到600μm，相当于冷金属块镜面冷冻固定的

10～20 倍。但高压冷冻固定需要昂贵的高压冷冻机，准备工作和操作比较麻烦。在高压冷冻固定前常需要对样品进行醛类固定剂处理。对于植物组织和细胞来说，这是一种非常合适的冷冻固定方法，因为通常植物细胞比动物细胞大，需要的理想冷冻深度要比动物组织细胞更深。更多关于高压冷冻方法的应用可参考相关文献[53～57]。

2.4.3　冷冻超薄切片

1. 冷冻超薄切片的设备

冷冻超薄切片是在装有冷冻附件或专用的冷冻超薄切片机上进行的。这些设备一方面要有足够的空间可以方便操作，另一方面要有控制、添加液氮的设备，保证整个冷冻切片进行过程中都能稳定地维持在－160℃左右的环境中。此外，还需要保证样品在冷冻切片过程中所接触的地方都没有或很少有由空气冷凝而生成的冰晶。在进行冷冻超薄切片时，实验室环境的湿度应该尽可能的低，从而避免超薄切片机结霜，妨碍操作。

2. 冷冻超薄切片的刀、刀槽和刀槽液等

在制备冷冻超薄切片时，除样品需要冷冻外，切片刀也需冷冻。未经冷冻的刀在接触样品时将使其融化而无法切片。用于冷冻超薄切片的刀可以是钻石刀，也可以用普通的玻璃刀。由于固定钻石刀的材料一般为塑料等，这些材料在冷冻过程中常因剧烈的温度变化而受到破坏，导致钻石刀松动或破坏，因此选用时需选用特制的钻石刀。

冷冻超薄切片可采用槽液法或者干刀法。槽液法是采用刀槽并放置刀槽液来收集和展平切片的方法。对制备冷冻超薄切片的槽液，其基本要求是：凝固点低、不与样品作用、有足够的表面张力且能将切片浮起来。常用的有甘油和 DMSO，都是配成 50％水溶液使用。但这两种槽液在－50℃左右已变得相当黏稠，难以使漂浮于其表面的切片展开，使用很不方便。刀槽液也可使用更适合于低温的异戊烷或氟利昂等。要注意的是，当使用槽液法时，切片温度完全取决于刀槽液的温度，需控制好刀槽液的温度，防止因温度过高而造成样品中水的重结晶。

漂浮于刀槽液表面的切片不显示干涉色，因此无法判断切片的厚度。但是，一张质量好的切片应当是透明的，外观上类似玻璃纸。切片后可以用类似于常规超薄切片捞片的方法捞片。

干刀法不使用刀槽和刀槽液，而直接在干刀上切片。用这种方法，切片温度容易控制，一般设在－120℃以下。这种方法的劣势在于切片易粘在刀刃上，转移切片到铜网的方法比槽液法繁琐。最新的冷冻超薄切片机一般都配备静电消除装置，这个装置会同时发射正电荷和负电荷，有效地消除附在切片和刀上的静电，从而使切片和刀的粘连不再是个难解决的问题。

常用的干刀捞片法有两种。一种是用已预冷的眼睫毛将切片拨到预冷的铜网上，然后将一根一端抛光处理过的铜棒在液氮中冷却后，轻压铜网上的切片，以达到展片的目的。这种捞片方法效果有时不是太好，但它适用于切片后处理都在冷冻条件下进行的样品。另一种方法是液滴法。用特制的金属小环粘一滴收集液（常用的收集液有甘油、二

甲基亚砜、饱和蔗糖溶液等），在收集液冷冻凝固前粘取切片，然后在冷冻室外快速解冻收集液，利用其表面张力使切片展开，然后把切片转移到载网上。这种方法适用于切片后处理都在常温进行的样品。

3. 冷冻超薄切片的载网及储存

冷冻超薄切片使用的载网一般为小孔径铜网，常用 600～1000 目的铜网（即使不覆膜也能给切片提供良好的支撑）。用于免疫标记时，还需要考虑铜网是否会与试剂反应，如果会发生反应，可以用镍网和金网来取代铜网。

冷冻超薄切片按切片后处理及电镜观察的方式不同，有两种储存方式。如果切片后处理过程和电镜观察要求在冷冻条件下进行，那么在超薄切片过程中，铜网（或镍网、金网）以及储存样品的载网盒都需要预冷后使用。载网收集到样品后，放入载网盒内，然后转移到液氮中保存。

如果切片后处理或电镜观察在常温下进行，那么载有切片的载网可保存在 4℃，但保存时间很短，最好于一两天内完成后处理步骤并将其包埋在树脂内。

4. 样品固定与修块

固定样品块到切片机的样品架时，可以使用冷冻胶，如熔点在－90℃的庚烷（heptane）和熔点在－95℃的甲苯（toluene）。也可以在冷冻固定时将样品块和样品架贴在一起冷冻。

对于冷冻超薄切片来说，应尽量避免修块，因为在冷冻固定过程中，只有表面的样品冷冻保存得最理想。不必要的修块很容易将这一层最理想的样品去掉。如果确实需要修块，则修块的步骤要提前到醛固定、冷冻保护或包封处理的过程中。用刀片把样品块修整成适合于切片的形状，并仔细放在样品架上进行冷冻固定。

5. 切片

通常冷冻超薄切片的速率比较慢，常采用 0.2～0.4mm/s。因为切片速率快，会导致在刀刃与样品接触的局部区域升温，样品中的水分重结晶而破坏超微结构。刀的温度通常控制在－120℃以下。

冷冻超薄切片的厚度也要比常温超薄切片厚。切片的厚度与冷冻固定的好坏有密切关系。冷冻固定理想、冰晶细小的样品容易切出平整的薄片。一般来说，薄片比厚片容易破损，影响超微结构的观察，但薄片能够使抗体等标记物更好地在切片中渗透，标记会更理想。综合考虑两个方面的因素，冷冻切片的厚度在 120nm 时比较理想。事实上，判断冷冻超薄切片的厚度比常温超薄切片困难很多，厚度判断多依靠经验。厚度理想的切片如玻璃纸般透明光滑。

此外，组织块的温度也可能影响切片的好坏。切片的过程本身是个摩擦生热的过程。这个过程产生的热量向组织块和刀两边扩散，若不注意控制好组织块的温度，组织块中的水分重结晶出大冰晶，将大大阻碍切片的进行。一般组织块的温度也维持在－120℃以下。

6. 冷冻超薄切片的后处理

1）染色

经过醛固定和甘油或 DMSO 保护的组织，其冷冻超薄切片可以使用乙酸铀和柠檬酸铅染色。染色方法参见常温切片的染色部分。如果冷冻保护剂使用的是蔗糖，上述染色将会使结构严重破坏。

对冷冻超薄切片，更常使用的染色方法是负染色。负染色可较正染色法看到更多的结构细节。负染色的染液有钼酸铵（2%，pH7.3）、乙酸铀（0.5%，pH4.6）或酸性磷钨酸（1%，pH6.7），染色时间为 15～30s，室温。负染色后可用一湿的滤纸将多余染液吸去。

如果用冷冻超薄切片进行免疫标记，则最好在切片捞到载网后未干燥前进行免疫标记，然后再进行染色。

2）包埋

冷冻超薄切片在常温下并不能长期保存，为了让它保存时间延长，需要对已经染色的切片连同载网一起包埋在甲基纤维素（methyl cellulose）中。具体方法为：让带切片的载网粘一滴 1.8%甲基纤维素溶液，用滤纸从载网边上吸掉多余的溶液，待载网晾干后即完成包埋。

如果冷冻超薄切片使用负染色，那么包埋和负染色可以同时进行。把染色剂和甲基纤维素配成混合液，让载网在混合液中停留 15～30s，然后用滤纸洗掉多余的混合液，晾干后完成负染色和包埋。

7. 冷冻超薄切片的技术关键

冷冻超薄切片的技术难度极大，其成功的主要因素在于组织块的温度。一般认为在低温（−80℃）下切制的，若其切割面粗糙，则这些切片肯定有多处发生了冷冻断裂；而若切割面是平滑的，又意味着在切割时刀与样品表面发生了瞬时熔融和解冻。从元素微区分析的观点来看，最关键的是要知道在切割过程中是否出现过任何解冻现象。不论在冰融化时还是在紧接着发生冰的再结晶过程中，如果在切片或组织块上存在解冻区，均会导致可溶元素的重新分布。对于组织致密和均匀分布的细胞，这一位移较小，但在那些仅有水和小分子的间隙等地方，元素位移很严重。

在冷冻超薄切片的过程中，瞬时融化是关键问题，如果利用玻璃刀进行切片，这个问题更难解决，因为在冷冻切片过程中所产生的热量失去了有效的散热体。一般认为解冻区被限制在 60nm 厚的一层内（也有学者对此有不同的看法），这种尺寸的融化区对超薄切片（50～100nm）是一个严重的问题。通常利用干刀和很慢的切割速率 在−100℃以下温度切片能够避免这个问题。另一个与冷冻切片有关的潜在问题是冰的移动与再结晶，这将导致生物组织内元素的重新分布。

8. 常见的冷冻超薄切片缺陷

冷冻超薄切片技术是比较复杂的技术，操作者的技术水平、仪器的稳定性、环境的温度和湿度等都会严重影响样品制备的质量，使切片存在较多的缺陷。其中常见的缺陷有变形、碎裂、颤纹等。

变形在任何超薄切片过程中都会存在，但在冷冻超薄切片过程中，这方面尤为突出。变形的程度跟样品的性质有很大的关系，如一般脂肪滴比肌纤维更容易在超薄切片过程中变形；此外，切片的厚度可以对变形产生很大的影响，一般超薄切片越薄，变形越严重。这也是冷冻超薄切片很难获得很薄的片的原因之一。切片的速率和温度对变形的影响不大[58]。

碎裂是在冷冻超薄切片过程中比较难解决的问题。碎裂同样与样品的性质有关，一般含水或脂肪滴多的地方最容易碎裂；而可溶性物质比较丰富的地方较少碎裂，此外切片越厚也越容易碎裂。碎裂会导致样品图像不连贯，严重影响电镜观察效果。

颤纹在常温下超薄切片时也有发生。在冷冻超薄切片过程中，为了达到快速冷冻的目的，样品块通常比较小，而固定样品等操作又都在低温下进行，因此经常有可能导致样品块固定不牢的现象，这是导致颤纹出现的主要原因。刀安装不妥，样品内成分和密度、硬度的不均匀均可导致颤纹的出现。

2.5 冷冻置换技术

2.5.1 冷冻置换的基本原理

冷冻置换是将新鲜样品快速冷冻固定后，用某种在低温下不会冻结的无水有机溶剂在稍高于样品冷冻温度的状态下，将样品中的水分置换出来，然后再用树脂进行渗透包埋和常温超薄切片。如果说冷冻超薄切片技术主要避免了常规电镜样品制备中脱水和包埋这些步骤可能造成的人工假象，冷冻置换技术则主要是为了避免化学固定对生物大分子的影响。它不但对保存细胞微细结构有利，而且减少了化学固定、脱水引起的一些细胞化学成分及化学元素的丢失和移位。由于冷冻置换采用的是物理冷冻固定，因此第一步冷冻固定的成功与否是整个技术成败的关键。目前高压冷冻结合冷冻置换已经成为动植物组织细胞超微结构研究的成熟技术。

与冷冻超薄切片相比，虽然冷冻超薄切片能较好地保存细胞内可溶性物质，但技术难度较大，切片的成功率相对较低，对仪器设备的依赖很高。而且，因为冷冻超薄切片的反差弱，组织及细胞的精细结构较难辨认，因此对细胞的形态研究来说，冷冻超薄切片技术的运用有很大的难度。冷冻置换技术虽然在细胞内可溶性成分的保存方面不如冷冻超薄切片技术，但由于冷冻置换技术操作简单可靠，对仪器的依赖和操作者的技术熟练程度相对要求低些，成功率高；而且这种技术能很好地显示组织细胞超微结构形态，并能较好地保存细胞化学成分和化学元素，所以目前冷冻置换技术的运用比冷冻超薄切片更广泛。

2.5.2 冷冻置换介质

在低温下用无水有机溶剂置换样品内的非晶态冰需要经过一段相当长的过程。冷冻置换介质应是熔点很低的液体，在低温下保持不凝固，并能溶解对样品有固定和染色作用的四氧化锇、乙酸铀或单宁酸等试剂。将化学固定剂加入冷冻置换液中是为了稳定细胞的超微结构并增加反差，使样品在冷冻状态下既可得到固定又可进行置换。常用的冷冻置换液有丙酮、甲醇、乙二醚等，其溶点分别为−95℃、−94℃和−116℃。

冷冻置换液的选择和置换温度对于置换效果影响较大。目前使用最普遍的置换液是丙酮，它既可以单独使用，也可加入四氧化锇等固定剂后混合使用。甲醇作为置换液，置换冰的速度最快，除水能力最高。乙二醚则置换速度最慢，除水能力较弱。冷冻置换一般在−95～−80℃进行，在该温度范围内有机溶剂对样品中的冰融化得较好。而置换温度较低时，组织内的结构和化学元素保存较好，但时间要相对延长。为了将样品中的水分置换彻底，在组织浸入之前，置换液中通常需加入分子筛以除去其中的残余水分。所有加入置换液中的试剂都必须是固态无水的。

实验中需要根据样品种类和研究目的选择置换液，当用于形态学研究时，一般在纯丙酮中加入1%四氧化锇，或在甲醇中加入3%戊二醛、1%四氧化锇和0.5%乙酸铀混合物。用丙酮直接溶解固态四氧化锇可能比较慢，可先用甲醇溶解，再配制成1% 四氧化锇-丙酮置换液。当样品用于免疫细胞化学研究时，置换液中一般不加四氧化锇，而是加入醛类固定剂，对细胞膜反差弱的缺陷可加入单宁酸来弥补。

2.5.3 冷冻置换的方法

进行冷冻置换的组织内非晶态冰被置换液取代后，细胞结构得到较好的保存，并防止了过多的细胞物质被抽提。但是溶解在置换液中的固定剂如四氧化锇和醛类，在低温条件下活性大大降低，因此冷冻置换的过程十分漫长，有的需要几天时间。冷冻置换实验需要一个温度从−90℃至室温的梯度升温装置，目前通常采用德国莱卡公司的 Leica EM AFS 型、EM AFS2 型冷冻置换仪，没有专用冷冻置换仪的情况下也可以用超低温冰箱或者装干冰的低温容器代替。冷冻置换的常规步骤是：取材→冷冻固定→冷冻置换→升温回暖→树脂渗透包埋→常温超薄切片。

1. 冷冻固定

组织先进行快速冷冻固定，可采用前面所述的插入式冷冻固定、冷金属块镜面冷冻固定和高压冷冻固定等，具体视实验室条件而定。对于植物样品而言，最理想的是高压冷冻固定法。

2. 冷冻置换

样品经冷冻固定后，即可进行冷冻置换。具体过程是：将置换液预先冷却至−90℃左右，将已经冷冻固定的样品迅速转移至冷却的置换液中，在冷冻置换仪或者其他低温容器中进行冷冻置换。冷冻置换的时间长短与样品的大小、置换液剂量及置换的温度有关。一般需要在−90℃左右的条件下置换 8h 左右，也有的置换时间长达 2 天。样品在数小时内可变得透明，说明置换过程在进行中；为达到完全置换，最好不断摇动样品，并将置换液更换1～2次。

3. 升温回暖

当冷冻置换完毕后，需要将组织缓缓升温回暖。将温度逐步回暖至－60℃停留约8h，然后置于－30℃停留8h，接着在－30℃下更换置换液两次。对于大多数生物样品来说，重结晶的温度大约在－30℃，所以必须确保样品中的冰在到达该温度之前已被完全置换。

4. 树脂渗透和包埋

在冷冻置换后要根据不同的研究需要采用相应的树脂渗透和包埋聚合方法。一般用于形态学观察的样品，组织要升温回暖至0℃停留1h，最后回到室温，用Epon 812或者低黏度的Spurr树脂进行渗透、包埋。若在置换过程中使用了四氧化锇等试剂，则须在室温下继续置换1h，然后换用3次新的丙酮或甲醇，再进行常规树脂渗透和包埋，通过加热方式使包埋块聚合。对于免疫细胞化学研究的样品，可用Lowicryl K4M低温包埋剂进行渗透和包埋，组织只需回温至－35℃，在此温度下更换置换液两次以清洗组织，然后按丙酮和低温树脂的不同比例混合液渗透组织，最后过渡到纯包埋剂渗透，将样品包埋在专用胶囊或离心管中，在－35℃下用冷冻置换仪上的长波长紫外灯照射聚合24～48h，最后回复到室温条件下继续照射24h。除了Lowicryl K4M之外，还有Lowicryl HM20可在－70℃下使用，这两种包埋剂可以较好地保存组织内部的抗原性和组织结构，特别适合用于电镜免疫金标记等。此外，LR White也是一种常用的丙烯酸类树脂，既可以加热聚合，也可以在低温下用紫外光照射聚合，在电镜形态学观察和免疫金标记中也常使用。

5. 超薄切片和染色

以上冷冻置换方法制备的样品包埋块可在室温条件下进行常规超薄切片和电子染色，免疫细胞化学样品则在超薄切片之后进行免疫标记和电子染色。如果想进一步避免水溶性成分的移位和流失，使冷冻置换后的样品不再接触水，可以将超薄切片刀的槽液换成甘醇等溶液。电子染色时可用磷钨酸或乙酸铀，两者均可溶于甘醇。这时实际上采用的是负染色法，染色后需要将多余染液用滤纸吸去，把载网放入真空喷镀仪的真空罩内，抽低真空（只开机械泵）使甘醇蒸发，即可在电镜下观察。

2.5.4 影响冷冻置换的因素

冷冻固定与冷冻置换的效果好坏，对于样品细胞结构的保存和最终电镜下显示至关重要。冷冻固定的质量是前提，冷冻置换过程则是整个技术成功与否的关键所在。置换介质种类、样品转移速度、置换温度与回暖条件是影响冷冻置换的几个重要因素。

1. 置换介质种类

样品冷冻置换的效果与置换介质有关，通常大多采用丙酮或甲醇，在丙酮中加入四氧化锇可使组织边固定边置换。四氧化锇浸入组织后，组织将逐渐转变成黑褐色，表明组织样品中的不饱和脂质与其发生反应并得到保存。但四氧化锇会破坏组织的抗原活性，因此需要进行免疫细胞化学研究的样品必须用醛类固定剂加到置换液中。

2. 样品转移速度

冷冻固定后样品的快速转移十分重要，要避免样品在转移过程中升温和表面凝霜。需将冷冻后的样品瞬间投入事先准备好的置换液中，绝对防止样品表面的凝霜现象。因为在冷冻样品从冷冻剂中取出送入置换液的过程中，一旦暴露在空气中，即使只有几秒钟，冷冻样品的温度也会有所升高，造成细胞内的重结晶，破坏超微结构。使用冷冻置换仪可以避免这种情况。

3. 置换温度与回暖

在冷冻置换期间，避免温度升高、保持温度的恒定相当重要。置换结束后，样品回暖的时间应十分缓慢，需要一个逐步升温的过程，否则样品形态结构将会受到损伤或改变。在冷冻置换仪上的回暖速度一般选择为 5℃/h。经过冷冻置换制备的包埋块与一般化学方法制备的包埋块有所不同，良好的样品冷冻深度通常很浅，大约只有十几至几十微米，即使是高压冷冻的样品，冷冻深度也只有几百微米。样品外层的细胞结构保存良好，而内部往往冷冻效果欠佳，或多或少存在着冰晶损伤。因此，在手工修块时，不要将组织修除过多，对于特别微小的样品可以直接进行超薄切片，以使样品固定质量良好区域的形态结构得以保留。

第3章　病毒的分离、纯化与病毒样颗粒的组装

柳　正

病毒的分离纯化是把病毒粒子从病理组织、细胞培养物或者病毒途径的体外环境中分离，去除病毒粒子以外杂质，获得纯净的病毒粒子并浓缩的过程。对于病毒学的研究，无论是病毒的鉴定、分类，还是病毒结构、物化性质、基因结构、基因表达，还是与寄主关系等的研究，无不与病毒分离纯化有密不可分的关系。本章主要介绍病毒的电子显微学研究中的病毒分离纯化技术。它主要针对病原学和病毒的结构研究，尤其是病毒的高分辨三维结构的研究。这些研究对病毒分离纯化的要求是：

（1）所得的病毒悬液应具有足够的浓度，尤其对于高分辨结构，研究浓度宜达到5μg/ml；

（2）具有足够的纯度，在电镜的视野中杂质极少；

（3）保存好病毒粒子，避免受到损伤。

通常根据不同的情况，需要采用不同的分离纯化方法。

（1）对于病理组织来源丰富，而其所含的病毒粒子数量又多的情况，可直接从病理组织分离纯化。

（2）对于病理组织缺乏，而其所含的病毒粒子数目又少的情况，企图直接从病理组织中分离纯化病毒是相当困难的，通常采用组织（细胞）培养的方法。由于病毒没有独立的酶及代谢系统，所以必须依赖于有生命的宿主细胞才能增殖。于是选择在特定的细胞中培养，使病毒能生存和增殖。组织细胞培养方法的优点有：可以大量培养病毒，比较经济和方便；可消除其他外界因素的影响。组织培养技术的出现和成熟极大地促进了病毒学的发展。

（3）还有一些与人类疾病密切相关的病毒［如人乙型肝炎病毒（HBV）、人戊型肝炎病毒（HEV）和人乳头病病毒（HPV）等］，不但不可能直接从患者病理组织中大量分离纯化得到，而且也没有找到适合于体外细胞培养的细胞株，因而造成此病毒研究的困难。后来发现病毒的衣壳蛋白在体外表达后常常可以自组装成病毒样颗粒（virus-like particles，VLP）。这些VLP是一种不完全的病毒粒子，由于不包含核酸。因此VLP不能感染和增殖，也不存在致病的危险。VLP的衣壳结构一般与野生病毒粒子衣壳基本相似，其抗原性和免疫原性等保存良好，基本与野生病毒株的相同。VLP能大规模培养，因而在病毒结构、疫苗等研究中被广泛应用。

本章主要介绍病毒分离纯化技术、病毒衣壳蛋白的体外表达与自组装技术、病毒及病毒样颗粒的负染色观察等三个部分。

3.1　病毒的分离纯化

病毒作为一类微小的生物体，大小以纳米量度。它们不能单独生存，需要寄生在其他的生物体内。直接确定病毒是否存在，需要依赖于特定的分离与纯化方法。现代生物学方法深入地研究病毒，尤其依赖于病毒的分离和纯化。其中，结构病毒学研究更是需要大量高纯度的病毒样品。因此，病毒的分离与纯化技术已成为病毒结构研究中至关重要的一个环节。本章将从病毒的分离、纯化展开叙述，尤其是针对适合冷冻电镜结构研究的病毒的分离纯化。

3.1.1　病毒的分离

病毒的分离往往伴随着病毒的鉴定。一种致病病毒的鉴定离不开病毒的分离。有些病毒已经建立了成熟的分离鉴定方法。为了统一各个不同实验室的检测和流行病学的监测，WHO 甚至制定了一些常见病毒的分离鉴定的标准操作规程。一般情况下，分离病毒可以用传代细胞、原代细胞，或者直接用动物接种或鸡胚接种。在优先顺序上，只有在找不到适合病毒生长的原代细胞或传代细胞的情况下，才运用动物接种或者鸡胚接种的方法分离病毒。

病毒分离的基本过程如下。

(1) 获取病毒分离样品。从动植物及临床上采样获得标本，注意保持标本的新鲜，以维持病毒的存活。采集后尽快送实验室操作，如不能实现则应立即低温或者冷冻保存，一般情况下病毒是不容易冻死的。同时，该步骤应该特别注意病毒的生物安全性，对于人和动物有高致病性的病原，还需特殊的处理和防护。

(2) 病毒分离标本的前期处理。不同的病毒会有不同的样品前期处理方法。常见的处理方法有将样品研磨、冻融、低速离心，以及滤菌器过滤。

(3) 接种与观察。将病毒接种后，经过一定时间的产毒，进行观察和检查。细胞接种培养观察的是细胞病变，有些潜伏感染的病毒还需要依赖其他方法（如免疫荧光等）来检测病毒分离接种是否成功。接种模型动物，可通过观察动物的病变症状，或者直接检测动物的分泌物或排泄物，以及动物体内的免疫产物来判定接种的成功与否。

不同的病毒分离具有较大的差异。植物病毒和部分动物病毒采样直接简单，先期的预处理大多将获取病样低温下研磨并冻融至少一次。同时研磨应充分，在研磨时可以加入生理盐水或 PBS，或者直接加细胞培养液。为了让细胞完全破裂，将细胞内的病毒释放到溶液中研磨完全后冻融 1～3 次，然后低速离心，取上清用 0.22μm 的滤膜过滤，取过滤后的液体接种个体、离体组织或敏感细胞。而临床上的病毒就大有差异，现就不同病毒分类简述如下。

(1) 呼吸道病毒。呼吸道病毒的主要特征是大多具有囊膜，以感染人上、下呼吸道为主。常见的呼吸道病毒有正黏病毒科的流感病毒，副黏病毒科的副流感病毒、麻疹病毒、腮腺炎病毒、呼吸道合胞病毒，以及冠状病毒、风疹病毒、呼肠孤病毒等。采集主要呼吸道标本，包括鼻腔洗液、咽拭子、鼻拭子、喉拭子等。流感病毒适于在鸡胚中增殖，组织培养可采用犬肾细胞系（MDCK）或人胚肾或猴肾细胞，动物接种以雪貂最敏感，副流感病毒可接种于原代人胚肾、原代猴肾细胞并能发生细胞病变。呼吸道合胞病毒接种于 Hep-2、HeLa、A549 细胞或原代猴肾细胞等，细胞病变的特点是形成多核巨细胞。腺病毒不具囊膜，但同样感染呼吸道；它不能在鸡胚中增殖，只能在人源的组织、细胞中增殖，人胚肾细胞易感。

（2）肠道病毒。肠道病毒为单股正链 RNA 病毒，无包膜，从消化道侵入，并在整个消化道中增殖。病毒侵入血流，进入肠道外组织增殖，不同的肠道病毒对各种器官组织的嗜性不同，引起肠外多器官系统的疾病。采集不同标本如脑脊液、血液、尿液、粪便、直肠拭子或喉拭子等，可以用于接种的细胞有猴肾、人胚肾、人羊膜细胞、Hep-2、HeLa 等细胞。

（3）肝炎病毒。尽管肝炎病毒都是感染肝脏，但是在分类学和生物学特征中却大有不同。HAV 属小 RNA 病毒科，单股正链 RNA，只有 1 个血清型，目前已有多种细胞可用于 HAV 培养，复制周期长，众多灵长类对 HAV 敏感。HBV 为嗜肝 DNA 病毒科，电镜下可见小球形、管形、大球形 3 种形态，其中大球形为完整的病毒颗粒，含双股环状 DNA，有多种血清型；尚不能用细胞培养，少数灵长类动物对其敏感。HCV 为黄病毒科，有包膜，含单股正链 RNA，最敏感的动物是黑猩猩。HDV 为缺陷病毒，敏感动物有黑猩猩、东方土拨鼠。HEV 为戊肝病毒科，无包膜，含单股正链 RNA，敏感动物有猕猴、黑猩猩、大鼠等。

（4）虫媒病毒。虫媒病毒是一类通过吸血的节肢动物叮咬人、家畜及野生动物而传播疾病的病毒。其中脑炎病毒能够在 AP61 或 C6/36 蚊传代细胞中增殖，最易感的动物为乳鼠。登革热病毒分离的方法有巨蚊胸内接种、C6/36 细胞分离和乳鼠脑内接种等。汉坦病毒可在 A549、Vero-E6 及地鼠肾细胞中生长，敏感动物有黑线姬鼠、小鼠、乳鼠等。

（5）疱疹病毒。疱疹病毒是一类中等大小、有包膜的 DNA 病毒，核衣壳为二十面体立体对称。敏感的细胞有原代细胞（兔肾、貂肺、人胚肺或肾）、二倍体细胞和传代细胞（Hep-2、BHK21 等）。巨病毒（CMV）的种属特异性高，人 CMV 仅在人成纤维细胞中生长，细胞病变是形成巨大细胞。EB 病毒具有疱疹病毒的形态结构特征，只能在人及部分灵长类的 B 细胞内或含 EB 病毒基因组的类淋巴母细胞中增殖。

另外，一些病毒如属弹状病毒科的狂犬病病毒，易感染大脑海马回的锥体细胞；轮状病毒，病毒分离培养采用原代猴肾细胞培养后，转种猴肾传代细胞增殖。还有很多病毒不具有组织细胞分离培养，如多瘤病毒、艾滋病毒等。

临床病毒分离流程

1）组织器官样品的处理

（1）用无菌操作取一小块样品，充分剪碎，置乳钵中加玻璃砂研磨或用组织捣碎机制成匀浆，随后加 1～2ml Hank's 平衡盐溶液制成组织悬液，再加 1～2ml 继续研磨，逐渐制成 10％～20％的悬液。

（2）加入复合抗生素。

（3）以 8000*g* 相对离心力离心 15min。

（4）取上清液用于病毒分离接种。

2）粪便样品的处理

（1）加 4g 的粪便于 16ml Hank's 平衡盐溶液中制成 20%的悬液。

（2）于密闭的容器中强烈振荡 30min，如果可能则加入玻璃珠。

（3）以 6000*g* 相对离心力低温离心 30min，取上清液再次重复离心。

（4）用 450nm 的微孔滤膜过滤。

（5）加 2 倍浓度的复合抗生素，然后直接用于病毒分离或进行必要的浓缩后再行病毒分离。

3）无菌的体液（腹水、脊髓液、脱纤血液、水泡液等）和鸡胚液样品可不做处理，直接用于病毒分离。

注：Hank's 平衡盐溶液和复合抗生素的配制见细胞培养溶液的配制。

4）样品的特殊除菌处理

样品经过上述一般处理即可用于病毒分离，如果样品中存在污染，还可以采取以下方法。

（1）乙醚除菌：有些病毒（如肠道病毒、鼻病毒、呼肠孤病毒、腺病毒、小 RNA 病毒等）对乙醚有抵抗力，可按冷乙醚∶样品＝1∶1（*V*∶*V*）加入，悬液充分振荡，置 4℃过夜。取用下层水相分离病毒。

（2）普鲁黄除菌：由于染料普鲁黄（Proflavin）对肠道病毒和鼻病毒很少或没有影响，常用作粪或喉头样品中细菌的光动力灭活剂。将样品用 0.0001mol/L pH9.0 的普鲁黄于 37℃作用 60min，随后用离子交换树脂除去染料，将样品暴露于白光下，即可使其中已经被光致敏的细菌或霉菌灭活。

（3）过滤除菌：用 200nm 孔径的混合纤维素酯微孔滤膜等除菌，但对病毒有损失。

（4）离心除菌：用低温高速离心机以 1800r/min（15.24cm）离心 20min，可沉淀除去细菌，而病毒（小于 100nm）保持在清液中。必要时转移离心管重复离心一次。

接种方法根据接种的宿主不同，可以分为以下三种。

（1）动物接种：这是最原始的病毒培养方法。常用的动物有小鼠、大鼠、豚鼠、兔和猴等，接种的途径有鼻内、皮下、皮内、脑内、腹腔内、静脉等。根据病毒种类不同，可以选择敏感动物及适宜接种部位。

（2）鸡胚接种：鸡胚对多种病毒敏感。根据病毒种类不同，可将标本接种于鸡胚的羊膜腔、尿囊腔、卵黄囊或绒毛尿囊膜上。

（3）组织培养：将离体活组织块或分散的活细胞加以培养。

细胞培养最常用于培养病毒，根据细胞的来源、染色体特性及传代次数可分为下列类型：原代细胞培养、次代细胞培养、二倍体细胞株和传代细胞系。

（1）原代细胞培养：采用机械或胰蛋白酶等处理离体的新鲜组织器官，制成分散的单个细胞悬液，加入生长液后，分装于培养管中培养，活细胞贴壁生长繁殖，数天后形成单层细胞，称原代细胞培养。

(2) 次代细胞培养：将原代细胞培养物轻微消化后，再洗下分装至含新鲜培养液的培养管中继续培养，即为次代细胞培养。

(3) 二倍体细胞株：原代细胞经过多次传代仍能保持二倍体特性，称为二倍体细胞株。

(4) 传代细胞系：来源于肿瘤细胞或细胞株在传代过程中变异的细胞系，是能在体外无限传代的细胞系。

3.1.2 病毒的纯化

对病毒进行进一步的实验和研究，需要将病毒浓缩到一定的浓度、纯化到一定的纯度。浓缩或者纯化组织培养的病毒相对简单，主要是因为细胞培养物一般无污染，无多余的颗粒感染，而从排泄物（甲肝病毒，诺如病毒等）、血液（乙肝病毒）、组织（脑中的狂犬病毒）浓缩就稍微复杂，病毒掩藏在碎片或者组织中，提取过程中要想方设法去除各类杂质。一般用于冷冻电镜结构分析的病毒，大多是从细胞中培养，或者是从滴度非常高的体液中获得，如乙肝病毒颗粒可以从血液中纯化等。

一般在病毒纯化之前需要进行病毒的浓缩，具体方法如下。

1. 水提取

通过高分子复合物的多孔纤维素膜透析袋的渗透作用，可从标本中提取水或者微量的溶质。这种方法较为简单，但过程比较慢，液体量为500～1000ml时，需要24h，因而该方法适合液体量少于1L、有一定抵抗力的病毒的浓缩。透析袋有不同的直径，适用于大多数需要的液体量，透析袋的孔径通过膜的分子流动控制，分子质量大约在10 000Da范围的透析袋较为常用。用于水提取的是吸湿的大分子物质，可防止进入待纯化的样品中，通常为PEG聚合物、聚乙二醇。这种薄片或粉状材料较便宜，吸水性强，且对大多数病毒无影响。

具体步骤如下：

(1) 准备透析袋，把待浓缩的样品装入透析袋，封装；

(2) 透析袋放在装有PEG的容器内，在袋上洒点水，再盖上一层PEG；

(3) 在40℃下，根据需要浓缩2～24h；

(4) 小心取出透析袋，洗去外面的PEG胶层，打开袋的一端，收集浓缩液。

2. 沉淀

病毒作为一种颗粒，可以通过改变其表面的静电荷使其沉淀，PEG和硫酸铵常用于病毒的沉淀。在使用沉淀法之前，需要将待浓缩液中的碎片去除。

1) 中性盐沉淀法

病毒一般在45%以上饱和度的硫酸铵溶液中沉淀，且保持其感染性。在含有病毒的组织培养液中加入等体积的饱和硫酸铵，可以很容易地沉淀某些病毒（如狂犬病毒、鸡新城疫病毒等）。

具体步骤如下：

（1）配制饱和硫酸铵：将800g硫酸铵溶解于1L的20℃的水中，调pH至各病毒的稳定值，一般为7.2；

（2）将饱和硫酸铵加入病毒液样品中，使得最终浓度为30%～50%，轻轻振荡1～4h；

（3）以5000～10 000*g*相对离心力离心30min，样品中蛋白质的量决定沉淀的量，用原液量1%～5%的缓冲液将沉淀重悬。

2）聚乙二醇沉淀法

聚乙二醇（PEG）为水溶性非离子型聚合物，具有各种不同的分子质量，用于病毒沉淀的主要是相对分子质量为2000～6000的PEG。Tanncock等在1985年就成功地用PEG浓缩了禽脑脊髓炎病毒。

具体步骤如下：

（1）在去除碎片的待浓缩的样品中加入氯化钠，至终浓度0.5mol /L；

（2）加浓度为6%～8%PEG使得病毒沉淀，4℃下放置4～18h。PEG的浓度根据预实验决定，如需无菌条件，可先将PEG制成浓度为50%的溶液，高压灭菌后再调整到终浓度；

（3）以5000～10 000*g*相对离心力离心30min，用原液量1%～5%的缓冲液重悬沉淀。

3）鱼精蛋白沉淀法

鱼精蛋白为碱性蛋白，具有携带其他蛋白质共沉淀的作用，能和直径大于50nm的病毒共同沉淀而不影响病毒的感染力。当向这种沉淀物加入1mol/L NaCl时，病毒又重新释放到悬液中，而鱼精蛋白仍然沉淀。直径小于50nm的小型病毒则不与鱼精蛋白共同沉淀。因此，可利用鱼精蛋白去除病毒材料中直径大于50nm的异种蛋白。

另外还有“皂土法”纯化轮状病毒：应用皂土在酸性条件下（pH4～4.5）吸附轮状病毒SA-11，再在碱性条件下（pH8.5）使其洗脱下来，从而达到纯化目的。

浓缩后的病毒样品，可以初步进行电镜检查，看是否存在病毒样颗粒，通过该步骤的病毒可以满足大部分的生物特征分析，如核酸分析、免疫分析等。但要获得更高浓度、更高纯度，还需进一步的超速离心。超速离心已成为病毒研究的不可缺少的方法，下一节专门进行讨论。

3.2　病毒纯化的超速离心技术

超速离心技术在生物科学中已得到十分广泛的应用，每个生物学实验室都要装备超速离心机。离心技术主要用于各种生物样品的分离和制备，生物样品悬浮液在高速旋转下，由于巨大的离心力作用，使悬浮的微小颗粒（细胞器、病毒 、生物大分子的沉淀等）以一定的速度沉降，从而与溶液得以分离，而沉降速度取决于颗粒的质量、大小和密度。结构生物学研究病毒颗粒的高分辨结构更是离不开这种超速离心的方法。

3.2.1　原理与设备

1. 原理

当一个粒子（生物大分子或细胞器）在高速旋转下受到离心力作用时，此离心力“F”由下式定义，即

$$F = m \cdot a = m \cdot \omega^2 \cdot r \tag{3-1}$$

式中，a 为粒子旋转的加速度；m 为沉降粒子的有效质量；ω 为粒子旋转的角速度；r 为粒子的旋转半径。

为了方便，通常用“相对离心力（relative centrifugal field，RCF）”来表征样品所受离心加速度的大小，一般用数字乘“g”来表示，如25 000g即表征样品受到了25 000倍重力加速度的作用。要注意，“相对离心力”的单位是重力加速度而非牛顿，称之为“力”只是一种习惯性的表述。

相对离心力可用下式计算：

$$\mathrm{RCF} = 1.119 \times 10^{-5}(\mathrm{rpm})^2 r \tag{3-2}$$

式中，rpm 为 revolutions per minute（r/min）

由式（3-2）可见，只要给出旋转半径 r，则 RCF 和 rpm 之间可以相互换算。但是由于转头的形状及结构的差异，使每台离心机的离心管，从管口至管底的各点与旋转轴之间的距离是不一样的，所以在计算是规定旋转半径均用平均半径“rav”代替（图 3-1）：rav=（$r_{\min}+r_{\max}$）/2

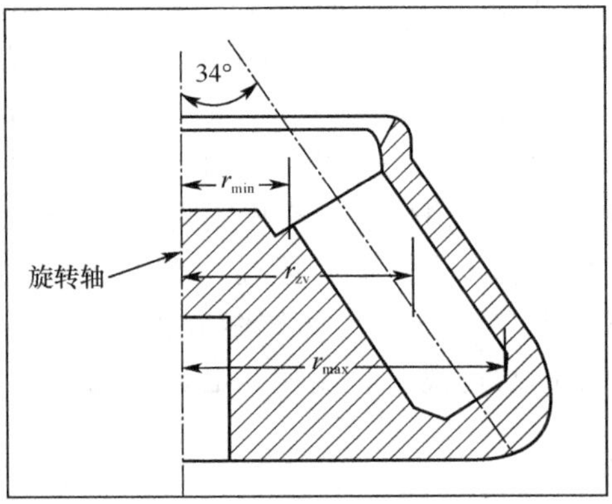

图 3-1　离心转轴的半径示意图

一般情况下，低速离心时常以转速“rpm”来表示，高速离心时则以“RCF”表示。计算颗粒的相对离心力时，应注意离心管与旋转轴中心的距离“r”不同，即沉降颗粒在离心管中所处位置不同，则所受离心力也不同。因此在报告超离心条件时，通常总是用“RCF”代替每分钟转数“rpm”，因为它可以真实地反映颗粒在离心管内不同位置的离心力及其动态变化。文献中离心力参数的数据通常是离心管中点位置所受的相对离心力。

2. 设备介绍

自 1924 年 Svedberg 和 Rinde 研制出世界上第一台涡轮超速离心机以来，超速离心机发展非常迅速，现在离心机转头最高转速已达 100 000r/min，最大离心力达 700 000g。最著名的生产厂商有美国的贝克曼公司和日本的日立公司等，离心容量由几十毫升至 2L，分离的形式是差速沉降分离和密度梯度区带分离，离心管平衡允许的误差要小于 0.1g。超速离心机的出现使过去仅仅在电子显微镜下观察到的亚细胞器得到分级分离，还可以分离病毒、核酸、蛋白质和多糖等，因此成了生物电镜诊断中上游样品纯化非常有用的工具。

超速离心机主要由驱动和速度控制、温度控制、真空系统、转头四部分组成。超速离心机的驱动装置是由水冷或风冷电动机通过精密齿轮箱或皮带变速，或直接用变频感应电机驱动，并由微机进行控制，由于驱动轴的直径较细，因而在旋转时此细轴可有一定的弹性弯曲，以适应转头轻度的不平衡，而不至于引起震动或转轴损伤。除速度控制系统外，还有一个过速保护系统，以防止转速超过转头最大规定转速而引起转头的撕裂或爆炸，为此，离心腔用能承受此种爆炸的装甲钢板密闭。温度控制是由安装在转头下面的红外线射量感受器直接并连续监测离心腔的温度，以保证更准确、更灵敏的温度调控，这种红外线温控比高速离心机的热电偶控制装置更敏感、更准确。

超速离心机装有真空系统，这是它与高速离心机的主要区别。离心机的速度在 2000r/min 以下时，空气与旋转转头之间的摩擦只产生少量的热；速度超过20 000r/min 时，由摩擦产生的热量显著增大；当速度在 40 000 r/min 以上时，由摩擦产生的热量就成为严重问题，为此，将离心腔密封，并由机械泵和扩散泵串联工作的真空泵系统抽成真空，温度的变化容易控制，摩擦力很小，这样才能达到所需的超高转速。

1）转头

（1）角式转头。角式转头是指离心管腔与转轴成一定倾角的转头。它是由一块完整的金属制成的，其上有 4～12 个装离心管用的机制孔穴，即离心管腔，孔穴的中心轴与旋转轴之间的角度为 20°～40°，角度越大沉降越结实，分离效果越好。这种转头的优点是具有较大的容量，且重心低，运转平衡，寿命较长，颗粒在沉降时先沿离心力方向撞向离心管，然后再沿管壁滑向管底，因此管的一侧就会出现颗粒沉积，此现象称为“壁效应”。壁效应容易使沉降颗粒受突然变速所产生的对流扰乱，影响分离效果（图 3-2A）。

（2）荡平式转头。这种转头由吊着的 4 个或 6 个自由活动的吊桶（离心套管）构成。当转头静止时，吊桶垂直悬挂；当转头转速达到 200～800r/min 转时，吊桶荡至水平位置。这种转头最适合做密度梯度区带离心，其优点是梯度物质可放在保持垂直的离心管中，离心时被分离的样品带垂直于离心管纵轴，而不像角式转头中样品沉淀物的界面与离心管成一定角度，因而有利于离心结束后由管内分层取出已分离的各样品带。其缺点是颗粒沉降距离长，离心所需时间也长（图 3-2B）。

（3）区带转头。区带转头无离心管，主要由一个转子桶和可旋开的顶盖组成，转子桶中装有“十”字形隔板装置，把桶内分隔成 4 个或多个扇形小室，隔板内有导管，梯度液或样品液从转头中央的进液管泵入，通过这些导管分布到转子四周，转头内的隔板可保持样品带和梯度介质的稳定。沉降的样品颗粒在区带转头中的沉降情况不同于角式和外摆式转头，在径向的散射离心力作用下，颗粒的沉降距离不变，因此区带转头的“壁效应”极小，可以避免区带和沉降颗粒的紊乱，分离效果好，而且还有转速高、容量大、回收梯度容易和不影响分辨率的优点，使超离心用于制备和工业生产成为可能。区带转头的缺点是样品和介质直接接触转头，耐腐蚀要求高，操作复杂（图 3-2C）。

（4）连续流动转头。可用于大量培养液或提取液的浓缩与分离，转头与区带转头类似，由转子桶、有入口和出口的转头盖及附属装置组成，离心时样品液由入口连续流入转头，在离心力作用下，悬浮颗粒沉降于转子桶壁，上清液由出口流出（图 3-2D）。

（5）垂直转头。其离心管是垂直放置，样品颗粒的沉降距离最短，离心所需时间也短，适合用于密度梯度区带离心，离心结束后液面和样品区带要作 90°转向，因而降速要慢（图 3-2E）。

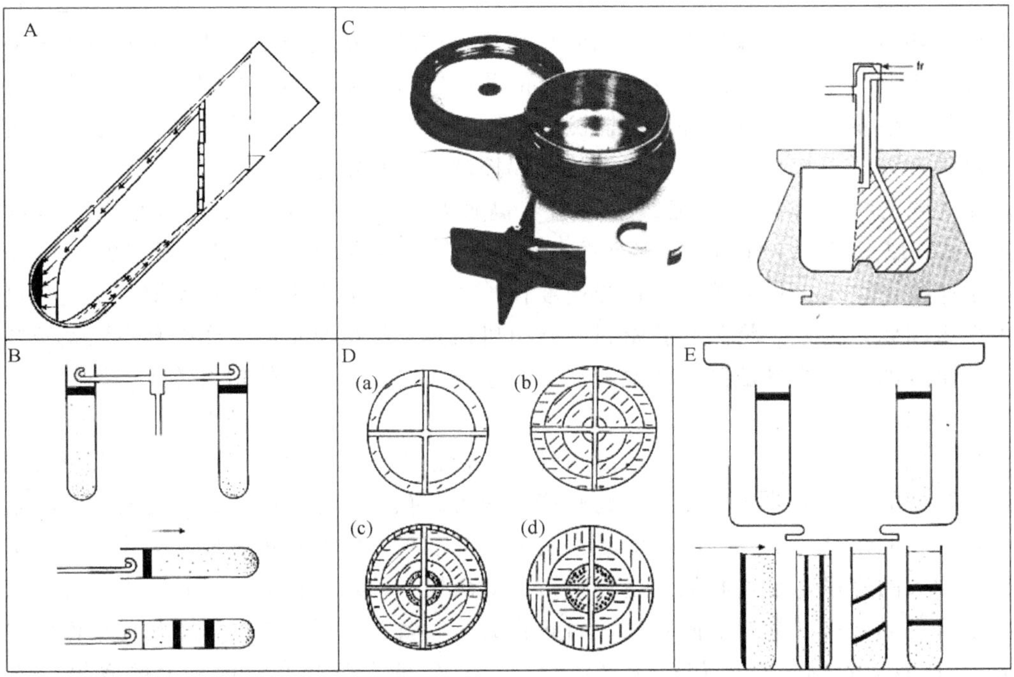

图 3-2　不同转头示意图。A. 角式转头中放置的离心管；B. 荡平式转头中放置的离心管（上为静止时，下为离心时）；C. 区带转头示意图；D. 连续流动转头，离心样品俯视图，样品在以半径为轴的径向聚集分层；E. 垂直转头

离心机转子的转速与转子的材料和强度有关，一般采用强度好、质量轻的超硬铝合金（LC4），超速离心机采用钛合金（TiC4）。一般来说，对同一离心机，质量轻、容量小的转子转速要高，反之转速要低。

2）超速离心管

超速离心机的离心管有塑料和不锈钢两类，塑料的离心管，可以分为 PP（聚丙烯）、PC（聚碳酸酯）、PE（聚乙烯）等材质。塑料离心管透明或者半透明，可以直观地看到样品离心情况，但是比较容易变形，抗有机溶剂的腐蚀性较差，使用寿命较短。因此，实验室一般会经常购买离心管。不锈钢管强度大、不变形、抗热、抗冻、抗化学腐蚀，但用时也应避免接触强腐蚀性的化学药品，如强酸和强碱等。塑料离心管都有管盖，离心前管盖必须盖严，倒置不漏液。管盖有三种作用：①防止样品外泄，用于有放射性或强腐蚀性的样品时，这点尤其重要；②防止样品挥发；③支持离心管，防止离心管变形。

3.2.2　病毒离心纯化方法

1. 差速沉降离心法

这是最普通、最常用的离心法，即采用逐渐增加离心速度或低速和高速交替进行离心，使沉降速度不同的颗粒在不同的离心速度及不同的离心时间下分批分离的方法。此法一般用于分离沉降系数相差较大的颗粒（图 3-3）。

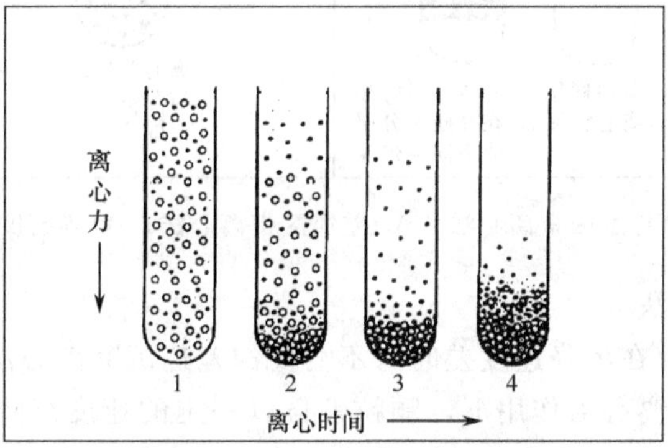

图 3-3　差速沉降离心法

差速离心首先要选择好颗粒沉降所需的离心力和离心时间。当以一定的离心力在一定的离心时间内进行离心时，在离心管底部就会得到最大和最重颗粒的沉淀，分出的上清液在加大转速下再进行离心，又得到第二部分较大、较重颗粒的沉淀及含较小和较轻颗粒的上清液，如此多次离心处理，即能把液体中的不同颗粒较好地分离开。此法所得的沉淀是不均一的，仍杂有其他成分，需经过 2～3 次的再悬浮和再离心，才能得到较纯的颗粒。

此法主要用于从组织匀浆液中分离细胞器和病毒。其优点是：操作简易，离心后用倾倒法即可将上清液与沉淀分开，并可使用容量较大的角式转子；缺点是：须多次离心，沉淀中有夹带，分离效果差，不能一次得到纯颗粒，沉淀于管底的颗粒受挤压，容易变性失活。

2. 密度梯度区带离心法

密度梯度区带离心法（简称区带离心法）是将样品加在惰性梯度介质中进行离心沉降或沉降平衡，在一定的离心力下把颗粒分配到梯度中某些特定位置上，形成不同区带的分离方法。此法的优点是：①分离效果好，可一次获得较纯颗粒；②适应范围广，能像差速离心法一样分离具有沉降系数差的颗粒，又能分离有一定浮力密度差的颗粒；③颗粒不会挤压变形，能保持颗粒活性，并防止已形成的区带由于对流而引起混合。此法的缺点是：①离心时间较长；②需要制备惰性梯度介质溶液；③操作严格，不易掌握。

密度梯度区带离心法又可分为两种（图 3-4）。

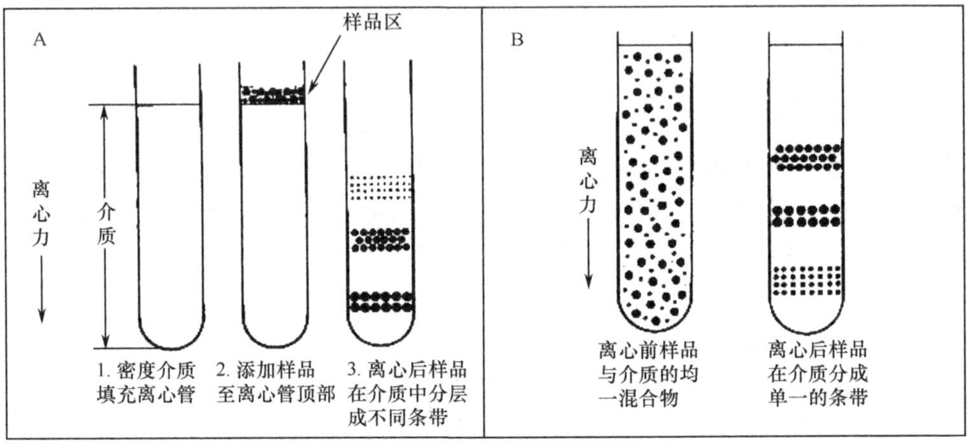

图 3-4 密度梯度区带离心法。A. 差速区带离心法；B. 等密度区带离心法

1）差速区带离心法

当不同的颗粒间存在沉降速度差时（不需要像差速沉降离心法所要求的那样大的沉降系数差），在一定的离心力作用下，颗粒各自以一定的速度沉降在密度梯度介质的不同区域上形成区带的方法，称为差速区带离心法。此法仅用于分离有一定沉降系数差的颗粒（20% 的沉降系数差或更少）或分子质量相差 3 倍的蛋白质，与颗粒的密度无关，大小相同、密度不同的颗粒（如线粒体、溶酶体等）不能用此法分离。离心管先装好密度梯度介质溶液，样品液加在梯度介质的液面上，离心时，由于离心力的作用，颗粒离开原样品层，按不同沉降速度向管底沉降，离心一定时间后，沉降的颗粒逐渐分开，最后形成一系列界面清楚的不连续区带。沉降系数越大，往下沉降越快，所呈现的区带也越低，离心必须在沉降最快的大颗粒到达管底前结束，样品颗粒的密度要大于梯度介质的密度。梯度介质通常用蔗糖溶液，其最大密度和浓度可达 1.28 g/cm^3 和 60%。此离心法的关键是选择合适的离心转速和时间。

2）等密度区带离心法

离心管中预先放置好梯度介质，样品加在梯度液面上，或样品预先与梯度介质溶液混合后装入离心管，通过离心形成梯度，这就是预形成梯度和离心形成梯度的等密度区带离心产生梯度的两种方式。离心时，样品的不同颗粒向上浮起，一直移动到与它们的密度相等的等密度点的特定梯度位置上，形成几条不同的区带，这就是等密度离心法。体系到达平衡状态后，再延长离心时间和提高转速已无意义，处于等密度点上的样品颗粒的区带形状和位置均不再受离心时间所影响。提高转速可以缩短达到平衡的时间，离心所需时间以最小颗粒到达等密度点（即平衡点）的时间为基准，有时长达数日。等密度离心法的分离效率取决于样品颗粒的浮力密度差，密度差越大，分离效果越好，与颗粒大小和形状无关，但大小和形状决定着达到平衡的速度、时间和区带宽度。等密度区带离心法所用的梯度介质通常为氯化绝（CsCl），其密度可达 1.7 g/cm^3。此法可分离核酸、亚细胞器和病毒颗粒等，也可以分离蛋白质复合物。

收集区带的方法有许多种，例如：

（1）用注射器和滴管由离心管上部吸出；

（2）用针刺穿离心管底部滴出；

（3）用针刺穿离心管区带部分的管壁，把样品区带抽出；

（4）用一根细管插入离心管底，泵入超过梯度介质最大密度的取代液，将样品和梯度介质压出，用自动部分收集器收集。

用于病毒纯化的密度梯度介质有多种，常见的有氯化铯、蔗糖和酒石酸钾等，还有一些芳香族碘化物和硅胶等。它们具有不同的理化性质，其特征见表 3-1。

表 3-1　用于病毒纯化密度梯度介质的理化特性

	组分	分子质量/Da	最大密度/(g/cm³)	离子强度	黏度
无机盐	氯化铯	168.4	1.88	++++	+
	三氯乙酸铯	245.9	2.60	++++	+
	蔗糖	342.3	1.30	无离子	++++
有机分子	水溶性聚蔗糖	400 000	1.23	无离子	++++
	酒石酸钾	226.3	1.23	++++	+
芳香族碘化物	Nycodenz	821	1.48	无离子	++
	Metrizamide	789	1.42	+	++
	Renografin	614	1.46	+	++
硅胶	Percoll	NA	1.13	无离子	+

3. 离心操作的注意事项

高速与超速离心机是分离纯化中必备的重要精密设备，因其转速高，产生的离心力大，使用不当或缺乏定期的检修和保养，都可能发生严重事故，因此使用离心机时必须严格遵守操作规程，其要点如下。

（1）使用各种离心机时，必须事先在天平上精密地平衡离心管和其内容物，平衡时质量之差不得超过各个离心机说明书上所规定的范围。每个离心机不同的转头有各自的允许差值，转头中绝对不能装载单数的管子，当转头只是部分装载时，管子必须互相对称地放在转头中，以便使负载均匀地分布在转头的周围。

（2）装载溶液时，要根据各种离心机的具体操作说明进行，根据待离心液体的性质及体积选用适合的离心管，有的离心管无盖，液体不得装得过多，以防离心时甩出，造成转头不平衡、生锈或被腐蚀，而制备性超速离心机的离心管，则常常要求必须将液体装满，以免离心时塑料离心管的上部凹陷变形。每次使用后，必须仔细检查转头，及时清洗、擦干。转头是离心机中须重点保护的部件，搬动时要小心，不能碰撞，避免造成伤痕，转头长时间不用时，要涂上一层上光蜡保护，严禁使用显著变形、损伤或老化的离心管。

(3) 若要在低于室温的温度下离心时，转头在使用前应放置在冰箱或置于离心机的转头室内预冷。

(4) 离心过程中不得随意离开，应随时观察离心机上的仪表是否正常工作，如有异常的声音，应立即停机检查，及时排除故障。

(5) 每个转头各有其最高允许转速和使用累积限时，使用转头时要查阅说明书，不得过速使用。每一转头都要有一份使用档案，记录累积的使用时间，若超过了该转头的最高使用限时，则须按规定降速使用。

3.3 病毒衣壳蛋白的体外表达与病毒样颗粒的组装

应用冷冻电镜高分辨成像技术研究病毒的结构，样品需要满足高浓度、高纯度、颗粒全同性和分布均匀性的要求。由于成本限制，很多野生病毒很难满足病毒高分辨研究这一要求，体外异源表达的自组装病毒样颗粒（virus-like particle，VLP）提供了丰富的样品来源，可进行充分的表达和纯化条件摸索，以满足冷冻电镜高分辨成像的样品条件。许多病毒的可靠结构都是通过 VLP 的冷冻电镜高分辨成像技术解析出来的。本节将介绍病毒衣壳蛋白的体外表达和自组装病毒样颗粒的有关技术，以及相关的电子显微学研究。

病毒样颗粒（VLP）是指病毒在体内增殖成熟过程中尚未能完全组装的，如缺少核酸的病毒粒子。这种不完全的病毒粒子或者病毒结构蛋白在体外表达自组装的类似野生病毒的病毒粒子，就称之为病毒样颗粒（VLP），以区别于野生完整的病毒粒子。病毒样颗粒的结构是由病毒的一个或多个结构蛋白组装而成，它一般不包裹病毒的基因组，不能增殖，缺乏感染性，因而也就不存在致病的危险。此外，野生病毒的抗原性、免疫原性等在病毒样颗粒中都保存完好。VLP 的来源：①在病毒的体外组织培养的宿主细胞中常常由于病毒增殖组装尚未完全，在电镜下观察可以发现一些病毒样颗粒；②另外一个来源是在非宿主细胞中异源表达衣壳蛋白，然后自组装成大量的病毒样颗粒。这种体外表达的病毒衣壳蛋白自组装的病毒样颗粒（VLR）既满足了高分辨电子显微学研究高浓度、高纯度的要求，又避免了一些具有高感染性、高致病性的病毒存在的生物安全问题，成为难以分离、难以培养的病毒或者高危险病毒的替代品，在实验室可以进行深入研究。

野生病毒在组织培养或者体外分离的过程中由于种种局限，难以获得大量的样品以满足对其结构的深入研究，因此各种异源蛋白体外表达系统得到病毒结构生物学家的重视。病毒衣壳蛋白体外异源表达自组装的病毒样颗粒克服了一些病毒体外难培养，或者产量低、组装的中间产物难获得等缺点。至今，许多病毒的 VLP 在体外表达系统中能有效地自我组装，根据这些系统采取的宿主不同，可以分为：①原核表达系统，就是大肠杆菌表达系统；②真核表达系统，包括昆虫细胞杆状病毒表达系统、酵母细胞表达系统、哺乳动物细胞痘病毒表达系统、植株表达系统，以及非细胞体外表达系统等。这些系统在表达病毒衣壳蛋白并自组装病毒颗粒方面都有成功的先例，用于研究都存在优缺点，各有千秋。现将用于病毒结构生物学的体外表达系统概括如表 3-2。

表 3-2　常用于体外表达病毒衣壳蛋白组装 VLP 的外源表达系统

表达宿主	载体	主要优点	主要缺点
大肠杆菌	表达质粒	表达过程简单，成本低	蛋白质常不可溶，有时不能组装成粒子，多个蛋白质同时表达很困难，不同蛋白质表达量有差异
昆虫细胞	重组杆状病毒	产量较高，可进行翻译后修饰，可同时表达多个蛋白质	大规模表达较贵
酵母细胞	表达质粒	成本低，表达简单，可进行翻译后修饰，产量也较高	细胞裂解困难，蛋白质分离纯化较困难
哺乳动物细胞	重组痘病毒	中等产量，可组装成 VLP，可进行翻译后修饰，可同时表达多个蛋白质	大规模生产费用昂贵，存在生物安全问题
整棵植株	转病基因植株，或者重组植物病毒	成本低，可进行翻译后修饰	耗时，需要熟练的技术操作，产量不同病毒结构蛋白不稳定
体外(纯化的结构组分)		可根据需要控制组装组分，可改变所需蛋白质的比例	需要结构蛋白的表达和纯化

虽然可供选择的体外表达系统比较多，不同的表达系统具有不同的特点，但是很多病毒的结构蛋白基因并非随意选择就能够在体外成功表达，获得自组装的病毒样颗粒。很多时候可以考虑选择低成本的、快速的原核体外表达系统。观察其是否可以形成可供研究的病毒样颗粒，若有困难，再根据研究的需要选择成本较高的真核表达系统。同时也可根据各自实验室已有的研究基础，采用已经建立成功的体外实验平台来开展病毒样颗粒的研究。在众多的体外表达系统中，由于技术成熟，杆状病毒昆虫细胞表达系统和大肠杆菌表达系统在病毒结构蛋白表达中的应用较为广泛。本节将介绍在自组装病毒样颗粒中常用的大肠杆菌体外表达系统和杆状病毒昆虫细胞体外表达系统。

3.3.1　病毒样颗粒在大肠杆菌表达系统中的表达与组装

大肠杆菌多年来一直是生物学主要的研究对象之一，它的遗传学、生物化学和分子生物学特性已被认识得非常清楚。大肠杆菌繁殖迅速，培养方便，可用于大规模发酵。目前已有许多商业公司开发出各种大肠杆菌载体和标准的操作手册，研究者可根据研究的需要进行选择。除了在病毒结构蛋白体外表达方面应用较多外，大肠杆菌表达系统还是其他外源蛋白体外表达的首要选择。

1. 原理

将克隆化基因插入合适载体后导入大肠杆菌用于表达大量蛋白质的方法一般称为原核表达。在大肠杆菌中表达外源基因，先将目的基因片段插入到表达载体（通常为表达质粒）。表达载体作为细菌内染色体外遗传信息的载体，利用自身的元件序列，使用细菌内的物质（酶、底物）“能量”让载体上携带的基因得以转录 mRNA，然后翻译成蛋白质。典型的表达载体通常具有以下几种元件：

（1）选择标志的编码序列；

（2）可控转录的启动子（如 lac、trp、tac 等）；

（3）转录调控序列（转录终止子、核糖体结合位点）；

（4）一个多限制酶切位点接头；

（5）宿主体内自主复制的序列。

这些元件的存在既方便在实验中对其操作控制，又有利于大肠杆菌在体内的蛋白质表达。一般在菌体内的病毒结构蛋白得到大量表达时，就有可能在其中形成病毒样颗粒。是否能够获得大量的结构蛋白的表达，收获到足够量的病毒样颗粒，得从实验中证实。

2. 实验方法

在大肠杆菌中表达异源基因，不同的表达质粒，表达方法并不完全相同，因启动子不同，诱导表达要根据具体情况而定。根据操作说明，一般都可以选择正确的方法。

现列出通常的方法步骤。

1）获得病毒结构蛋白的目的基因

（1）通过 PCR 方法：以含目的基因的克隆质粒或者病毒 DNA 为模板，按基因序列设计一对引物（在上游和下游引物分别引入不同的酶切位点），通过 PCR 反应获得所需病毒结构蛋白基因的片段。

（2）通过 RT-PCR 方法：用 TRIzol 法从细胞或组织中提取总 RNA，以 RNA 为模板，逆转录形成 cDNA 第一链，以逆转录产物为模板进行 PCR 循环获得病毒结构蛋白的基因。

2）构建重组表达载体

（1）载体酶切：将表达质粒用限制性内切核酸酶（同引物的酶切位点）进行双酶切，酶切产物行琼脂糖电泳后，用胶回收试剂盒或冻融法回收载体大片段。

（2）PCR 产物双酶切后回收：在 T4 DNA 连接酶作用下连接入载体。

3）获得含重组表达质粒的表达菌

（1）将连接产物转化大肠杆菌 DH5α，根据重组载体的标志（抗 Amp 或蓝白斑）进行筛选，挑取单斑，碱裂解法小量抽提质粒，双酶切初步鉴定。

（2）测序验证目的基因的插入方向及可读框均正确，进入下步操作；否则，应筛选更多克隆，重复亚克隆或亚克隆至不同酶切位点。

（3）以此重组质粒 DNA 转化表达宿主菌的感受态细胞。

4）诱导表达

（1）挑取含重组质粒的菌体单斑至 2ml LB 培养基（含 Amp 50μg/ml）中 37℃过夜培养。

（2）按 1∶50 比例稀释过夜菌，一般将 1ml 菌加入到含 50ml LB 培养基的 300ml 培养瓶中，37℃振荡培养至 OD_{600} 为 0.4～1.0（最好 0.6，大约需 3h）。

（3）取部分液体作为未诱导的对照组，余下的加入 IPTG 诱导剂至终浓度 0.4mmol/L 作为实验组，两组继续 37℃振荡培养 3h。

（4）分别取菌体 1ml，12 000*g* 离心 30s，收获沉淀，用 100μl 1%SDS 重悬，混匀，70℃10min。

（5）12 000*g* 离心 1min，取上清作为样品，可进行 SDS-PAGE 等分析。

a. 细菌的裂解

细菌的裂解常用方法有：① 高温珠磨法；② 高压匀浆法；③ 超声破碎法；④ 酶溶法；⑤ 化学渗透等。

下面介绍常用的酶溶法和超声破碎法的实验步骤。

酶溶法　常用的溶解酶是溶菌酶，主要步骤如下。

（1）4℃，5000r/min 离心 15min，收集诱导表达的细菌培养液（100ml）。弃上清，约每克湿菌加 3ml 裂解的 PBS 缓冲液，悬浮沉淀。

（2）每克菌加 8μl PMSF 及 80μl 溶菌酶，搅拌 20min ；边搅拌边向每克菌中加 4mg 脱氧胆酸（在冷室中进行）。

（3）37℃，玻棒搅拌，溶液变得黏稠时每克菌加 20μl DNase I。室温放置至溶液不再黏稠。

超声破碎法　声频为 15～20kHz 的超声波在高强度声能输入下可以进行细胞破碎，在处理少量样品时操作简便、液体量损失较少，同时还可对染色体 DNA 进行剪切，大大降低了液体的黏稠度。其主要步骤如下。

（1）收集 1L 诱导表达的工程菌，40℃，5000r/min 离心 15min。

（2）弃上清，约每克湿菌加 3ml TE 缓冲液，按超声处理仪厂家提供的功能参数进行破菌。

（3）10 000*g* 离心 15min，分别收集上清液和沉淀。

（4）分别取少量上清和沉淀，加入等体积的凝胶电泳加样缓冲液，进行 SDS-PAGE 。

注意事项：超声破碎与声频、声能、处理时间、细胞浓度、菌种类型等因素有关，应根据具体情况掌握；超声破菌前，标本经 3～4 次冻融后更容易破碎。

b. 包涵体的分离

蛋白质在细菌中的高水平表达，常形成相差显微镜下可见到的细胞质颗粒，即为包涵体，经离心沉淀后可用 Triton-X100 / EDTA 或尿素洗涤；若为获取可溶性的活性蛋白，须将洗涤过的包涵体重新溶解并进行重折叠。

经过细菌裂解和包涵体裂解后，最后表达产物的纯化则可采用蔗糖密度梯度离心或氯化铯密度梯度离心，在电镜下观察是否形成病毒样颗粒。具体的分离纯化方法可以参照前一节病毒的分离纯化。

现在大肠杆菌表达系统应用得十分广泛，已经有许多公司（Novagen、Promega、Qiagen 和 NEB 等）都出售商业化载体、菌株和多系统表达体系。原核表达时应注意，不同的大肠杆菌表达载体带有不同的启动子和诱导成分。在具体表达载体的选择时，需要有更多的经验。同样的系统在基因表达和蛋白质检测时，很可能表达这个蛋白质时表达量高，但是另外一个就做不出来，所以没有万能的载体，只有做不同的尝试才能获得自己想要的结果。必须根据特定系统和用途决定相应的实验方案。表达和检测时，应设置对照组，如转化载体和非诱导细胞。由于大肠杆菌中表达的重组蛋白缺少真核细胞特异的翻译后加工，所以其生物活性无法与天然蛋白质相提并论。病毒结构蛋白表达成功后有组装成病毒样颗粒的成功研究，如果研究中某种病毒的衣壳蛋白曾经在原核系统中成功表达出来且组装成所需要的病毒样颗粒，那么下次选择同样的载体表达成功率会高很多。其实病毒衣壳蛋白在大肠杆菌中表达后不一定能组装成病毒样颗粒或其中间产物，一般表达蛋白都是以单体或小的寡聚体形式存在，需要纯化和在体外组装，因此增加了该系统应用的复杂性。

大肠杆菌表达系统的主要问题是表达蛋白容易形成包涵体。这一问题可通过降低诱导温度或诱导剂浓度加以解决，也可将聚合蛋白纯化、复性，但这些方法不是百分之百有效，有时会导致目的蛋白的部分缺失。大肠杆菌表达系统的另一缺点是难以在单一细胞内同时表达多个蛋白。尽管有极个别成功的例子（Preischat et al.，2000），但在大多数情况下，同时表达多个蛋白都是在真核表达系统中进行的。

3.3.2　病毒样颗粒在昆虫杆状病毒表达系统中的表达与组装

昆虫细胞杆状病毒表达系统近年来在蛋白质表达方面备受欢迎。作为一种真核表达系统，其不但表达外源蛋白的效率高，还可以对蛋白质进行翻译后修饰、加工转运，且蛋白质在昆虫细胞中保持可溶。杆状病毒基因组较大（100kb 余），可容纳大片段的外源 DNA，且杆状病毒对脊椎动物没有感染性，保证了实验和生产的安全性。由于昆虫细胞杆状病毒表达系统在蛋白质表达方面具有其他系统无法比拟的优越性，很多外源病毒的衣壳蛋白基因在其中表达后，能高效地组装成病毒样颗粒。

1. 原理

目前应用最为广泛的杆状病毒表达系统都是利用苜蓿银纹夜蛾多核型多角体病毒（AcNPV），该病毒是溶原性病毒，可感染节肢动物。昆虫细胞杆状病毒表达系统就是利用经过改造的重组杆状病毒表达载体感染昆虫细胞，让外源基因得到表达。

AcNPV 杆状病毒感染昆虫细胞后，产生两种非必需成分的蛋白质，分别为内多角体蛋白和 P10 蛋白，都为高效表达的蛋白质。*p10* 基因和多角体基因现在都已被定位、克隆和测序。这两个基因启动子具有较强的启动能力，因此这两个基因位点成为杆状病毒表达载体系统理想的外源基因插入位点，既高效表达，又不干扰病毒的正常增殖。杆状病毒基因组十分庞大，不能直接对其进行操作来插入外源基因，需要通过中间转染载体而获得重组杆状病毒。现已构建出用于表达不同基因产物的各种转移载体。

这些转移载体都具有以下共同特征：

(1) 在一个基础质粒中插入一个多角体蛋白基因启动子（或 *p10* 基因启动子）；

(2) 启动子下游为一个多克隆位点区，其两侧含有与杆状病毒多角体基因同源的侧翼序列；

(3) 重组转染载体与野生型病毒 AcNPV DNA 共转染昆虫细胞，通过多角体蛋白基因启动子（*p10* 启动子）两端的侧翼同源序列与 AcNPV DNA 发生同源重组，使多角体基因被外源基因取代，而将外源基因整合到病毒基因组的相应位置，这样就获得对昆虫细胞具有感染性的重组杆状病毒。

详细的原理可以参考相关文献（Possee，1997）。重组杆状病毒感染细胞后，会在其生活史的晚期表达出外源蛋白，待到昆虫细胞发生病变明显时，可以收集细胞，此时病毒结构蛋白已经在昆虫细胞体内自组装成病毒样颗粒，采取分离纯化普通病毒的方法可以将病毒样颗粒分离纯化出来。

2. 实验方法

昆虫细胞杆状病毒表达系统经过十多年的发展，已有不少商业公司开发出不同的产品。它们的基本原理大都一致，只是在转移载体与杆状病毒如何进行同源重组上采取了不同的策略。现以 Bac-to-Bac 的表达系统为例介绍其操作步骤，其他系统的基本过程都大同小异。

(1) 获得病毒结构蛋白的目的基因可以参照大肠杆菌表达系统中的结构蛋白目的基因的获得。

(2) 利用分子生物学技术构建所需的 pFastBac 重组质粒，以 DH5α 为宿主，进行扩增，参照原核表达系统构建重组表达载体。

(3) 重组 Bacmid DNA 的分离提取。

(4) 重组 Bacmid-X 转染 sf9 细胞。

(5) P1 病毒原种（P1）的分离与储存。

(6) 用重组的杆状病毒感染 sf9 昆虫细胞进行蛋白质表达分析。

以下以 pFastBac-X 为例进行说明。

(1) 制备 LB 琼脂平板。

(2) 取出已经制好的 DH10BacTM 感受态细胞冰上融解。

(3) 用移液枪吸取 100μl DH10BacTM 感受态细胞于 1.5ml EP 管。

(4) 轻轻加入 1ng（约 5μl）pFastBac-X 重组质粒于感受态细胞中，轻轻敲打管壁使之混匀。

(5) 冰上放置 30min。

(6) 42℃水浴静置 45s。

(7) 快速放置冰上 2min。

(8) 在上述管中加入 900μl S.O.C. 培养基。

(9) 将 EP 管置于 37℃摇床（225r/min）4h。

(10) 用S. O. C. 稀释上述细胞至10^{-1}、10^{-2}、10^{-3}倍。

(11) 在每块LB培养基中加入上述稀释液100μl，涂布均匀，37℃培养24～48h(单克隆很小，24h前很难分辨是否为蓝色克隆)。

注意事项：①步骤(1)、(3)、(4)、(8)、(10)、(11)在超净台内进行；②用X-gal代替Bluo-gal会降低颜色深度。真正的白色克隆在菌落长得较大时还是呈白色，建议在黑色背景下进行挑选。

1) 重组Bacmid DNA的分离提取

(在提取前，可以在含Bluo-gal的LB琼脂平板上划板进一步确认) 基本过程与一般的提取质粒的方法差不多。

预配置溶液如下：

溶液Ⅰ：Tris-HCl (15mmol/L) 0.119g；EDTA (10mmol/L) 0.187g；RNase (100μg/ml) 0.5ml (储备液10mg/ml)；用纯水溶解并定容至50ml (调pH8.0)。

溶液Ⅱ：NaOH 0.2mol/L；SDS 1%。

溶液Ⅲ：乙酸钾 (3mol/L) 14.7g溶解定容至50ml，pH5.5 。

重组Bacmid DNA的分离提取的步骤如下。

(1) 挑取白色克隆于2ml LB培养基(含50μg/ml卡那霉素、7μg/ml庆大霉素、10μg/ml四环素)，37℃摇床250～300r/min培养24h以上。

(2) 取1.5ml培养物于1.5ml EP管中，14 000*g*离心1min。

(3) 倒去上清液，倒立于吸水纸上，然后加入0.3ml的溶液Ⅰ用枪头轻轻吹打重悬细胞。

(4) 加入0.3ml溶液Ⅱ，轻轻混匀，室温放置5min (溶液变清)，缓缓加入0.3ml溶液Ⅲ，轻轻混匀，形成蛋白质及DNA沉淀，冰上放置5～10min。

(5) 14 000*g*室温离心10min，期间另取一个2ml离心管，加入800μl异丙醇。

(6) 轻轻把上清液转入含异丙醇的离心管，避免把白色沉淀带入。轻轻倒转离心管数次，冰上放置5min (该过程可放在－20℃过夜)。

(7) 室温离心15min。

(8) 去上清，倒置离心管于吸水纸上，然后加入70%乙醇洗涤沉淀数次，14 000*g*室温离心5min。

(9) 尽可能弃去上清，小心操作，勿使沉淀弃去。

(10) 使沉淀在空气中自然挥干，5～10min。加40μl TE溶液，轻敲管底，使溶液位于管底部。只要沉淀没有过分挥干，DNA在10min内就可以用了。

注意事项：①重组Bacmid-X大于100kb，故在操作过程中应避免机械力剪切，破坏重组黏粒的完整性；②将提取的Bacmid-X溶液分装，避免冻融次数过多而降低转染效率。

2) 重组Bacmid-X转染sf9细胞

基本步骤如下：

(1) 在六孔板中接种9×10^5个细胞/2ml/孔，其中Grace's培养基中含有青霉素50μg/ml、链霉素50μg/ml、10%FBS。

（2）27℃培养1h，使细胞贴壁。

（3）在这期间制备Bacmid-X与Cellfectin Reagent复合物。

（4）在制备Bacmid-X与Cellfectin Reagent复合物期间，将六孔板中的培养基吸掉，用2ml不完全Grace's medium（不含双抗、FBS）洗涤一次，去掉培养基。

（5）在含有210μl的复合物的管内加入800μl不完全Grace's培养基（不含双抗、FBS），轻轻混匀，加到每个孔中。

（6）将六孔板内的细胞于27℃孵育5h。

（7）去掉复合物混合液，然后在每个孔中加2ml完全培养基（Grace's培养基含双抗、10%FBS）。

（8）在37℃湿度培养箱中孵育72h或直到细胞出现病毒感染迹象。

制备Bacmid-X与Cellfectin Reagent复合物的流程：

（1）用100μl不完全Grace's培养基（不含双抗、FBS）稀释1μg Bacmid-X（约5μl）。

（2）在使用前将Cellfectin Reagent倒置5～10次，使其充分混匀，取6μl Cellfectin Reagent用100μl不完全Grace's培养基（不含双抗、FBS）稀释。

（3）将上述两种稀释液合并（总体积约210μl），轻轻混匀，室温孵育15～45min。

注意事项：若细胞生长状态不好会影响转染效率，建议在感染前一天将细胞接种于六孔板。

3）P1病毒原种（P1）的分离与储存

（1）当细胞出现感染迹象时，将上层培养基（约2ml）转移到无菌带盖的EP管中，500g离心5min以去除细胞及大的碎片。可用蛋白结合率低的0.2μm的滤膜过滤，滴度损失小于10%。

（2）将含病毒的上清液转移到另一个无菌带盖的EP管中（一般P1的滴度在10^6左右）。将得到的病毒液体避光置于4℃冰箱（短期）。若长期保存，进行1ml分装，避光储存于−70℃。冻融后，在使用前进行滴度检测。

（3）在进行病毒扩增和蛋白质表达之前，需进行病毒滴度计算。感染细胞48h收集的病毒扩增近100倍，超过48h收集的病毒质量较低。每种病毒的收集时间都有一定的差别，如在72h收集，但是随着细胞的裂解，病毒的增殖活力会受损。

（4）如病毒在−70℃储存过，在一定时间后，滴度会降低，在用于蛋白质扩增前，需先进行病毒扩增。

注意事项：若要低温冻存，建议病毒滴度高一点（10^8～10^9），因冻存时间长了，病毒的滴度将会下降。

4）用重组的杆状病毒感染sf9昆虫细胞进行蛋白质表达分析

获得大量的所需结构蛋白需要对病毒的感染复数、收获时间进行优化，对其分析可以从以下两个方面开展。

a. 感染细胞的条件要进行优化

（1）MOI的优化：在相同的MOI值条件下感染细胞，进行蛋白质表达分析，检测其表达量。

（2）时间优化：在一定的MOI值条件下感染细胞，在不同时间段收获细胞，对其进行目的蛋白的分析。

b. 异源蛋白的表达需要考虑以下几个方面

（1）成功地用重组病毒感染昆虫细胞受培养基营养成分和外界环境影响不是很大，一般用恒定的MOI值感染处于对数生长期的细胞。

（2）不同的细胞系之间需要优化MOI值，应该考察各个细胞系感染的不同感染动力学，然后决定病毒和蛋白质产物生成的优化参数。

（3）BEVS重组基因生成物可为分泌型，也可能不是分泌型的。分泌型的蛋白质最大表达量一般在感染30～72h后，而非分泌型的蛋白质最大表达量一般在感染48～96h后。对每个感染系统的蛋白质动力学参数应该进行考察，因为表达的蛋白质可能被细胞中蛋白降解酶降解。

5）自组装病毒样颗粒的纯化

重组蛋白的大量表达和纯化可采用与传统的病毒分离类似的方法，如氯化铯密度梯度离心。具体操作步骤如下。

（1）在5瓶（$75cm^2$）刚长成单层的Sf9细胞上以3～5pfu/cell的感染复数接种重组杆状病毒，感染72h后，收集病变Sf9细胞。

（2）将已病变的Sf9细胞反复冻融3次，14 000*g*离心30min，弃细胞碎片。

（3）进行氯化铯密度梯度离心，根据可能的密度梯度进行梯度设置，可以采取连续密度梯度或者不连续的密度梯度。

离心结束后，取出离心管，在暗房的聚光灯下小心吸出蛋白带，用0.1mol/L PBS（pH7.2）缓冲液透析除去CsCl，4℃保存备用，用电镜观察病毒样颗粒。

我们通过在昆虫杆状病毒表达系统（“Bac-to-Bac”系统）中分别或共同表达伊蚊C6/36培养细胞浓核病毒（C6/36DNV）的结构蛋白VP1和VP2，均得到了与野生C6/36DNV形态相似的VLP（图3-5）。超薄切片显示该VLP可在Sf9细胞的细胞核和细胞质里聚集，形成晶格状排列（图3-6）。截短VP1 N端的20个氨基酸和C端5个氨基酸后，并不影响VLP的组装。体外组装得到的C6/36DNV-VLP大小约20nm，比野生C6/36DNV（25nm）略小，形态上比野生C6/36DNV表面更光滑。C6/36DNV-VLP不含核酸，样品负染色后在电镜下观察显示N端被截得越短或C端被截除5个氨基酸后，染料更易进入VLP内部，使80%的VLP均为中间含染料的深色颗粒，说明N端被截得越短或C端被截除5个氨基酸后，C6/36DNV衣壳组装得更疏松。

同时我们还使用了昆虫杆状病毒表达系统表达了肾移植多瘤病毒（BKV）和戊肝病毒（HEV）衣壳蛋白，所获得的蛋白质均能组装成病毒样颗粒（图3-7）。BK病毒首先于1970年被英国科学家发现，是器官移植中常发生感染的一种病毒，以首例发现感染者名字的首个字母命名，属于Polyomavirus家族。其基因组为双链DNA。结构蛋白VP1参与构成其二十面体的衣壳。已有的研究发现，体外表达获得的BK病毒的VLP具有两种形态，一种是按照$T=1$组装成的小颗粒，另一种是按照$T=3$组装成的大颗粒（Nilsson et al.，2005）。我们研究发现，体外表达BK病毒的VP1，不仅可以组装成$T=1$与$T=3$的结构，它们还形成了五（或六）聚体为单元的二维晶格结构和杆状螺旋

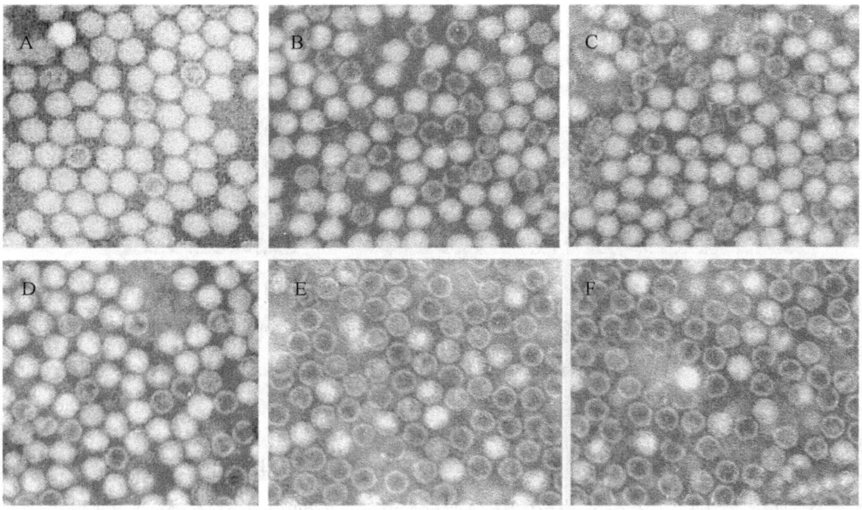

图 3-5　野生 C6/36DNV 和各种 C6/36DNV-VLP 的负染色电镜观察。A. Native C6/36DNV；B. VP1-VLP；C. VP2-VLP；D. VP1/VP2-VLP；E. NT20-VLP；F. CT5-VLP（标尺＝50nm）

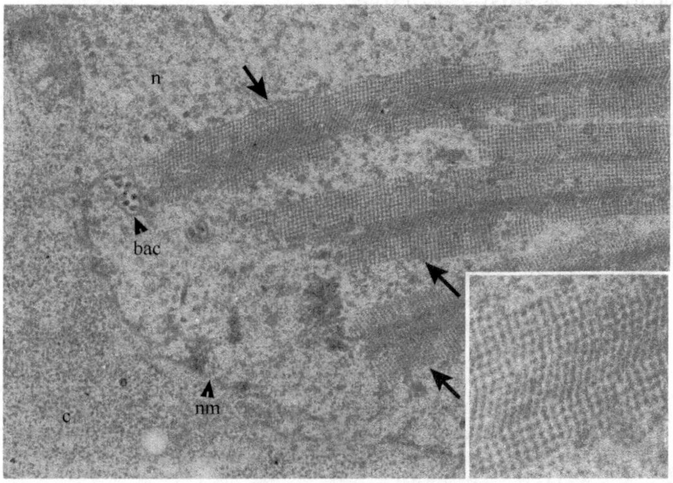

图 3-6　重组杆状病毒感染 Sf9 细胞 72h 后的超薄切片电镜检测，示细胞核内出现晶格状排列（标尺＝200nm）；小方框内是晶格结构的放大（标尺＝100nm）。n. 细胞核；nm，核膜；c. 细胞质；bac. 杆状病毒

对称性结构。这些研究发现表明，体外表达系统不仅可以解决天然未能获得样品的困难，同时也为体外模拟和研究多肽如何组装成高级结构提供途径。

戊型肝炎病毒（Hepatitis E virus，HEV）是引起人经肠道传播的急性传染性肝炎——戊型肝炎的病原体。HEV 单独归为戊肝病毒科（*Hepeviridae*）、戊肝病毒属（Hepevirus），可分为 4 种基因型。其核酸为正链 RNA，长度约为 7.2kb，有 3 个可读框（ORF），其中 ORF2 长度约为 1.9kb，编码病毒的结构蛋白。我们在昆虫细胞杆状

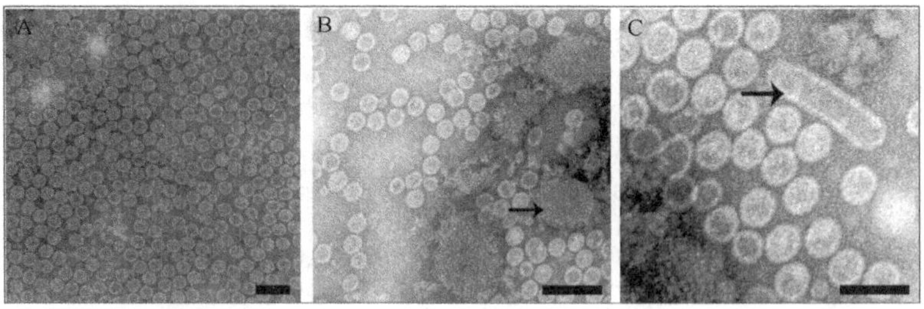

图 3-7 昆虫细胞杆状病毒表达 BKV 衣壳蛋白纯化得到不同蛋白组装形式的负染色电镜观察图（标尺＝100nm）。A. 两类不同大小且均一的颗粒；B. 表达出的蛋白质组装成二维晶格（箭头所示）；C. 表达出的蛋白组装成杆状结构（箭头所示）

病毒表达系统中，研究表达不同基因型的 HEV 的结构蛋白时，均能获得病毒样的颗粒。经过多次观察发现，这类颗粒可以分为两种，一种是大颗粒，一种是小颗粒，经冷冻电镜分析，小颗粒与大颗粒是由于不同的组装方式而导致的，分别为 $T=1$ 和 $T=3$。表达不同基因型的全长 ORF2 的基因，均能获得病毒颗粒，基因型不影响颗粒的形成。有意思的是，在我们表达的病毒样颗粒中，在电镜下观察，可以看到非常均一的排列颗粒，形成二维的晶格。结果如图 3-8 所示。

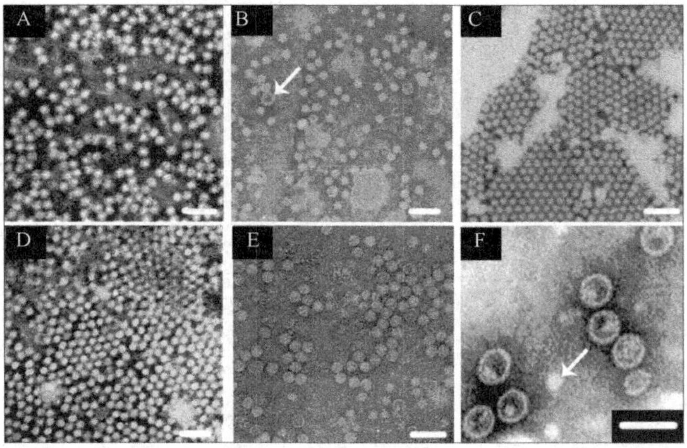

图 3-8 表达 HEV 衣壳蛋白纯化得到不同的病毒样颗粒的负染色电镜观察图（标尺＝100nm）。A. 一型表达的颗粒；B. 三型全长表达的小颗粒；C. 四型小颗粒排列成二维晶格；D. 四型小颗粒散布图；E. 三型大颗粒；F. 三型表达颗粒的其他类型颗粒

3.3.3 病毒样颗粒体外表达研究进展

尽管大肠杆菌中表达的重组蛋白缺少真核细胞特异的翻译后加工，但是还是有许多病毒样颗粒在其中成功表达，如豇豆退绿斑驳病毒（*Cowpea chlorotic mottle virus*，

CCMV）（Fox et al.，1998）、紫花苜蓿花叶病毒（*Alfalfa mosaic virus*）（Yusibov et al.，1996）、多瘤病毒（Polyomavirus）和乳头瘤病毒（*Papillomavirus*）（Chen et al.，2000）等，以及反转录病毒如 HIV（Campbell，1999；Gross et al.，2000）、劳氏肉瘤病毒（*Rous sarcoma virus*）（Joshi，2000；Yu et al.，2001）等。在体外表达病毒结构蛋白与病毒自组装的研究中，杆状病毒系统获得了极大的成功。早在 1989 年，通过在昆虫细胞杆状病毒系统中表达人免疫缺陷病毒（HIV）的 p55Gag 蛋白就组装出了病毒样颗粒（Overton et al.，1989；Gheysen et al.，1989）。几个其他的反转录病毒 Gag 蛋白在杆状病毒系统中也可组装出 VLP，如猴免疫缺陷病毒（*Simian immunodeficiency virus*）（Delchambre et al.，1989）、猫免疫缺陷病毒（*Feline immunodeficiency virus*）（Moeikawa et al.，1991）、牛免疫缺陷病毒（*Bovine immunodeficiency virus*）（Rasmussen et al.，1990）和猫白血病病毒（*Feline leukaemia virus*）（Thomsen et al.，1992）。通过对 HIV 组装的研究，我们弄清了 Gag 蛋白的各结构域，即 N 端的 Matrix domain（Chazal et al.，1995；Morikawa et al.，1995）、中间的 Capsid domain（Chazal et al.，1994）和 C 端的 Nucleocapsid domain（Carriere et al.，1995）。大量 Gag VLP 的获得及其均一的形态，使采用高分辨率电镜技术研究 Gag 结构成为可能（Nermut et al.，1994）。对诺瓦克病毒（*Norwalk virus*）来说，用杆状病毒系统表达其单一的 58kDa 衣壳蛋白得到了 VLP，用冷冻电镜技术重构出了分辨率为 22Å 的 VLP 结构（Prasad et al.，1994）。

除了表达单一结构蛋白形成的病毒样颗粒外，还可以在昆虫细胞杆状病毒系统中表达两种以上的结构蛋白，使其自组装病毒样颗粒。第一个表达两种蛋白质形成明显 VLP 的报道是关于蓝舌病毒（*Bluetongue virus*，BTV）（French，1990a）。通过表达结构蛋白 VP3 和 VP7，形成了与野生 BTV 核心结构相似的 BTV 核心样颗粒（Core-like particles，CLP，Prasad et al.，1992）。若同时合成外层衣壳蛋白 VP2 和 VP5，还可形成双层衣壳结构（French et al.，1990，Hewat et al.，1994）。如果与 CLP 或 VLP 共同表达 BTV 内部蛋白 VP1，VP1 也将组合到 VLP 里（Loudon，1991）。除 BTV 以外，还进行了其他多组分病毒的组装研究，如乙肝病毒核心和表面抗原的组装（Takehara et al.，1988）、乳头瘤病毒 VP1 和 VP2 衣壳蛋白的组装（Volpers et al.，1994）、狂犬病毒（*Rabies virus*）N 和 M1 蛋白的表达和组装（Prehaud et al.，1992）。值得一提的是，在昆虫细胞杆状病毒表达系统中，表达疱疹病毒（Herpes simplex virus，HSV）的 6 个蛋白质可组装出 HSV 病毒衣壳，这说明了体外表达更复杂病毒结构蛋白能够自组装病毒样颗粒（Thomsen et al.，1994）。

3.4　负染色技术

负染色又称阴性染色，是相对于普通正染色（称正染色）而言的。负染色首先由 Hall 在 1955 年提出。Hall 在病毒研究中用磷钨酸染色后，发现图像的背景很暗，而病毒像一个亮晶晶的“空洞”被清楚地显示出来。在超薄切片的染色中，染色后的样品电子密度因染色而被加强，在图像中呈现黑色，而背景因未被染色而呈光亮，这种染色称为正染色。负染色则相反，由于染液中某些电子密度高的物质（如重金属盐等）“包埋”低电子密度的样品，结果在图像中背景是黑暗的，而样品像“透明”得光亮。两者之间的反差正好相反，故称为负染色。对于负染色的机制目前还不十分了解。对颗粒状生物材料的研究表明，负染色技术与超薄切片方法相比具有分辨率高（可达 1.5nm）、简单快速等优点，因此在生物学研究中得到越来越广泛的应用。它可以显示生物大分子、细菌、病毒、分离的细胞器，以及蛋白质晶体等样品的形状、结构、大小和表面结构的特征。

尤其在病毒学的研究中，负染色技术已成为不可取代的实验技术。目前病毒形态学的大部分知识都是由负染色技术获得的。在病毒冷冻电镜的研究中，负染色技术也被应用于样品质量（浓度和纯度）检查，而且在今后相当长的时间内，负染色技术还继续充当病毒研究的重要方法。

3.4.1 负染色液的制备

用作负染色的负染色剂应具有以下特点：

（1）较强的电子散射能力以产生足够的图像反差；

（2）熔点高，在电子束的轰击下不会升华；

（3）溶解度大，不易析出沉淀；

（4）在电镜下不呈现出可观察到的结构；

（5）分子小，容易渗入不规则表面的凹陷处；

（6）与样品不起化学反应等。

目前最常用的负染色剂是磷钨酸、磷钨酸钾和磷钨酸钠（英文缩写分别为 PTA、KPT、NaPT）。此外，乙酸铀、甲酸铀、硅钨酸、钼酸铵等也常作为负染色剂用。

它们的配制方法如下。

（1）磷钨酸、磷钨酸钠、磷钨酸钾溶液通常用双蒸水或磷酸缓冲液配制成 1%～3%的溶液，使用时应用 1mol/L 氢氧化钠溶液将负染色液的 pH 调至 6.4～7.0 或实验所需的值。

（2）乙酸铀：通常使用双蒸水配制成 0.2%～0.5%的水溶液（pH4.5）。乙酸铀染色液应是新鲜的，最好使用前配制。乙酸铀溶解需 15～30min，在黑暗中能稳定几小时，使用前用 1mol/L 的氢氧化钠溶液将 pH 调至 4.5。

（3）甲酸铀：用双蒸水配制成 0.5%～1%水溶液，pH 为 3.5，使用时用 1mol/L 的氢氧化钠溶液将 pH 调至 4.5～5.2。

（4）钼酸铵：用双蒸水配制成 2%～3%水溶液，使用时用乙酸铵将 pH 调至 7.0～7.4。钼酸铵对有界膜的生物材料具有特别良好的染色效果。

3.4.2 染色方法

1. 悬滴法

用一根细吸管吸一滴样品悬液滴在有膜的铜网上，滴样时要防止铜网被液体吸到管上来或翻转而被污染。如果用 Formvar 膜，在制好膜后，可以直接在黏于滤纸上的铜网进行负染色操作。如果用碳膜，要用镊子夹着铜网。滴液后静置数分钟，然后用滤纸从铜网边缘吸去多余的液体，滴上 负染色液，染色 1～2min 用滤纸吸去负染色液，待干后可用于电镜观察。干燥时，由于表面张力的作用，某些敏感的材料可能受到损伤，可用戊二醛或四氧化锇预固定。预固定在滴样之后进行。

2. 喷雾法

将染色液和悬液样品等量混合，用特制的喷雾器喷到有膜的铜网上，待干后可用于电镜观察。喷雾法的优点是雾滴较小，分布均匀，不易凝结成块。但操作较麻烦，溶液混合时易产生沉淀，并且需要耗费较多的样品和染色液，尤其容易造成病毒扩散，故此法不常用。

3. 漂浮法

先将带有支持膜的铜网在悬液样品的液滴上漂浮（有支持膜的那面向下），然后再在负染色液的液滴上漂浮。在漂浮期间，样品和染色液被吸附在铜网的支持膜上，漂浮时间与悬滴法相近。

3.4.3　操作中的注意事项

一个理想的负染色样品的图像应是均匀的，在 1 万倍的放大倍率下，图像出现一些薄薄的染色斑块，其特点是没有明显的边缘，染色斑由中央向边缘由深到浅，有一个逐渐变化的过程，如同中国水墨画的润色一样。在 3 万～4 万倍观察时则可见到反差良好而柔和的生物结构。与此相反，黑白截然分明，缺乏由浅到深的中间色调，或在明亮的载网上出现颗粒性团块，则是染色失败的表现。因此，虽然负染色方法简单，但要获得理想的负染色效果和实验的重复性却不大容易。下列因素在操作中需加以注意。

1. 悬液样品的纯度

待染色的悬液样品虽然不要求很纯，但如果杂质太多，如大量的细胞碎片、培养基残渣、糖类及各种盐类结晶的存在将会干扰染色反应和电镜的观察。尤其是不要有过多的糖类，因为在电子束的轰击下，糖类容易碳化而有碍观察，因此最好进行适当的提纯。

2. 悬液样品的浓度

样品悬液的浓度要适中，若太稀，在电镜下寻找样品将很困难；若太浓，样品的堆集会影响观察。因此第一次制样时，同时用几种浓度的样品进行滴样，从而采用浓度适中的铜网进行观察。一般负染色技术通常要求每份样品至少为每毫升 10^7 个颗粒，才能被观察到。

3. 样品和染色液的均匀分布问题

生物大分子样品或病毒样品最好使用碳膜作支持膜。使用其他支持膜，在电镜观察时往往会发生样品漂移，而不容易拍摄到好的照片。但是碳膜的疏水性会使样品及染色液凝集，在电镜观察时往往由于样品和染色剂浓密的堆集而无法看清样品的结构细节。为了提高染色效果，需要设法促进样品和染料的均匀分散，可采用以下方法。

（1）使用分散剂。常用分散剂有牛血清蛋白（BSA），适用于高度纯化的颗粒性悬液。方法是把0.005%～0.05%牛血清蛋白溶液加到样品悬液内，所加量无严格的规定，先加数滴，如果仍不见效可适当增加；也可以直接用0.01%BSA作为离心沉淀物的稀释液。此外，也可以用杆菌肽，按30～50μg/ml的浓度用蒸馏水配制成溶液，用作沉淀物的稀释液。还可将样品悬液、PTA和杆菌肽溶液三者等量混合后滴样。

（2）亲水性处理。对碳膜进行亲水性处理的方法如下：把覆盖在铜网上的碳膜放在离子溅射仪中，在1～10Pa的真空中用离子轰击（蚀刻）几秒钟，碳膜即由疏水性变为亲水性。用这种碳膜就不存在样品与染色剂凝集的问题。但要注意，碳膜经亲水性处理后，经过1～2天又会变为疏水性的，因此最好亲水性处理后立即使用。

4. 样品悬液和染色液的酸碱度问题

样品悬液和染色液的酸碱度会对负染色的结果产生较大的影响。为了确保生物样品有足够的缓冲条件，一般用2%乙酸铵或硫酸铵作缓冲液效果较好，并且使悬液的酸碱度呈中性或稍偏酸为宜。

染色液的酸碱度不仅影响到染色液的扩散，而且会对病毒的形态造成一定影响。负染色在制备过程中只要pH有微小的变化就可能产生不同的形象，有时不仅不能获得良好的负反差，相反，会出现正染色的效果。某些负染色剂及其pH的参考值见表3-3。

表3-3 某些负染色剂及其pH参考表

负染色剂	浓度/%	pH	缓冲液
磷钨酸钾	2	6.0～7.0	乙酸铵
乙酸铀	0.1～1	4.0～5.2	无
甲酸铀	0.5～1	4.0～5.2	无
钼酸铵	2～3	6.0～8.0	乙酸铵
钨酸锂	2	6.0～7.5	乙酸铵
硼酸钨钠	2	5.5～7.0	无

不同的样品要求不同的pH，因此，在具体应用时不要生搬硬套，而应当做必要的摸索。

5. 染色的时机

染色的时机十分重要。滴染色液的时机一般既不要在生物样品完全干了之后，更不应在载网上尚有肉眼可见的水珠时就着手染色。恰当的时机应是用滤纸吸去悬液之后稍待片刻，当肉眼看不出残留的液体时滴加染色液。如果载网上尚有悬液残存时就进行染色，或者完全干后再染色，效果都不佳。

6. 负染色成像中的缺陷

负染色的应用尤其有助于用电镜研究小的、游离的悬浮物（如病毒）、细胞器（如叶绿体、线粒体）等。负染色方法本身，染色液的溶剂、离子组成、亲水性、pH 和干燥情况的变化都可引起成像缺陷。

样品的亲水性也很容易形成负染色缺陷。当样品亲水性差时，负染色结果经常显示背景差，且样品浓度和分散均一度得不到真实的显示，引起误解。这时对样品吸附介质，如 Fomvar 膜进行亲水性的处理（如离子蚀刻）或采用新鲜制备的铜网等都会改善这种缺陷。

第4章 病毒免疫电镜技术

洪 健、谭玉蓉

4.1 概述

免疫电镜技术（immunoelectron microscopy）又称为免疫细胞化学技术（immunocytochemistry），是在免疫组织化学技术（immuno-histochemistry）的基础上发展起来的，它将免疫学方法与电镜技术相结合，利用抗原与抗体特异性结合的原理，在超微结构水平上定位、定性及半定量显示抗原位置的技术方法。该方法为精确定位各种抗原的存在部位、研究细胞结构与功能的关系及其病毒感染情况下所发生的细胞病理变化提供了有效手段，从而将细胞超微结构与其机能代谢等研究紧密结合起来。免疫电镜技术在病毒学研究中的应用非常广泛，可对病毒抗原在机体组织和培养细胞内的分布进行精确定位，观察病毒的形态发生过程，并且为病毒病原的诊断提供有效手段。

免疫学的基础是抗原（antigen）与抗体（antibody）发生特异性结合反应，也称为血清学反应。抗原是一类外源性物质（天然抗原、人工抗原、合成抗原），进入动物体内能刺激动物机体发生免疫应答，产生体液免疫的抗体或细胞免疫的致敏淋巴细胞。抗体是一类在抗原刺激的免疫应答中，由动物B淋巴细胞产生的能与相应的抗原特异结合，并使抗原失活的免疫球蛋白（immunoglobulin），存在于被免疫的兔、鼠、羊、马、牛等动物血清或体液中。免疫球蛋白可分为IgG、IgM、IgA、IgD、IgE五大类，其中IgG为主要成分，约占75%，是由两条长链（重链）和两条短链（轻链）靠二硫键及非共价键结合，组成“Y”字形的分子结构。若通过双功能试剂使之与铁蛋白、酶或胶体金相结合，则可得到相应的标记抗体，分别称为铁蛋白标记抗体、酶标记抗体和胶体金标记抗体。若以免疫球蛋白作为抗体原免疫异种动物，则可获得对该免疫球蛋白特异的抗体，称为第二抗体，与特异的第一抗体一样，亦可制得标记抗体。

依据研究材料的性质、抗体及标记物特点、抗原抗体的作用方式，免疫电镜技术可以分为抗原-抗体免疫复合物电镜技术和免疫标记电镜技术两大类。抗原-抗体免疫复合物电镜技术是对免疫反应复合物进行负染色后在电镜下直接观察，适用于病毒快速诊断、病毒结构研究等。免疫标记电镜技术主要用于细胞超微结构水平上观察抗原抗体的免疫反应，通过带高电子密度标记物的标记抗体与细胞表面或细胞内部的抗原结合，在电镜下观察标记物所处位置，来判断免疫反应的结果。免疫电镜技术是在不断选择和优化抗体标记物的基础上建立并发展起来的，主要经历了铁蛋白标记技术、酶标记技术及胶体金标记技术三个主要发展阶段。1959年Singer建立了铁蛋白标记技术[59]，他利用电子密度高的铁蛋白标记抗体，在超微结构水平上定位了细胞表面抗原，这一技术的建立标志着免疫电镜技术的开始。1967 年 Nakane 和 Pierce 建立了酶标记免疫电镜技术[60]，该技术是将酶（主要是过氧化物酶）与抗体相交联，抗原抗体反应后，加底物显示酶的活性部位，酶反应产物经 OsO_4 处理变为具有一定电子密度的锇黑，可在电镜下观察。过氧化物酶的相对分子质量较小，与其交联的抗体较易穿透经预固定的细胞膜，可用于细胞内抗原的定位；该方法的缺点在于酶反应产物比较弥散，因此分辨率不如颗粒性标记物高。1971 年 Faulk 和 Taylor 建立了胶体金标记免疫电镜技术[61]，该技术是将胶体金作为抗体的标记物，可用于细胞表面和细胞内多种抗原的精确定位。由于胶体金具有电子密度大、电镜下清晰可辨、稳定性好、制备方便等优点，已逐步取代了铁蛋白标记技术和酶标记技术，目前大多数动植物细胞及病毒学研究都采用了免疫胶体金标记技术。

4.2　抗原-抗体免疫复合物电镜技术

抗原-抗体免疫复合物电镜技术是用未标记的特异性抗体与悬浮态抗原作用形成免疫复合物，经过常规负染色，在电镜下显示抗原的形态、大小及血清学特性。该技术常用来鉴别和确定抗原的存在及性质，特别是病毒与抗体的免疫反应，具有很大的应用价值；在病毒诊断应用中特异性强，灵敏度高，当多种病毒复合感染时，可以有效地提高病毒粒子检出率，并可根据免疫反应的特异性鉴别病毒及病毒株系之间的血清学关系。按照抗体或抗原包被载网的先后及方式，可将其分为吸附法、修饰法、吸附-修饰法、凝集法等（图 4-1），最后都用负染色液（磷钨酸、乙酸铀等）进行负染色，晾干后电镜观察。

4.2.1　吸附法

先将铜网膜面漂在一滴 1∶10 稀释的抗血清上，在培养皿中保湿 15min；取出铜网，用 20 滴 0.05mol/L 的磷酸缓冲液（pH7.0）连续滴洗，去掉多余抗血清，吸掉余液后将铜网膜面漂在一滴病毒悬液（或组织粗汁液）上，在培养皿中保湿反应 30min 以上（根据病毒浓度不同，反应时间延长至数小时甚至过夜）；反应结束后用 20 滴磷酸缓冲液、30 滴双蒸水分别连续滴洗，吸掉余液后用 1%磷钨酸（pH6.7）负染色，晾干。另设相同浓度的病毒悬液直接负染色作为对照。电镜下观察可发现病毒粒子浓度大大提高。吸附法对病毒抗原具有强烈的富集作用。

4.2.2　修饰法

先用铜网蘸取病毒悬液，用数滴磷酸缓冲液滴洗，吸掉余液后将铜网膜面漂在一滴 1∶100 稀释的抗血清上，在培养皿中保湿反应 15～30min；反应结束后用 20 滴磷酸缓冲液、30 滴双蒸水分别连续滴洗，吸掉余液后用 1%磷钨酸（pH6.7）负染色，晾干。以病毒悬液直接负染色作为对照。电镜观察可看到病毒粒子表面的抗体晕圈（图 4-2），

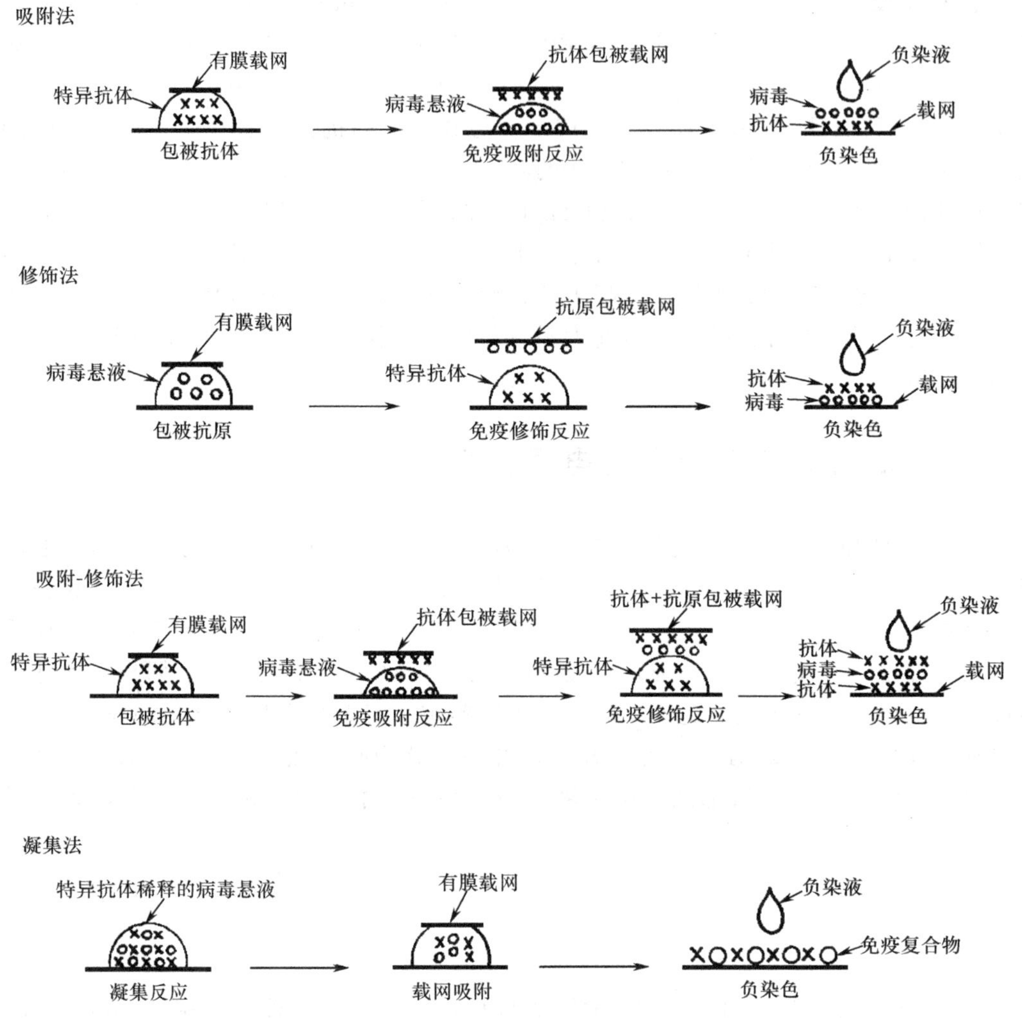

图 4-1　病毒抗原与抗体免疫复合物电镜技术

以此判断病毒与抗体是否具有血清学关系。如果在抗体修饰反应后再用金标记二抗或金标记蛋白 A 进行第二次修饰反应，这就是免疫金修饰法，电镜观察可看到病毒粒子表面被金颗粒所包被（图 4-3），使抗体修饰作用更加明显。

4.2.3　吸附-修饰法

与吸附法一样，首先用抗血清包被铜网，将已包被的铜网在病毒悬液上吸附反应 30min 以上，然后用 20 滴磷酸缓冲液连续滴洗，再将此铜网膜面漂在一滴 1∶100 稀释的抗血清上，保湿反应 15～30min；反应结束后用 20 滴磷酸缓冲液、30 滴双蒸水分别连续滴洗，吸掉余液后用 1%磷钨酸（pH6.7）负染色，晾干。以病毒悬液直接负染色作为对照。该方法结合了前两种方法的优点，电镜观察既提高了视野中的病毒粒子浓度，也可看到病毒粒子表面的抗体晕圈，从而判断病毒与抗体的血清学关系。

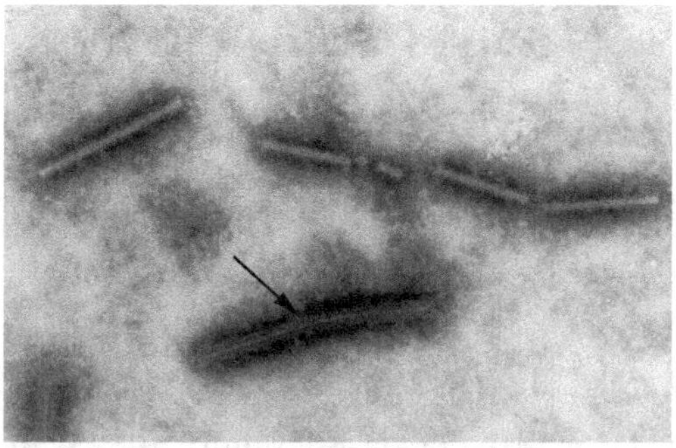

图 4-2　修饰法检测复合感染的植物病毒，箭头所指为大麦黄花叶病毒表面的抗体修饰晕圈

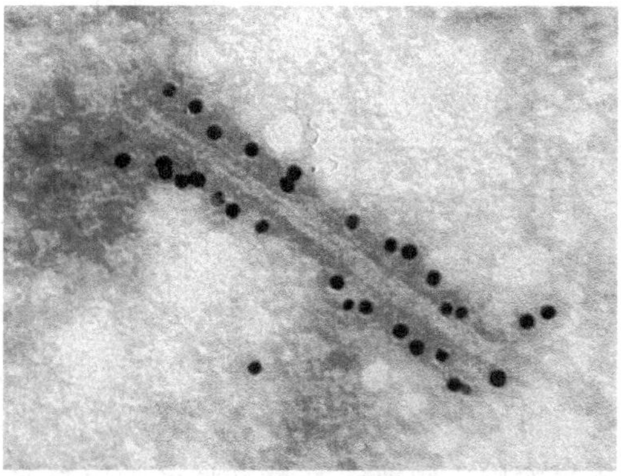

图 4-3　免疫金修饰的烟草花叶病毒

4.2.4　凝集法

将 40μl1∶100 稀释的抗血清与 20μl 病毒悬液混合（或将小块病组织直接研碎在抗血清中），在培养皿中保湿反应 30min 至 2h，然后用铜网蘸取混合液，用 20 滴磷酸缓冲液、30 滴双蒸水分别连续滴洗，吸掉余液后用 1%磷钨酸（pH6.7）负染色，晾干。以病毒悬液直接负染色作为对照。电镜观察可看到病毒粒子被抗体连接成片分布。

4.3　免疫标记电镜技术的基本方法

免疫标记电镜技术主要用于细胞表面和细胞内部抗原的标记定位，其理想目标是既能将抗原精确定位，又能观察到近似于生活状态下的细胞超微结构。为了取得尽可能理想的结果，必须选择合适的固定剂、包埋剂及不同于常规电镜技术的实验方案。

4.3.1　取材与固定

取材与固定的要求是既要保存良好的细胞超微结构，又要保持组织细胞的抗原性。对于各种培养细胞与分离的血细胞，应随用随取，取组织块时应做到越快越好，动物组织最理想的方法是经组织灌注固定后再用锋利的刀片将其切成 $1mm^3$ 以下大小的组织块，然后投入到固定液中继续固定。常用的免疫电镜固定剂有多聚甲醛-戊二醛固定液（简称 PG 固定液）、过碘酸-赖氨酸-多聚甲醛混合固定液（简称 PLP 固定液）和苦味酸-多聚甲醛-戊二醛固定液（简称 PAPG 固定液），也有采用 Bouin 氏液、Zamboni 氏液或 4%多聚甲醛。不少文献推荐应用 PLP 混合固定液，认为该固定液对含糖类丰富的组织固定效果特佳，因为组织抗原绝大多数由蛋白质和糖两部分组成，抗原决定簇位于蛋白质部分，有选择性地使糖类固定，就可使抗原性稳定。PLP 液中的过碘酸能氧化糖类，使其产生醛基，再经赖氨酸作用，使新形成的醛基分子间和分子内相互连接，稳定组织抗原。加入低浓度的多聚甲醛则能稳定蛋白质与脂类。但赖氨酸价格较贵，不如多聚甲醛-戊二醛固定液经济、简便。PG固定液是免疫电镜技术中最常用的固定液，Smit等（1974）指出，1%多聚甲醛对细胞的抗原性影响不大，但戊二醛的浓度超过0.1%，抗原性就会迅速减弱，当戊二醛的浓度低至0.01%～0.05%时，对抗原性的影响便不显著，而细胞超微结构的保存也可获得很大改善。所以他们推荐用1%多聚甲醛加0.01%～0.05%戊二醛作为免疫电镜样品固定剂，固定时间为4～5h。对有些抗原性较强的样品，也有人采用4%多聚甲醛加0.05%～0.5%戊二醛进行固定。结合微波固定可以大大缩短组织固定的时间，同时使抗原成分得到较好的保存，一般游离细胞加入固定液后，微波固定5s（高火，功率600～800W），室温下继续固定10min；组织块微波固定5～10s（高火，功率600～800W），室温下继续固定1h后即可漂洗。

4.3.2 免疫标记方法

根据免疫标记与样品包埋之间的不同关系，免疫标记方法可分为包埋前免疫标记、包埋后免疫标记和不需包埋的冷冻超薄切片免疫标记三种。

1. 包埋前免疫标记

包埋前免疫标记是指先对样品进行免疫标记，然后进行包埋、超薄切片并观察结果。其优点如下。

（1）切片在免疫染色前不经四氧化锇固定、脱水、树脂包埋及高温聚合的过程，抗原活性不会受到上述过程的影响，而且抗原暴露充分，因此标记的阳性率高且非特异性反应少。

（2）免疫标记后还可进行半薄切片，在免疫反应阳性部位做定位超薄切片，从而进一步提高电镜的检出率。

（3）免疫标记完毕后用戊二醛与四氧化锇再次固定组织，可使抗原抗体的结合更加牢固，并有利于膜结构的保存。

细胞膜表面抗原的标记常常选择包埋前免疫标记，但是包埋前免疫标记细胞内部的抗原却受到标记抗体的穿透性限制。为了提高对细胞内抗原的标记率，可以采取以下措施。

（1）将固定后的组织进行厚切片（单细胞团不需厚切片）以利于标记抗体的穿透。一般采用冰冻切片或震动切片，免疫电镜用的厚切片理想厚度为8～20μm。

（2）用0.01% Saponin或0.1% Triton X-100等活性剂处理5～8min，以增加细胞膜的通透性。但这些化学物质会对超微结构产生一定程度的破坏，应根据不同的组织细胞严格控制活性剂的使用浓度与处理时间。也可用冻融的方法增加细胞膜通透性，样品先进行防冰晶处理（厚片在含15%甘油、20%蔗糖的PBS中振摇沉底），在液氮中速冻0.5～1min后用PBS迅速回温。

（3）选用相对分子质量较小的标记物，如辣根过氧化物酶与IgG的F(ab)片段交联物相对分子质量较小，较易进入细胞内。

20 世纪 90 年代建立了用 IgG F(ab)-1nm 胶体金作为标记物、标记后经银加强染色的纳金包埋前标记法，由于该标记物较易穿透到组织和细胞内，且定位比酶标抗体精确，因此被广泛用于膜受体的精确定位。

2. 包埋后免疫标记

包埋后免疫标记是指组织样品经过固定及树脂包埋，制作成超薄切片后再进行免疫细胞化学标记的方法。该技术具有阳性结果重复性高、方法简便可靠的优点，可对同一组织块的连续切片做各种对照标记，能十分准确地解释免疫标记结果，而且还能在同一张切片上进行多重标记，尤其适合于颗粒性标记物（金标记抗体、金标记蛋白 A 等）的免疫定位，是目前应用最广的免疫标记技术。

但是该方法也有明显的缺点：抗原在脱水、浸透及树脂包埋过程中可能被破坏，且抗原被树脂遮盖不易与抗体接触，使免疫标记的阳性率下降。尤其是四氧化锇固定剂对抗原的破坏较严重，因此要避免使用。

为了得到精细的超微结构保存并提高标记阳性率，必须注意以下几个方面。

（1）固定时可选用 PAPG 固定液，其中的苦味酸能使膜脂蛋白得到较好保存，即使在不用锇酸后固定的情况下，也能得到较清晰、连续的细胞膜结构。

（2）选择低温包埋剂 Lowicryl 系列，以及水溶性包埋剂 LR White 或 LR Gold。

早期用环氧树脂包埋时，组织先要完全脱水，然后在 60℃烘箱中聚合，该包埋剂会与组织蛋白产生共聚合，所以在免疫标记前超薄切片必须先用 5%～10% H_2O_2 或过碘酸钠蚀刻以脱去包埋剂，暴露出抗原。蚀刻会给超微结构造成一定的负面影响，同时影响抗原活性，因此用环氧树脂包埋的组织做包埋后，免疫标记成功率较低。

Lowicryl 系列和 LR White 均为丙烯酸树脂，不会与抗原产生共聚合，超薄切片无需蚀刻就可直接进行免疫标记。低温包埋剂能在低温下（－80～－35℃）用 360nm 波长紫外线照射聚合，避免了高温对抗原性的负面影响，提高了阳性标记率，而且对蛋白 A 胶体金的非特异性吸附少。LR White 包埋剂具有许多独特的优点，可用紫外线聚合，也可在 50℃加温聚合；其本身的水溶性对脱水的要求不高，70%乙醇脱水便可；对脂类的溶解度较低，可较好地保存抗原性，即使不用四氧化锇，也能较好地保存膜结构与细胞器；其本身对抗体无亲和力，不妨碍抗体与抗原结合，在电子束轰击下较稳定。

3. 冷冻超薄切片免疫标记

冷冻超薄切片免疫标记的特点是组织不经过脱水包埋而直接冷冻，在冷冻状态下进行超薄切片，然后进行免疫标记。该项技术克服了包埋前标记和包埋后标记两种方法的缺点，能更理想地保存一些生物大分子的活性，极大地提高了免疫标记的敏感性，但在冷冻过程中超微结构会受到冰晶的破坏。通常采用 Tokuyasu 糖包埋法可以克服冰晶损伤[62]。1996 年，Liou 等改良了冷冻超薄切片技术[63]，用甲基纤维素和乙酸铀混合液（含 1.5%～2%甲基纤维素、0.3%～3%乙酸铀的水溶液）代替传统的蔗糖溶液作为将冷冻切片从冷冻槽中转移到镍网上的溶液，得到了保存良好的超微结构。冷冻超薄切片必须有特殊的冷冻超薄切片机，技术难度较高。

4.3.3 样品包埋

包埋前免疫标记样品通常采用与常规电镜技术相同的环氧树脂进行包埋，而包埋后免疫标记技术中树脂包埋这一步直接关系到抗原性的保存。一般的环氧树脂经过60～70℃聚合过程后，组织抗原活性可能全部或部分丢失。因此在免疫电镜技术中，国内外不少实验室采用低温技术如低温包埋和冷冻超薄切片，后者需配备冷冻超薄切片机，技术难度较大，不如低温包埋法易推广。

目前常用的低温包埋剂有以下几种。

1. Lowicryl

该包埋剂为丙烯酸盐和甲基丙烯酸盐化学物质，包括K4M、HM20、K11M、KM23等系列产品（polysciences INC），其特点是能在低温下保持低黏度（K4M：－35℃；HM20：－70℃；K11M、HM23：－60～－80℃），在紫外线（波长360nm）照射下能发生聚合，它的光聚合作用与温度无关。其中K4M和K11M具有亲水性，特别适合于免疫细胞化学的应用，因为它能较好地保持组织结构和抗原性。HM20和HM23具疏水性，能产生高反差图像，适用于透射电镜尤其是暗视野观察的要求。所有这些种类的低温包埋剂都适用于冷冻置换技术。

商品Lowicryl包埋剂由三部分组成：交联剂（crosslinker A）、单体（monomer B）和引发剂（initator C）。调整单体和交联剂的比例，增加交联剂的量，组织块的硬度增加。中等硬度的组织块的配制比例见表4-1。

表4-1 四种Lowicryl低温包埋剂配方

K4M		HM20		K11M		HM23	
Crosslinker A	2.70 g	Crosslinker D	2.98 g	Crosslinker	1.0 g	Crosslinker	1.1 g
Monomer B	17.30 g	Monomer E	17.02 g	Monomer	19.0g	Monomer	18.9 g
Initator C	0.10g	Initator C	0.10g	Initator	0.10g	Initator	0.10g

表4-2 脱水渗透流程

脱水时间	包埋剂：乙醇配比	温度
1h	65%乙醇	0℃
2h	80%乙醇	－35℃
1h	K4M：80%乙醇＝1：1	－35℃
1h	K4M：80%乙醇＝2：1	－35℃
1h	K4M	－35℃
过夜	K4M	－35℃

生物样品处理程序如下（Lemanski et al.，1985）：

(1) 动物麻醉取材，以多聚甲醛-赖氨酸-过碘酸钠（PLP）在 9℃下固定 2h；

(2) 磷酸缓冲液含 7%蔗糖（pH7.2）冲洗过夜，0℃；

(3) 0.1mol/L 磷酸缓冲液（pH7.2）冲洗，0℃；

(4) 乙醇梯度脱水与包埋剂渗透（表 4-2）；

(5) 包埋和聚合：新鲜的 K4M 包埋剂置于胶囊内，将组织移入，在－40～－30℃环境下以波长 360nm 的紫外灯相距 30～40cm 照射 24h 使之聚合（图 4-4）。

然后将紫外聚合装置移至室温继续照射 2～3 天，可增加包埋块的硬度，利于切片。紫外聚合装置目前有进口的用干冰制冷的包埋箱（图 4-5），国产的紫外聚合箱需要放置在合适的低温冰箱内进行照射聚合。

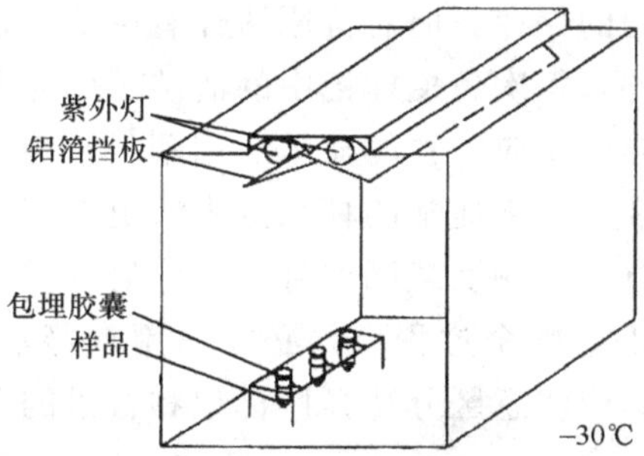

图 4-4　低温包埋紫外光聚合装置

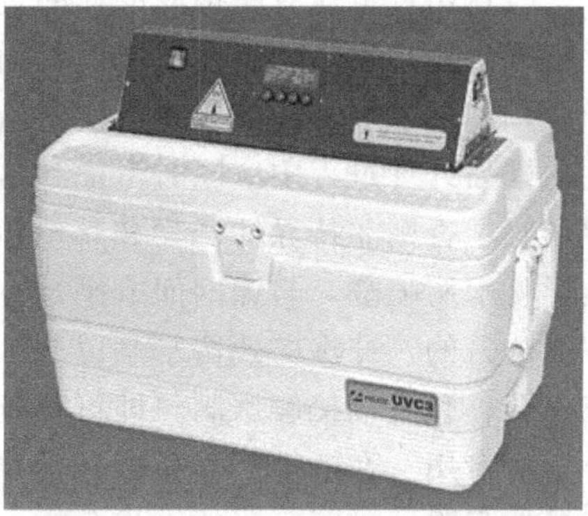

图 4-5　干冰制冷的低温包埋聚合箱

2. LR White 和 LR Gold

这两种树脂是 London Resin 公司的产品。LR White 适合在室温下使用，LR Gold 适合在低温下使用。两者均为低黏度、亲水性的包埋剂，在免疫标记中免疫球蛋白及胶体金等很容易浸入用 LR White 包埋的组织切片，且组织的非特异染色极小；由于黏度极低（8cps），可快速浸透组织，对软化的骨组织及植物组织浸透效果较好。LR White 只有一种单体，毒性低，不用时应储存在 4℃冰箱内，而催化剂应在室温阴凉避光处保存。用该树脂包埋样品时，脱水剂应选用乙醇或甲醇而不要用丙酮，因丙酮会妨碍树脂的聚合。树脂可在加热、低温下紫外光照射或化学条件下发生聚合。采用加热聚合时，可将 LR White 树脂直接放入胶囊中而不需加催化剂，聚合时应盖紧胶囊盖，防止氧气进入，一般需在 50℃聚合 24h。若包埋样品需在低温、紫外光下照射聚合时，树脂中需加 0.5%的苯基甲基醚，聚合时间约 24h。LR White 树脂在光学显微镜和电子显微镜不同研究领域中均十分有用，但它的保存条件却很苛刻，在 4℃下保存期限为一年，但最好在 6 个月之内使用。

LR Gold 是另外一种丙烯酸类树脂，用于包埋体积较大的组织材料，如 3mm^3 的样品块。其最初用于未固定材料的包埋，用苯偶酰作为催化剂，在－25℃低温下处理和包埋样品。组织用甲醇脱水和用 LR Gold 浸透时，需加入 20%聚乙烯吡咯烷酮（polyvinyl pyrrolidon，PVP）。PVP 相对分子质量为 10 000。LR Gold 用可见光照射聚合，使用 12V/100W 卤素聚光灯，样品与聚光灯距离为 10～15cm。

4.3.4 对照实验

为了证实免疫标记结果的特异性，排除非特异性，必须同时进行对照实验。在抗体特异性无问题的前提下，对照实验有以下几种。

（1）用未经免疫的同种动物正常血清代替第一抗体，结果应为阴性。

（2）不加一抗，结果应为阴性。

（3）用不含有靶抗原的样品进行免疫标记，结果应为阴性；

（4）用肯定含有靶抗原的样品进行免疫标记，结果应为阳性。

无论哪一种免疫电镜技术，都面临微细结构的保存和组织中抗原活性的保存这一对矛盾，如戊二醛、四氧化锇等固定液有利于微细结构的保存，但对抗原活性有影响。在生物样品处理过程中应同时考虑到这两个方面。另外，每次免疫标记中的清洗工作应非常彻底，否则非特异性产物和其他污染物会影响特异性反应产物的显示。用塑料水壶加锥形喷水头喷洗，与镍网面成平行方向顺着网面喷洗，较之通常的杯水洗涤法更易于达到清洁目的。冲洗的残留水滴以滤纸吸干时，应注意不要触及载网本身。可将滤纸剪成三角形，以尖端接触水滴，即可达到吸干水分的目的，整个过程中，必须应用双蒸水，容器应专用。在电镜下对免疫标记结果进行判断时，应注意区分特异性标记和背景的非特异性吸附，进行正确的结果分析。

4.4 铁蛋白标记电镜技术

铁蛋白标记电镜技术是 1959 年首先由 Singer 建立的，他用具有较高电子密度的铁蛋白标记抗体，在超微结构水平定位细胞表面抗原。这一技术为免疫电镜技术的发展奠定了基础。铁蛋白的相对分子质量为 450 000，由 24 个蛋白质亚单位组成一个近似球形的多面形外壳，其核心则由电子密度较高的羟基磷酸铁组成，因此可用于电镜观察。铁蛋白标记技术适用于定位细胞膜表面抗原，由于其相对分子质量较大，不易穿透细胞膜和组织，定位细胞内抗原较为困难。

4.4.1 铁蛋白标记抗体的制备

1. 铁蛋白的提取和纯化

取健康马脾脏，剔除结缔组织制成匀浆，加入双蒸水 4℃过夜。将匀浆迅速加热至 80℃，用两层纱布过滤，7000r/min 离心 20min 后取棕红色上清，加入硫酸铵 35g/100ml，置 4℃过夜。1000r/min 离心 30min 后取沉淀，将沉淀溶于少量蒸馏水，4℃对水透析除去硫酸铵。加入硫酸镉（5g/100ml）置 4℃ 40h，1000r/min 离心 30min，取沉淀于底部的棕色铁蛋白结晶。将铁蛋白结晶溶于少量 2%硫酸铵中（pH 5.9），1000 r/min 离心 30min 后将棕红色上清用硫酸镉重复结晶 6 次。再将重结晶溶于 75ml 2%的硫酸铵（pH5.9）中，等体积饱和硫酸铵重复沉淀 3 次，将沉淀溶于少量蒸馏水，4℃对水透析去掉硫酸铵，再用 0.1mol/L PBS（pH7.2）透析 8h 即为铁蛋白提取物。

2. 铁蛋白的鉴定

取 6 次重结晶后的铁蛋白晶体，置于载玻片上加盖玻片光镜观察，可见铁蛋白晶体呈金黄色或棕黄色四面体或八面体。将铁蛋白水溶液滴在有支持膜的铜网上，加一滴 2%磷钨酸在透射电镜下观察，可见含 4 个电子致密区的球形铁蛋白分子，直径约 12nm，内核 7.5nm。

3. 抗体-铁蛋白的交联方法

大多数抗体-铁蛋白偶联物的特异性、活性和抗体结合能力都很低，而且抗体-铁蛋白偶联物通常是异质混合物，在这种混合物中既有抗体-铁蛋白，又有铁蛋白-铁蛋白和抗体-抗体偶联物，使活性浓度降低。铁蛋白标记技术的关键在于铁蛋白与抗体偶联是否成功、偶联后能否脱落以及产量的高低。铁蛋白与抗体偶联有许多方法，涉及的偶联剂主要有水溶性炭化二亚胺、尿靛绿、间苯二甲基二异氰酸盐（XC）、戊二醛等几种。戊二醛作为偶联剂效果较好，对抗体活性影响小，标记抗体产量高。具体方法为：在含 50～80mg 铁蛋白的 0.1mol/L 磷酸缓冲液（pH7.0）中加入 0.5%戊二醛 0.1ml，使其最终浓度为 0.05%～0.15%，总体积为 1ml，37℃作用 2h，过 Sephadex G-25 柱除去未结合的戊二醛，加入亲和纯化的抗体（铁蛋白与抗体之比为 5∶1），37℃作用 12h，加入 0.01mol/L 的赖氨酸终止反应，再用饱和硫酸铵沉淀法提纯，得到抗体-铁蛋白偶联物。

4.4.2　铁蛋白标记电镜技术的应用

1. 组织细胞包埋前免疫标记

（1）将新鲜组织样品以 5% 甲醛（pH 7.2）PBS 液在 4℃下固定 40～60min。

（2）用预冷的 PBS 液洗涤，离心。

（3）在解剖显微镜下将组织切成更小块，放入试管中，加入铁蛋白-抗体结合物置于室温下 20min，不时振荡。

（4）以预冷的 PBS 液洗涤三次，离心。

（5）沉淀以 2.5%戊二醛固定 20min，以 PBS 洗涤。

（6）再以四氧化锇后固定，常规脱水包埋。

（7）超薄切片经电子染色后电镜观察，同时设立对照以判断免疫标记的特异性。

2. 组织细胞包埋后免疫标记（BSA 法）

铁蛋白免疫标记技术用于组织细胞内抗原的标记效果不理想，原因是铁蛋白能与包埋树脂强烈结合，产生较深的非特异性标记。比较成功的方法有交联牛血清白蛋白（BSA）包埋法。

（1）将组织或细胞在4℃下用0.15mol/L氯化钠配制的1%甲醛溶液（pH7.5）固定2h。

（2）将固定的组织或细胞悬浮在用0.15mol/L氯化钠配制的30%牛血清白蛋白（BSA）溶液中。

（3）用羧甲基纤维素胶体溶液Aquacide Ⅱ-A透析上述溶液，使其浓缩。

（4）将制得的胶切成小块，在4℃下用2%戊二醛（PBS配制，pH7.5）中固定3h。

（5）用蒸馏水漂洗胶块，然后将胶块放在有硅胶的干燥器中干燥。

（6）将干燥的胶块粘在环氧树脂块上进行超薄切片，切片捞在带支持膜的铜网上。

（7）将切片在4%牛血清白蛋白PBS液上漂浮片刻，然后用PBS漂洗。

（8）铜网在铁蛋白标记抗体上反应5min，用PBS连续漂洗几次。

（9）铜网晾干后，滴一滴乙酸双氧铀或氢氧化铅染色。

（10）水洗、晾干，电镜观察。

（11）结果判定：在已知对照样品成立的前提下，凡是出现黑色的铁分子颗粒即表示抗原的存在，判为阳性（+），否则判为阴性（－）。

4.5 酶标记电镜技术

为了标记细胞内抗原，1967年Nakane和Pierce建立了酶标记免疫电镜技术[60]。该方法是将酶与抗体相交联，抗原抗体反应后用3,3′-二氨基联苯胺与H_2O_2显示过氧化物酶的活性部位，其反应产物为棕色沉淀，经过四氧化锇处理后棕色沉淀变为具有一定电子密度的锇黑，可在电镜下观察。酶标记电镜技术的优点在于：①过氧化物酶相对分子质量较小，与其交联的抗体较易穿透经处理的细胞膜，可用于细胞内抗原的定位；②可先在光镜下观察免疫反应结果，然后选择阳性部位进行定位，超薄切片后在电镜下进一步观察。

目前，用于标记抗体的酶有辣根过氧化物酶（HRP）、酸性磷酸酶、碱性磷酸酶、细胞色素c等，但最常用的是HRP，其稳定性好，分子质量小，用其标记抗体可以穿透经过处理的组织与细胞膜。该方法的缺点是酶反应产物会发生一定程度的扩散，分辨率不如颗粒性标记物高。

4.5.1 酶标记抗体

辣根过氧化物酶标记抗体可以购买到商品，也可以自行制备，常用的有两种制备方法。

1. 双功能剂偶联法

最常用的双功能剂是戊二醛。它的两个醛基能与抗体（或其他蛋白质）和HRP的氨基或羟基结合，使二者偶联在一起。常用两步标记法，即第一步先使戊二醛的一个醛基与 HRP 的氨基结合，第二步再使戊二醛的另一个醛基与抗体的氨基结合。用此法所制得的 HRP-抗体结合物中，HRP 与抗体皆为单体，分子质量为 200kDa 左右，抗体与酶活性保存 60%左右，缺点是结合率不高。

2. 过碘酸盐氧化法

HRP 中的氨基含量很少，用戊二醛交联法虽然简便，但结合物产率很低，一般只有 2%～5%的酶能结合到 IgG 上。与氨基相反，HRP 上的糖蛋白却较多，约 18%。糖分子对酶的活性影响不大，但难以直接与抗体的氨基进行反应，所以用过碘酸钠（$NaIO_4$）使糖进行轻微氧化产生醛基，后者再与抗体的氨基反应。这样 HRP 就能更有效地与抗体结合。

4.5.2　PAP 技术

PAP 法又称为可溶性酶-抗酶法，由 Sternberger 等（1970）提出，并于 1979 年逐步加以分析改良和完善。该方法用可溶性兔 PAP 来代替兔抗 HRP 抗体与自由 HRP。可溶性兔 PAP 是大分子的复合物，含有三个 HRP 分子与两个抗 HRP 抗体，外形呈五角形，分子质量 429kDa，直径 20.5nm。Vacca 等（1980）提出了双 PAP 法，即在用 PAP 处理组织细胞后，重复使用一次羊抗兔 IgG 和 PAP，最后显色，这样可比单纯的 PAP 法提高灵敏性 4～5 倍。在用单克隆抗体做第一抗体定位抗原时，桥抗体需用羊抗鼠 IgG 取代羊抗兔 IgG，兔 PAP 需用鼠 PAP 取代。

4.5.3　酶标记电镜技术的应用

1. 组织抗原的包埋前免疫标记

（1）固定：免疫电镜通常采用 4%多聚甲醛和低浓度的戊二醛（0.1%～0.5%）混合固定液灌注固定。PBS 充分洗涤。

（2）预切片：用振动切片机将样品切成 40～60μm 的厚切片。

（3）正常山羊血清（1∶20，用 pH 7.6 的 0.02mol/L PBS 稀释）室温反应 30min。

（4）加入适当稀释的第一抗体，置冰箱（4℃）内 24h。PBS 充分洗涤。

（5）正常山羊血清（1∶20）室温反应 30min。

（6）加入稀释好的 HRP 标记第二抗体，室温反应 1h。PBS 充分洗涤。

（7）2.5%戊二醛后固定 15～30min。PBS 充分洗涤。

（8）将 5mg DAB 溶于 9ml 的 PBS 中，pH7.4，加入 1ml 新配置的 0.02% H_2O_2（加入后最终浓度为 0.01%），室温避光反应 15～20min。

（9）反应结束后，用 PBS 充分洗涤。

（10）在解剖显微镜下观察免疫反应阳性部位并取下。

（11）用 1%四氧化锇（pH 7.4）后固定 0.5～1h。PBS 充分洗涤。

（12）梯度乙醇或丙酮脱水。

（13）环氧树脂包埋。

（14）超薄切片，铀、铅双染色或单染色。为了更清楚地观察免疫标记，超薄切片也可以不染色。

（15）电镜观察。

2. 组织抗原的包埋后免疫标记

（1）新鲜组织经4%多聚甲醛和0.1%～0.5%戊二醛混合固定液固定后，低温下进行梯度乙醇脱水，用低温包埋剂进行包埋、紫外线聚合，超薄切片（用镍网捞片）。

（2）正常山羊血清（1∶20，用pH 7.6的0.02mol/L TBS稀释）室温反应5～15min。

（3）加入适当稀释的第一抗体（兔抗血清，用含1%正常山羊血清的0.02mol/L TBS稀释），4℃反应过夜，然后用TBS漂洗。

（4）山羊抗兔IgG（稀释液同一抗）室温反应30～60min，然后用TBS漂洗。

（5）兔PAP复合物（1∶100，稀释液同一抗）室温反应30min，TBS漂洗。

（6）用DAB室温下避光反应15～20min，TBS充分漂洗。

（7）1%四氧化锇固定10～15min。水洗后用乙酸铀单染或不染色。

（8）电镜观察。

（9）对照实验：将足量的抗原加入相应的抗血清内，离心取其上清液，用这样的血清代替一抗，结果应为阴性。以正常血清为第一抗体，结果为阴性。

（10）结果判定：在已知对照样品成立的前提下，凡是出现棕色的颗粒即指示抗原的存在，判为阳性（+），否则判为阴性（－）。

4.6 胶体金标记电镜技术

1971年Faulk和Taylor建立了胶体金标记免疫电镜技术[61]，该技术是将胶体金作为抗体的标记物，可用于细胞表面和细胞内多种抗原的精确定位。胶体金是目前应用最广的免疫电镜标记物，具有许多独特的优点。

（1）胶体金能稳定并迅速地吸附蛋白质，而且蛋白质的生物活性不发生明显改变。除了抗体-胶体金外，还可以制备蛋白A-胶体金、卵白素-胶体金、植物凝集素-胶体金等用于免疫电镜标记。

（2）在电镜下金颗粒电子密度高、圆形且界限清晰，易于辨认，定位比酶反应物更精确。

（3）胶体金标记物易于制备，并可以根据需要制备不同大小（1～150nm）的胶体金，因而可以进行双重或多重免疫标记。

（4）金颗粒能发射强烈的二次电子，是扫描电镜的理想标记物。

（5）胶体金经过银显影增强后，金颗粒外周吸附大量银颗粒而呈现黑色或黑褐色，因此也能用于光学显微镜观察。此外，胶体金还能用于冷冻蚀刻样品的免疫标记。

4.6.1　胶体金探针的制备技术

1. 胶体金的制备

胶体金探针的制备方法很多，但都是采用烧煮氯化金（$HAuCl_4$）和还原剂的溶液而制成的。在还原开始阶段，金离子被还原成金原子并聚集形成微结晶，随着更多的氯化金被还原，微结晶变大直到所有的氯化金被还原。使用不同种类、不同剂量的还原剂，可以控制所产生的粒子大小，即粒子大小取决于反应溶液中最初还原试剂和还原核的数量。还原剂浓度越高，核浓度也越高，氯化金的还原也就从更多的还原中心开始，因此产生的胶体金粒子数量越多，体积也越小。粒子直径每增加一倍，数量减少为原来的 1/8。根据不同的制备方法，可以制备出不同直径的胶体金粒子，但作为免疫标记探针，其直径应在 3～30nm 范围之内。

目前制备胶体金探针的方法主要有：单宁酸/柠檬酸钠法、白磷还原法、柠檬酸三钠法。以柠檬酸钠和单宁酸作还原剂，能够制备大小相对一致、直径 3～16nm 的胶体金。但该方法制备的胶体金粒子直径范围较窄，而且残留的多聚单宁酸残基往往干扰某些蛋白质与金粒子的结合。在溶液中添加 0.1%～0.2%的 H_2O_2 能够去除这些残基。双标记或制备 5～10nm 的胶体金时建议使用该方法。利用柠檬酸为还原剂，可以制备 12～150nm 直径的胶体金。但制备大体积的胶体金时，胶体金粒子的误差也同时增加，因此做单标记时，建议使用该方法制备 12～16nm 直径的胶体金。还可用磷作为还原剂来制备 5nm 的胶体金，它避免了单宁酸残基的问题，但所形成的金粒子体积变化较大。磷易燃且有毒，制备的残液需进一步处理，故该方法已经很少使用。

氯化金极易吸湿，一般均以小剂量密封保存（0.5g 或 1g），在配制氯化金溶液时一次配完，暂时不用的可以用 1.5ml 试管分装为 1ml 保存（－20℃）。注意各种玻璃器皿一定要洗净并用双蒸水多次冲洗，有条件时可硅化处理（1%双氯硅烷/氯仿浸泡 1h，烘干）。配制各种试剂时均使用双蒸水，随后再用微孔滤膜过滤后使用。制备好的胶体金保存寿命较长，可 4℃保存 6 个月以上或室温下保存 1～2 个月。当出现明显悬浮物或沉淀后，表示已不可再用。在保存较长时间后应进行电镜检测，如出现大量胶体金粒子凝集，说明已经过期，不能再用。

1）单宁酸/柠檬酸钠法制备 3～16nm 胶体金（表 4-3）

（1）取一 250ml 三角瓶，加入 79ml 双蒸水和 1ml 1%氯化金，预热至 60～70℃。

（2）取一 50ml 烧杯，加入 4ml 1%柠檬酸钠，然后根据所制备金粒子体积大小加入不同用量的单宁酸及等量的 25mmol/L K_2CO_3，预热至 60～70℃。K_2CO_3 的作用是保持溶液的中性 pH，如果单宁酸的量少于 0.5ml，对 pH 的影响不大，K_2CO_3 可以省略。

（3）将上述两种溶液迅速混合并充分混匀，加热至沸并保温 10min，自然冷却。

2）白磷还原法制备 5nm 胶体金

（1）取一 250ml 三角瓶，加 79ml 双蒸水、1ml 1%氯化金，并用 0.25mol/L K_2CO_3 将溶液调至中性（pH7.0）。

（2）取 0.2ml 饱和磷/乙醚溶液加到 1.5ml 试管中，再加 0.8ml 乙醚，混匀。取 0.7ml 加入溶液（1）中（磷有毒且易燃，操作时请戴手套，多余的磷溶液用 $CuSO_4$ 进行中和）。

（3）室温下轻轻摇匀 15min，然后加热沸腾并保持 5min，自然冷却。

表 4-3　单宁酸/柠檬酸钠法

柠檬酸钠/ml	单宁酸/μl	胶体金/nm
4	5000	3
4	2000	4
4	500	6
4	120	8
4	70	10
4	10	16

3）柠檬酸钠还原法制备 12～30nm 胶体金（Frens，1973）（表 4-4）

（1）取一 250ml 三角瓶，加 100ml 双蒸水及 1ml 1%氯化金，加热沸腾。

（2）取不同量的 1%柠檬酸钠加入上述溶液中，混匀，再保持沸腾 30min，溶液颜色首先变黑，再逐渐变红，粒子体积较小时，溶液呈橘红色，而粒子体积较大时，则颜色偏向紫色。

表 4-4　柠檬酸钠还原法

柠檬酸钠/ml	胶体金/nm
5	12
4	16
3	24
2.8	30

注：由于使用试剂质量及其他方面可能存在的误差，以及制备过程中的其他问题，胶体金粒子的大小及一致性与理论值可能有偏差，因此，在制备完成后必须进行镜检。如出现粒子体积偏差太大、粒子凝聚、粒子边缘不清晰等问题，须重新制备。

2. 蛋白-胶体金复合物的制备

一般认为胶体金粒子表面为一层 $AuCl_2$，因此粒子表面带有负电荷，这种负电荷粒子之间相互排斥，形成稳定悬浮的胶体金溶液。金颗粒表面可以包被一层蛋白质大分子来稳定和保护这些粒子，以免受外来电解质的影响而相互凝聚在一起。胶体金粒子对蛋白质的吸附作用取决于 pH，这是因为蛋白质的净电荷取决于溶液的 pH，在 pH=pI 时为中性。由于在 pH=pI 时蛋白质溶解度最小，因此这时它的水化程度最小，最容易吸附到疏水的金粒子表面。但在实际的胶体金探针制备中，一般胶体金调整为 pI+0.5，这样蛋白质带正电，有利于结合更稳定。

胶体金探针所用蛋白质必须经过前处理，其目的如下。

（1）去除高浓度的盐分。高浓度盐分往往干扰蛋白质与胶体金的吸附结合，或导致胶体金粒子凝聚。

（2）使蛋白质分子尽量分散为单体。冻干蛋白或高浓度蛋白溶液中蛋白质分子往往凝聚为多聚体大分子，可同时与多个胶体金粒子结合，影响标记的灵敏度和定量分析。

(3) 使蛋白质具有适当的分子质量。

蛋白质分子质量过小（30kDa），形成的蛋白复合体往往不稳定，可短时间内失活；分子质量过大，则影响探针的灵敏度，特别是已知蛋白质的结构与活性中心的情况下，去除对活性影响的结构部分是提高标记灵敏度、延长探针寿命的有效办法。把分子质量过小的蛋白质与其他蛋白质（如 BSA、牛血清蛋白等）结合后，能制备出稳定性更佳的探针。

当蛋白质前处理完成后，接着要确定胶体金与蛋白质结合的最佳 pH。对于理化性质不确定的蛋白质，这一步尤为重要。过量的蛋白质与不同 pH 的胶体金结合后，只有某一特定 pH 能够形成结合最稳定的探针，在高浓度电解质（如 NaCl）作用下不会凝聚。不同蛋白质的适宜 pH 范围的宽窄大不相同，一般选择最小适宜 pH 为最佳 pH。但有些探针的实际情况并不完全如此，最稳定的探针并不完全代表活性最好，这要靠实验验证。确定了最佳 pH 后，还要确定能够形成稳定探针的最小蛋白量，如果在制备探针时加入太多的蛋白质，不仅造成浪费，而且容易造成探针凝聚，严重影响标记活性。因为探针溶液中的游离蛋白容易抢先与标记位点结合，起到“封闭”作用，导致胶体金探针标记不上。这在标记位点稀少、被标记物含量较少的情况下要特别注意。

1) 抗血清的前处理

一般抗血清中 IgG 的含量为 10%～25%，绝大部分为其他蛋白质。用抗血清直接制备探针，其标记活性与特异性均不理想，因此需去除其中多数杂蛋白。但处理不当会导致 IgG 活性大幅降低。如果你有蛋白质纯化的技术经验，高度纯化后效果会更好。一般还要用硫酸铵沉淀才可以得到足够纯度及高活性的 IgG 蛋白。

基本步骤如下。

(1) 取抗血清 0.2ml。

(2) 加生理盐水（0.85% NaCl）0.3ml，混匀。

(3) 逐滴加入饱和 $(NH_4)_2SO_4$ 0.5ml，充分振荡混匀，4℃静置 1h。

(4) 10 000 r/min 离心 20min，弃上清。

(5) 加 0.5ml 生理盐水重悬浮，混匀。

(6) 逐滴加 0.25ml 饱和 $(NH_4)_2SO_4$，充分振荡混匀，4℃静置 1h。

(7) 10 000r/min 离心 20min，弃上清。

(8) 重复步骤（5）～（8）一次。

(9) 加生理盐水 0.5ml 重悬浮，混匀。

(10) 生理盐水中透析 12～24h。

(11) 在 0.2mol/L 硼酸缓冲液（pH 9.0）中透析 12～24h。

(12) 分装，即将使用时 4℃保存，−20℃保存备用。

2) 亲和纯化抗体的处理

亲和纯化抗体多是一些商品化的通用抗体，即二抗，一般为羊抗兔、羊抗鼠或羊抗人的抗体。这些抗体一般是 IgG 分子，往往聚集为多聚体分子，同时还含有较多的盐分。进行前处理的目的在于脱盐和解聚。

基本步骤如下。

（1）将亲和纯化抗体用生理盐水稀释为 0.5～1mg/ml 浓度。

（2）在 3mol/L KCNS（硫氰酸钾）溶液中透析 12h。

（3）在 0.2mol/L 硼酸缓冲液（pH 9.0）中透析 12h（更换透析液数次）。

（4）分装备用。

其他蛋白质可参考此方法进行。但注意后一种透析液的 pH 应与交联时的 pH 一致。在实际运用中，一般省去 3mol/L KCNS 透析这一步，特别是当蛋白质的分子质量较小且为非糖蛋白时。建议在制备通用探针（如二抗 IgG、蛋白 A、蛋白 G、Streptavidin）等时严格使用该方法，而制备直接标记探针时也可以忽略处理步骤。

3）IgG Fab 片段的制备

一般来说，体积较小的探针具有相对较高的标记活性，主要原因在于胶体金颗粒较小时有利于在标记溶液中的扩散运动。在胶体金直径一定时，蛋白质的分子质量越小，金表面吸附的蛋白质分子越多，活性位点也越密集，也容易与靶位点结合。

IgG 分子质量为 150kDa 左右，由 4 个亚基组成，即两条重链（H）和两条轻链（L）。用木瓜蛋白酶水解后可得到 Fab 和 Fc 两种片段。其中 Fab 是具有抗原识别活性的部分，回收后制备探针。Fc 能够与蛋白 A 和蛋白 G 特异性结合。

但这种分离只能在有条件的实验室进行，基本步骤如下。

（1）用 PBS（pH7.0，含 10mmol/L EDTA、20mmol/L 盐酸半胱氨酸）溶解纯化的 IgG。

（2）加固化木瓜蛋白酶。

（3）37℃处理 5h。

（4）离心，去除固化木瓜蛋白酶（沉淀）。

（5）过蛋白 G 柱。

（6）纯化的 Fab 片段按前面的方法做进一步处理。

注：Fab 与胶体金结合的 pH 为 6.5。

4）蛋白质与胶体金结合最佳 pH 测定

（1）取若干个 1.5ml 试管，分别加入 1ml 10nm 胶体金。

（2）用 25mmol/L K_2CO_3 将 pH 分别调为 3、4、5、6、7、8、9、10。

（3）取一 96 孔培养板，按 pH 从低到高将上述胶体金分别取 100μl 加入孔中，重复三次。

（4）每孔分别加入 3μl 浓度为 1mg/ml 的纤维素酶，混合，室温下放置 10～15min。

（5）每孔分别加入 20μl 浓度为 10%的 NaCl 溶液，混合，室温下放置 10min。

（6）观察胶体金颜色变化，记录保持红色的最低 pH（X）。

（7）重复步骤（1）～（5），pH 梯度为 $X-0.6$、$X-0.3$、X、$X+0.3$、$X+0.6$、$X+1$。

（8）观察胶体金颜色变化直到室温下放置 2h，记录仍保持红色的最低 pH。

注：（1）如胶体金粒子直径较小（3～6nm），加 NaCl 需放置较长时间（几个甚至十几个小时）后才能观察到颜色变化。必要时可放大反应体积（1ml 胶体金），并借助

离心来判断。

（2）有些蛋白质最佳 pH 范围较窄，设置的梯度不能太大。

5）最小蛋白质浓度的确定

（1）用 0.22μm 微孔滤膜过滤或高速离心去除蛋白质中残物或多聚体。

（2）取一 96 孔滴定板，每个重复为若干个孔，分别加入最佳 pH 的胶体金 100μl，重复三次。

（3）各孔依次加入不同量的蛋白质（浓度为 0.05～0.1mg/ml）1～20μl，混匀，室温下放置 15min。

（4）加入 20μl 10% NaCl，室温下放置 10min。

（5）颜色仍保持红色的最小蛋白质用量即最小蛋白质浓度。

（6）为确保结果准确性，可放大反应体积重复以上步骤。

注：在实际探针制备工作中，蛋白质浓度往往为最小浓度的 130%。

6）IgG-胶体金的制备

（1）取两个 1.5ml 试管，分别加入 1.2ml 10nm 胶体金。

（2）加入适量 25 mmol/L K_2CO_3 把 pH 调整为 9.0。

（3）分别加入 10μl 浓度为 1mg/ml 的 IgG，混匀，室温放置 10min。

（4）分别加入 12μl 2% PEG2000，室温放置 5min。

（5）10 000r/min 离心 20min，轻轻吸除上清。

（6）用 20μl BL 溶液重悬浮松散的胶体金沉淀，并集中到新管中。

（7）分别加 20μl 甘油，充分混匀。

（8）－20℃下保存备用。

不同直径胶体金所需要的蛋白量差别很大，所需离心速度也不同，以绝大部分探针形成松散沉淀为原则。离心力太大，会产生不可逆的探针凝聚；离心力太小，探针无法沉下。最好能够直接用胶体金在不同转速下离心以确定适当的离心力。在冷离心机中可适当延长离心时间，同时适当减小离心力，探针活性较好。IgG 的最佳交联 pH 从 7.4～9.0，一般认为 7.4 时胶体金结合的蛋白质最多，9.0 时制备的探针最稳定。

4.6.2　胶体金标记电镜技术的应用

1. 包埋前胶体金标记电镜技术

胶体金探针（＞3nm）即使在使用穿透剂的情况下也不易穿透细胞，因此常常用于细胞表面抗原的标记。20 世纪 90 年代，国外成功制备了 1nm 金标记的探针，这种探针容易穿透组织和细胞，已成功应用于标记细胞内抗原。包埋前免疫标记时，在样品未作固定或轻微固定后进行免疫标记，标记后再用 2%戊二醛＋2%多聚甲醛固定以获得较好的超微结构保存。这种方法特别适用于标记对固定剂敏感的抗原。在标记细胞膜表面成分时，应注意免疫标记可能会引起细胞膜成分的重分布，抗体与未固定或轻微固定的细胞膜成分的结合可能会引起这些分子的聚集、成帽或内吞。通常用含低浓度戊二醛的固定液作短暂固定，能有效防止膜分子的重分布。单独用多聚甲醛固定或在 4℃做免疫标记不足以防止质膜分子向周边扩散。

1）细胞表面抗原标记（间接法）

（1）组织细胞用0.5%戊二醛+2%多聚甲醛在室温下固定0.5～1h。可根据抗原对固定剂的敏感度选择适当的固定液，对某些抗原可完全不用戊二醛而用4%多聚甲醛固定1～4h。

（2）PBS漂洗3～5次，每次20min。

（3）用0.1mol/L甘氨酸漂洗细胞5min，灭活自由醛基。这一步骤对用戊二醛固定的细胞尤为重要，因为戊二醛含有两个醛基，在固定时其中的一个醛基可能与细胞成分结合，而留下一个自由的醛基，若这个自由的醛基不被阻断，则能与封闭液中的蛋白质或抗体结合，从而增加非特异性背景标记。

（4）用含1%BSA的无钙、镁Dulbecco's PBS漂洗细胞15min，以阻断对一抗的非特异性结合。封闭液可以是2%～10%BSA，也可以是卵蛋白（OVA）、正常血清或IgG片段。

（5）室温下用适当稀释的第一抗体孵育细胞1～2h，用无钙、镁Dulbecco's PBS漂洗细胞5次，每次5min，以除去未结合的一抗。如果非特异性背景很高，可在漂洗液中加入0.1mol/L EDTA。

（6）室温下用适当稀释的胶体金探针（可以选择二抗-胶体金、蛋白A-胶体金或蛋白G-胶体金）孵育细胞30min。

（7）用无钙、镁Dulbecco's PBS漂洗细胞5次，每次5min。

（8）室温下用2%戊二醛+2%多聚甲醛（用0.1mol/L二甲胂酸钠缓冲液配制，pH 7.4）再次固定细胞1h。

（9）用0.1mol/L二甲胂酸钠缓冲液漂洗，1%四氧化锇后固定，常规脱水包埋，超薄切片铀铅双染色后在透射电镜下观察。也可按常规扫描样品制备方法处理，在扫描电镜下观察细胞表面的胶体金标记情况，由于扫描电镜分辨率的限制，应选用40nm以上的胶体金或采用银加强染色法。

（10）对照组可省略一抗或用正常血清、正常IgG、无关抗体代替一抗。

2）细胞表面抗原标记（直接法）

（1）按间接法步骤（1）～（4）操作。

（2）室温下用适当稀释的第一抗体-胶体金复合物孵育细胞1h。

（3）按间接法步骤（7）～（10）操作。

3）纳金（超微金）-银加强法标记细胞内抗原

（1）组织用0.5%戊二醛+2%多聚甲醛4℃浸泡固定4h。最理想的方法是做血管灌注固定，一般灌注10～15min后取下组织切成小块置0.5%戊二醛+2%多聚甲醛中4℃继续固定1～2h。

（2）组织用PBS漂洗3～5次，每次20min。

（3）组织做振动切片，厚约50μm。

（4）将组织片放入含15%甘油和20%蔗糖的PBS中浸泡沉底后，用液氮速冻0.5～1min，并用PBS迅速回温。组织再用PBS漂洗3～5次，每次5min。

（5）用 0.1mol/L 甘氨酸漂洗 10min，灭活自由醛基。

（6）用含 1%BSA 的无钙、镁 Dulbecco's PBS 漂洗 15min，阻断对一抗的非特异性结合。

（7）组织片用适当稀释的一抗 4℃孵育过夜，然后室温继续放置 2h，用无钙、镁 Dulbecco's PBS 漂洗 5 次，每次 5min，以除去未结合的一抗。若非特异性背景很高，可在漂洗液中加入 0.1mol/L EDTA。

（8）用含 1%BSA 的无钙、镁 Dulbecco's PBS 漂洗 15min。

（9）用适当稀释的二抗-纳金在室温下孵育 2h，用无钙、镁 Dulbecco's PBS 漂洗 5 次，每次 5min。

（10）室温下用 2%戊二醛+2%多聚甲醛再次固定 0.5～1h。

（11）用 0.1mol/L 二甲胂酸钠缓冲液漂洗。

（12）在暗房红色安全灯下进行银加强染色 10min。具体操作如下：取银加强液 A、B、C 液等量，先将 A 液和 B 液混匀，再加入 C 液混匀，在室温下与组织片作用 10min，用去离子双蒸水洗两次；重复上述步骤两次。

（13）1%四氧化锇后固定 30min，常规脱水，Epon 812 倒扣包埋。

（14）对照组可省略一抗或用正常血清、正常 IgG、无关抗体代替一抗。

2. 包埋后胶体金标记电镜技术

包埋后胶体金标记是应用最广泛的免疫电镜技术，样品经固定、包埋、切片后在超薄切片上进行免疫标记。包埋后标记也可分为直接法和间接法两种（图 4-6）。直接法是用与胶体金交联的第一抗体直接进行标记；间接法是用不带标记物的第一抗体先与组织反应，然后用胶体金标记的第二抗体或第三抗体、蛋白 A 等特异性结合第一抗体，因此只要制备一种胶体金探针就能用于许多抗原的标记，方法更为简便且敏感性比直接法高。蛋白 A 和蛋白 G 的胶体金探针是包埋后胶体金免疫标记中应用最广的第二试剂，可根据一抗的种类选择合适的胶体金探针。抗体-胶体金探针也较常用，但其稳定性不如蛋白 A-胶体金探针。此外，胶体金标记的亲和素、凝集素及酶也曾被应用于包埋后标记。

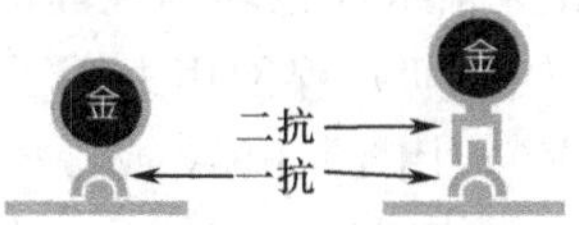

图 4-6　免疫胶体金直接标记法（左）和间接标记法（右）

图 4-7 和图 4-8 是应用包埋后免疫胶体金标记技术标记的植物病毒。

1）细胞内抗原标记（间接法）

（1）组织样品用 0.5%戊二醛+2%多聚甲醛 4℃固定 0.5～1h。

（2）PBS 漂洗 5 次，每次 20min。

（3）用 0.1mol/L 甘氨酸漂洗 5min，灭活自由醛基。

（4）用 0.1mol/L 二甲胂酸钠缓冲液或 PBS 漂洗。

（5）脱水、包埋：采用低温包埋剂 Lowicryl、LR White、LR Gold 等进行样品包埋，这些亲水性包埋剂通常能获得较好的免疫标记效果。这三种包埋剂的使用方法如前述。

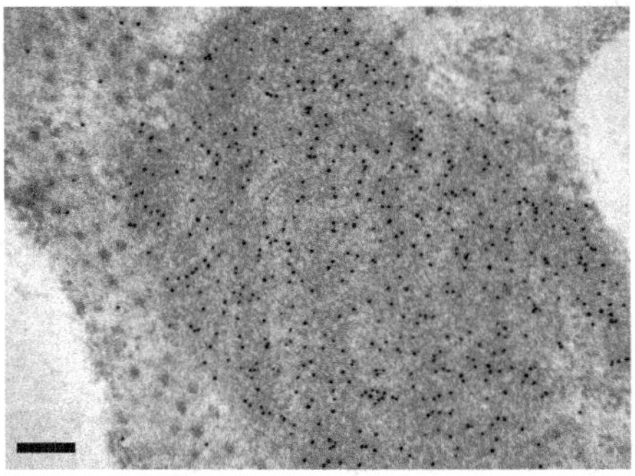

图 4-7　水稻叶细胞中水稻矮缩病毒非结构蛋白 S6 的免疫金标记定位（包埋后间接法标记）（标尺＝200nm）

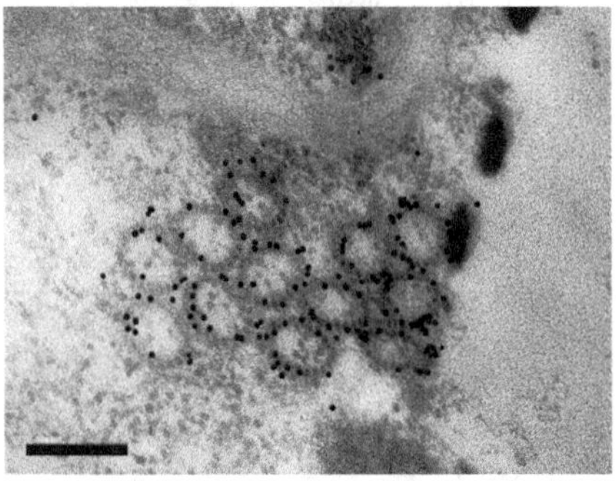

图 4-8　豌豆叶细胞中蚕豆萎蔫病毒粒子的免疫金标记定位（包埋后间接法标记）（标尺＝200nm）

（6）超薄切片：切片的厚度较一般的略为厚一点（切片干涉色呈淡金黄色），将切片捞取在镍网上。

（7）室温下可将切片作轻微的蚀刻，使试剂能穿透样品。用于蚀刻的溶液有饱和过碘酸钠水溶液、1% H_2O_2 等。若一抗是针对含糖类的抗原表位，那么组织用过碘酸钠溶液蚀刻的时间应尽可能的短（<5min），因为过碘酸钠可能会破坏糖类抗原。要严格掌握好蚀刻的时间，蚀刻时间太短抗原暴露不充分，会影响免疫标记；若时间太长则超微结构受到破坏还会影响抗原性，因此蚀刻的时间最好通过预试验确定。不同的包埋树脂需要的蚀刻时间各不相同，Epon 包埋的组织蚀刻时间约 10min，LR White、LR Gold 等亲水性包埋剂包埋的组织一般不需要进行蚀刻处理。

（8）切片镍网用去离子双蒸水冲洗 3～5 次。

（9）用 1%BSA 或 5%正常血清（无钙、镁 Dulbecco's PBS 或 TBS 配制）孵育 15min 以阻断对一抗的非特异性结合。也可用 5%BSA 孵育 1h 以去除非特异性标记，但 BSA 的浓度过高或孵育时间过长会使标记率下降。

（10）用无钙、镁 Dulbecco's PBS 或 TBS 冲洗切片 5 次。

（11）用适当稀释的一抗室温反应 1～2h。一抗用含 1%BSA 的无钙、镁 Dulbecco's PBS 或 TBS 稀释。

（12）用无钙、镁 Dulbecco's PBS 或 TBS 冲洗切片 5 次。

（13）室温下用适当稀释的胶体金探针（可以选择二抗-胶体金、SPA-胶体金或蛋白 G 胶体金）反应 30min。

（14）用无钙、镁 Dulbecco's PBS 或 TBS 冲洗切片 5 次。

（15）用去离子双蒸水冲洗切片。

（16）用乙酸铀和硝酸铅染色后在透射电镜下观察。

（17）对照组可省略一抗或用正常血清、正常 IgG、无关抗体代替一抗。

2）抗生蛋白链菌素-胶体金法

生物素-亲和素（biotin-avidin）检测系统已被广泛应用于免疫细胞化学和分子生物学。该系统是利用生物素与亲和素之间的高度亲和力（解离常数：10^{-15} mol/L）而建立的。亲和素会与许多组织非特异性结合，这主要是由于它是一种糖基化的蛋白质，具有很高的等电点（pI＝10）。由于亲和素的非特异性结合问题，目前亲和素已基本被抗生蛋白链菌素（streptavidin）所代替。抗生蛋白链菌素具有同亲和素类似的特性，但没有糖基化，几乎没有非特异性结合。抗生蛋白链菌素-胶体金检测系统常在包埋后免疫细胞化学中应用，这个系统常常由不作标记的一抗、生物素化的二抗和抗生蛋白链菌素-胶体金组成，也可以不用二抗，直接使用生物素化的一抗和抗生蛋白链菌素-胶体金。该系统所需的试剂都已商品化，可以从试剂公司购买得到。

（1）按照上述细胞内抗原间接法标记步骤（1）～（12）操作。

（2）室温下用适当稀释的二抗-生物素孵育切片 30min。

（3）用无钙、镁 Dulbecco's PBS 或 TBS 冲洗切片 5 次。

（4）室温下用适当稀释的抗生蛋白链菌素-胶体金探针孵育切片 30min。

（5）用无钙、镁 Dulbecco's PBS 或 TBS 冲洗切片 5 次。

（6）用乙酸铀、柠檬酸铅双染色后在透射电镜下观察结果。

（7）对照组可省略一抗或用正常血清、正常 IgG、无关抗体代替一抗。

3）双重或多重免疫标记法

由于在制备过程中胶体金颗粒的直径可以控制，因此就可利用不同大小的胶体金颗粒做双重免疫标记甚至三重免疫标记。做双重免疫标记时一般选择 5nm 和 15nm 胶体金，在透射电镜下很容易区分这两种大小的胶体金。做三重免疫标记时则选择 5nm、10nm 和 15nm 胶体金。双重或多重免疫标记有多种方法，如直接法、间接法、双面双重标记法等。间接法必须在第一种抗原被标记完成后用甲醛蒸气阻断可能存在的游离第一抗体结合位点，阻断的时间必须控制好，时间太短会造成交叉免疫反应，太长则会影响后一种抗原的标记率。双面双标记法在操作时必须非常小心，不能弄混染色面，且不能将抗体沾到另一面，否则会影响结果的准确性。标记时一般选用不带支持膜的 400～700 目镍网，先用第一种抗体和尺寸较大的胶体金探针在载网 A 面进行标记，然后用第二种抗体和尺寸略小的胶体金探针在 B 面进行标记，镍网 A 面的超薄切片不受网格遮挡，镍网 B 面的超薄切片部分区域被网格遮挡（图 4-9）。

4）控制包埋后胶体金标记非特异性染色的要点

（1）选用效价高的第一抗体，标记时可适当增加抗体的稀释度，这样就可降低非特异性背景染色而又不会影响标记阳性率。

（2）阻断剂的应用：有多种阻断剂可供选择，一般用 2%～10% BSA 或 5%正常羊血清，有的实验室选用 5%脱脂奶粉，孵育时间 15～30min。

（3）胶体金大小的选择：一般来说，直径小的胶体金非特异性背景染色相应较高，若是单一标记，建议使用 10nm 左右的胶体金。

（4）包埋剂的选择：丙烯酸树脂包埋的组织较环氧树脂包埋的组织非特异性染色反应少。

（5）整个标记过程可在培养皿中进行，并置于摇床中轻轻振荡，以确保洗涤彻底，并使得试剂与切片充分接触。漂洗切片时先冲洗然后浸洗，注意在标记过程中不能使切片干掉，否则会招致难以洗涤的非特异性染色。

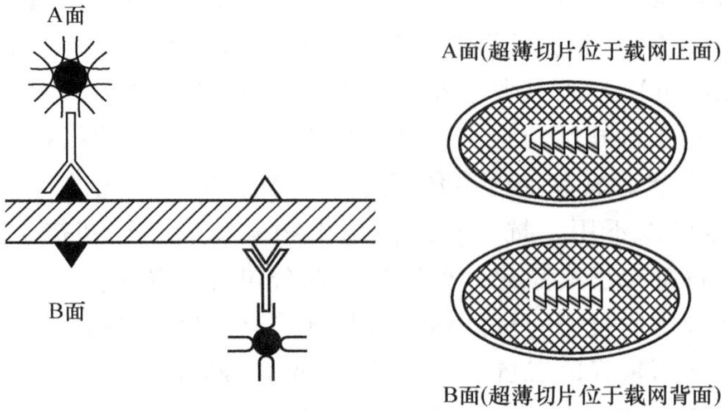

图 4-9　双面双标记法原理。用第一种抗体和大颗粒胶体金探针在载网 A 面标记，然后用第二种抗体和小颗粒胶体金探针在 B 面标记

(6) 免疫电镜一般都是采用手工操作进行标记和染色（图 4-10）。近年德国莱卡公司推出了自动化的免疫金标仪（图 4-11），可以一次性对 24 个镍网进行免疫标记，所有漂洗、标记、染色过程都可以设定程序自动进行，可以最大限度地减少非特异性吸附和污染，使用非常方便。

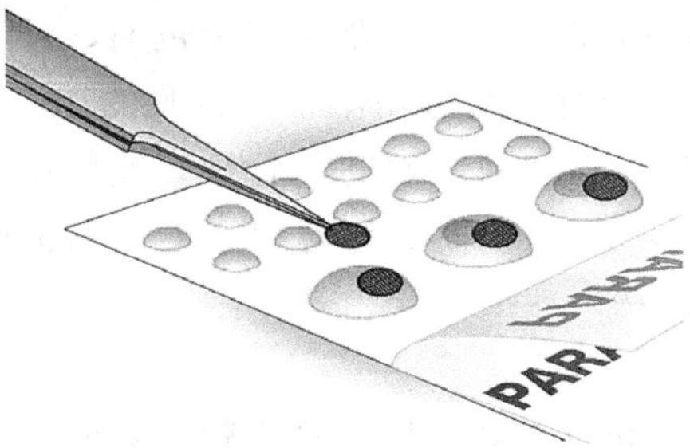

图 4-10　手工操作免疫标记技术

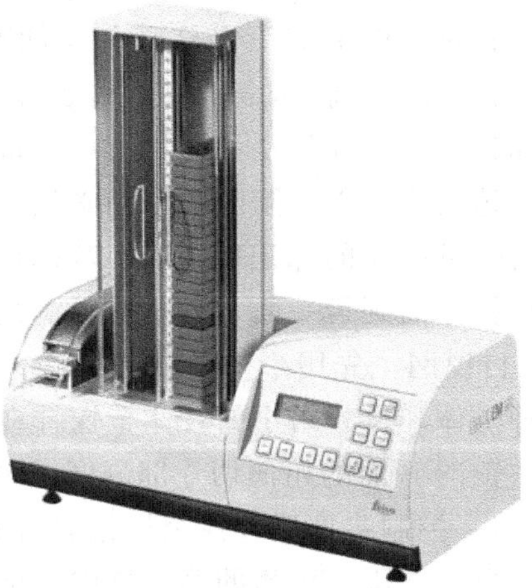

图 4-11　Leica EM IGL 免疫金标仪

3. 冷冻超薄切片免疫电镜技术

在包埋前免疫标记中要用化学或物理的方法增加膜的通透性，在包埋后免疫标记中又需经化学试剂脱水、包埋剂渗透聚合后再进行免疫标记，这样处理都可能对蛋白质的抗原性带来损害。采用冷冻超薄切片免疫标记技术可以避免这些缺点，显示上述方法所不能显示的抗原。冷冻超薄切片是用冰冻的、经过轻微固定但未经包埋的组织切成的，该方法的顺序是化学固定、蔗糖浸泡、切片、切片收集、免疫标记和电子染色。其具体制备的步骤在其他章节已有叙述，这里仅就冷冻超薄切片的免疫标记方法作一介绍。

1）单标记

最先进行的“阻断”或“封闭”步骤是为了减弱非特异标记。一般来说，在冷冻切片中降低非特异性标记比树脂切片中容易，各种不同的蛋白质（如牛血清白蛋白）或明胶都可以用于这个目的。最近，1%～5%的小牛或山羊血清以及鱼皮明胶也被广泛应用。下面的免疫标记过程中使用的是 0.5%BSA。所有免疫标记和电子染色步骤均在石蜡封口膜上进行。

（1）将载网浮在 0.5～1ml 含 0.01mol/L 甘氨酸和 0.5%BSA 的 PBS 溶液（简称 PBS-BSA）中 5～10min。

（2）将 5～10μl 含有第一抗体的 PBS-BSA 溶液滴放在蜡膜上，用镊子把每个载网从 PBS-BSA 溶液移到抗体溶液上，反应 10～30min。

（3）用镊子将每个载网夹到少量的 PBS 液滴上清洗至少 1min。放置三个较大的液滴，用金属丝环将载网移至较大的液滴上，每隔 3min 或更长时间将载网换液滴。如果研究对象是膜结构，则用 PBS-BSA 来代替 PBS。

（4）重复步骤（1）～（3），用 3～20nm 胶体金颗粒的第二抗体或蛋白 A 进行第二步免疫标记。

（5）用 1%的戊二醛将载网上的切片固定 10min，以加强结构的完整性和抗体与切片的交联。

（6）将网在水中清洗 4 次，每次 2min，以备电子染色。

2）平行双标记

从本质上说，平行双标记是平行地进行两个单标记，同时标记两个抗原。

（1）将由两种不同动物对两个抗原产生的两个抗体混合（如兔抗 X 抗体和豚鼠抗 Y 抗体）。按照前面所述对该混合液进行第一步标记。

（2）交叉吸收两种动物 IgG 的抗体。

（3）将这些有标记的抗体混合，然后平行地对这两个第一抗体进行第二步标记。

3）GA 阻断的系列多重标记

尽管上面描述的系列双标记在很多情况下效果很好，但在一些情况下，蛋白 A 与 IgG 的 Fc 和 Fab 区都发生反应，以及胶体金标记的蛋白 A 与抗体的解离，会显示错误标记。Slot 等（1991）利用 IgG 对戊二醛敏感而某些抗原不敏感这一优点克服了这个困难。在完成第一个单标记后，用戊二醛固定切片，这样抗体 1 和蛋白 A 都不再与下一阶段的抗体 2 或蛋白 A 发生反应。重复此流程，即抗体→蛋白 A：胶体金→戊二醛固定→淬灭残余的戊二醛，这样就能成功地进行非常好的三重标记。在这个流程中，对戊二醛敏感和不敏感的抗原进行标记时，敏感的抗原首先标记。现在，系列双标记和系列多重标记是唯一对来源于同一种动物的抗体进行双标记的可行的方法。如果抗原对戊二醛敏感但对甲醛不敏感，可以用甲醛代替戊二醛。

4.7　电镜原位杂交技术

原位核酸分子杂交（简称原位杂交）技术是利用已知序列的 DNA 或 RNA 片段为

探针，按碱基配对的原则去识别与之互补的靶 DNA 或 RNA，形成 DNA～DNA（如 Southern 杂交）或 RNA～RNA（如 Northern 杂交）的杂交。自 Gall 和 Pardue 建立了原位杂交技术以来，这一技术为基因的定位和表达、基因进化、发育生物学、肿瘤学、微生物学、病毒学和遗传分析等领域提供了极其宝贵的资料，发挥了其他技术难以取代的作用。在原位杂交技术建立后不久，人们就试图将它与电镜技术相结合。Jacoob 和 Gueskens（1971）首先用^{3}H标记的核酸 RNA 探针与 DNA 杂交在电镜水平显示获得成功，之后不少人在这方面做了大量工作，但所应用的均是同位素标记核酸探针。

直到 1986 年 Binder 等首先用生物素标记的探针，采用 Lowicryl K4M 低温包埋后进行原位分子杂交，才使杂交的效率和超微结构的保存有了显著改进及提高。Webster 等（1986）应用生物素标记探针显示了细胞内 mRNA 的分布。Singer 等（1989）成功地用双标记原位杂交技术检测抽提细胞内与骨架结合的 mRNA，同时显示了该 mRNA 所表达的蛋白质。Fischer 等（1991）利用地高辛标记 rRNA 探针在 Lowicryl K4M 包埋的切片进行杂交，然后以抗地高辛抗体结合胶体金颗粒进行显示，以银显示法加强获得满意的定位。电镜水平的原位分子杂交技术目前在国内外还处在不断提高和改进完善的阶段（图 4-12，图 4-13）。

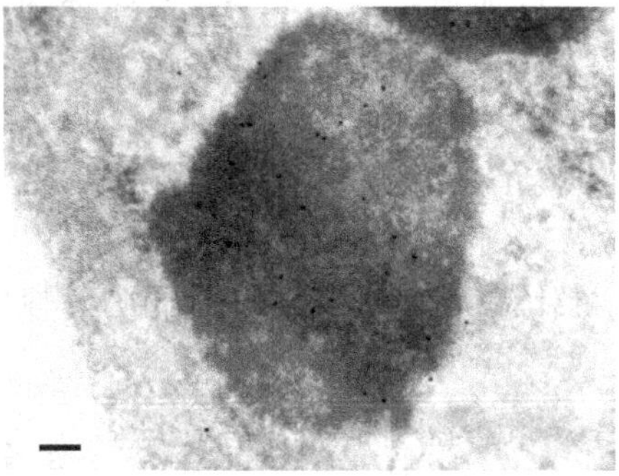

图 4-12　家蚕质型多角体病毒核酸的电镜原位杂交（地高辛标记探针/胶体金免疫检测）（标尺＝100nm）

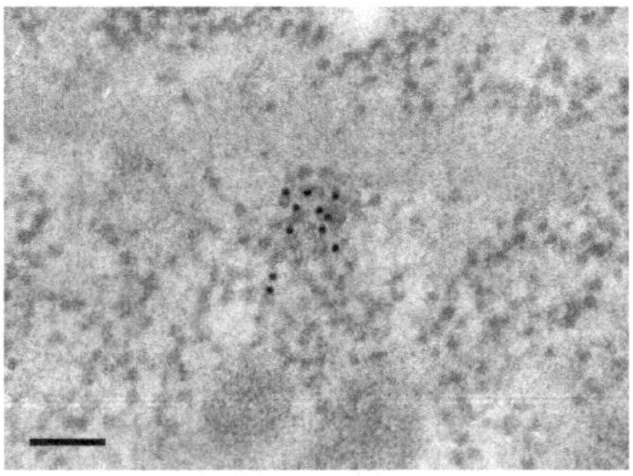

图 4-13　家蚕质型多角体病毒核酸的电镜杂交（局部放大）（标尺＝100nm）

4.7.1　同位素标记 cRNA 探针电镜原位杂交

染色体制备片的同位素标记 cRNA 探针电镜原位杂交技术（Hutchison et al., 1982）步骤如下。

（1）将染色体铺片放置于金网上，用 70％乙醇蒸汽固定 4～15h，空气干燥。

（2）以强碱使 DNA 变性。将金网置于 2×SSC 内（用 0.1mol/L NaOH 调整至 pH12），室温放置 2min。

（3）脱水。以 70％和 95％乙醇各冲洗 3 次，空气干燥。

（4）杂交。金网覆于平面玻璃皿内的杂交液滴上，每滴为 10～15μl，将此平面玻璃皿置于杂交缓冲的大塑料盒内，保持湿润，在 60～65℃孵育 4～24h。杂交液配制：6×

SSC 或 6×TNS（1×TNS ＝0.1mol/L NaCl，0.01mol/L Tris，pH6.8，含 30 000～50 000cpmH cRNA/10μl）。

（5）杂交后冲洗。金网自杂交液中取出后立即用大量的 2×SSC 冲洗多次。RNA 酶溶液（20μg/ml）室温冲洗，然后再用 2×SSC 室温冲洗，冲洗后梯度乙醇脱水（70%、95%），空气干燥。

（6）浸入乳胶膜。应用 L-4 核乳胶液，水稀释 4 倍。浸膜后的金网用胶带固定在载玻片上，放在密封的黑色塑料暗盒内，4℃放置。时间根据同位素种类和靶 mRNA 含量确定，也可选择不同时间曝光，根据显影强弱确定最终显影的时间。

（7）显影。暗盒自冷房或冰箱中取出后，在室温中回暖至少 30min，以防核乳胶膜皱缩，然后在显影液（Kodax Microdol X）中显影 3～5min，温度 18～24℃。水冲后，在 15% Kodax 快速定影液中定影 5min，然后在空气中干燥。所有溶液应尽可能新鲜配制。

（8）电镜观察。

4.7.2 生物素标记 DNA 探针电镜原位杂交

1. 基本原理

应用 DNA 探针缺口翻译方法，通过碱基配对以一条 DNA 链为模板，将生物素标记的某一种脱氧三磷酸核苷酸（如 Bio-dUTP）掺入有缺口的 DNA 链。将生物素标记的 DNA 探针与细胞组织进行原位杂交。显示方法有两种：一种是用 HRP 显示，类似免疫电镜技术中采取的包埋前标记，在显色完毕后，取反应阳性部位按常规电镜制样程序进行四氧化锇后固定、脱水、包埋、切片和观察。此法的 HRP 免疫反应产物具有高电子密度，体积大小不一，加之非特异性反应产物常掩盖微细结构，不易达到准确定位。现在比较广泛应用的是生物素-蛋白 A 胶体金标记技术，进行电镜定位。其基本原理是采用生物素标记探针与细胞组织进行原位杂交后，利用抗生物素抗体-结合蛋白 A-金标记杂交体的超微结构定位，类似免疫电镜中的包埋后标记。有报道用环氧树脂包埋获得成功的，但大多数采用低温亲水性包埋剂 Lowicryl K4M 或 LR White。

2. 生物素标记 DNA 探针-PA-胶体金电镜杂交技术（Binder et al.，1986）

（1）固定。用磷酸缓冲液（pH7.4）配制的 4%多聚甲醛＋0.1%戊二醛进行固定，固定时间 15min 至 1h；然后放入 Ringer 液或 PBS，在 4℃含 7%蔗糖的 0.15mol/L 磷酸缓冲液中储存过夜。

（2）脱水。次日用 0.15mol/L 磷酸缓冲液（pH7.4）冲洗 30min，然后进行脱水和渗透。

65%乙二醇，0℃，60min；80%乙醇，－35℃，120min；100% K4M∶80%乙醇＝1∶1，－35℃，120min；100% K4M∶80%乙醇＝2∶1，－35℃，60min；100% K4M，－35℃，过夜。

(3) 包埋。组织块包埋于盛有 K4M 的胶囊中，在−35℃紫外线（波长 360nm）下照射聚合 24～8h。取出后置室温，用紫外线灯继续照射 24h。包埋块短期可保存于室温，长期保存宜置于−70℃冰箱中，可保存近 1 年。

(4) 切片。超薄切片 50～60nm，捞于有膜的镍网上。

(5) 组织前处理和预杂交。用含 0.2mol/L Tris 缓冲液的 0.1mol/L 甘氨酸（pH7.4）冲洗 15min，以除去醛类固定剂对杂交和检测的影响，然后以 2×SSC 冲洗 15min，再用变性液（70%去离子甲酰胺，2×SSC）在 65℃处理样品 5～10min。变性后的样品在预杂交液（50%去离子甲酰胺，0.5mol/L NaCl，10mmol/L Tris，1mmol/L EDTA，pH7.5）中 37℃预处理 15min。

(6) 杂交。镍网有切片面覆盖于杂交液滴（约 20ml）上，置湿盒内 37℃反应1～2h。如为 DNA 探针，须在沸水中先煮 2～3min，使之变性，然后迅速移至冰浴。整个杂交过程须注意防止镍网上的杂交液干掉。

(7) 杂交后漂洗：含 50%甲酰胺的 2×SSC 液，37℃洗 30min；含 50%甲酰胺的 1×SSC 液，室温洗 30min；无甲酰胺的 1×SSC 液，室温洗 20min；样品置 1×SSC 液，4℃过夜；0.01mol/L PBS（pH7.2），室温洗 10min；4% BSA，封闭 15min。

(8) 羊抗生物素 IgG 抗体 1∶100（稀释用 PBS 液：2% NaCl，0.05% KCl，0.05% KH_2PO_4，0.278% Na_2HPO_4，另加 300mmol/L NaCl，0.5% Triton X-100）室温反应 2h。

(9) 用含 0.1% BSA 的 PBS 液洗 3 次，每次 30min。

(10) 兔抗羊 IgG 的 IgG 10nm 胶体金（Sigma）1∶100（稀释用 1% BSA 缓冲液：20mmol/L Tris-HCl，pH8.2，0.9% NaCl，0.02mol/L 叠氮钠，0.5% Triton X-100），室温反应 1h。

(11) 用 1%BSA 缓冲液洗 3 次，每次 30min，PBS 洗 15min，蒸馏水洗 5min，空气干燥。

(12) 乙酸双氧铀染色 20min，柠檬酸铅染色 15min，空气干燥后电镜观察。

上述方法的优点是可迅速获得信号检测，形态结构保存较好，与放射性同位素原位分子电镜杂交技术的信噪比相近，胶体金颗粒电子密度高，明显区别于非特异性染色与污染，能达到较为满意的超微结构定位。但也存在技术难点，如实验周期长、漂洗过程易导致镍网切片破裂、杂交时间需要很好地掌握。Binder 等证明杂交 1h 即可出现特异性，5h 之内不断增加。Lawrence 和 Singer（1985）实验也表明杂交后 3～4h 杂交特异性就可达到最大值。Binder 认为生物素-PA-胶体金电镜杂交技术所需理想杂交时间为 1～2h。应用含甲酰胺的缓冲液漂洗易导致金粒聚集的非特异性背景，因此建议用 PBS 缓冲液漂洗代替含甲酰胺的盐液，可避免或减少这种非特异性染色。虽然亲水性包埋剂由于亲水性强，切片易于破裂，但 PA-胶体金电镜杂交技术在 K4M 切片上进行载网杂交的结果及形态保存是较理想的。

4.7.3　地高辛标记 rRNA 探针电镜原位杂交

1. 基本原理

在地高辛标记核酸探针广泛用于光镜原位杂交后，人们又将其应用于电镜水平的原位杂交。其基本原理与生物素标记核酸探针-PA-胶体金电镜杂交技术相似，首先利用地高辛修饰核酸探针，与细胞组织进行杂交，再用抗地高辛抗血清相连胶体金与之结合，进行细胞组织特异核苷酸的超微结构定位。为增强金的显示效应，可用银加强法增强金粒的显示效应。

2. 操作方法（Fischerd et al.，1992）

（1）组织处理。①固定：固定剂采用 4%多聚甲醛＋0.5%戊二醛，保存在 4℃。取大鼠肝脏放入冷的 4%多聚甲醛中，切成 $1mm^3$ 左右的小块。修整好的组织块移入 4%多聚甲醛＋0.5%戊二醛，固定 2h。②PBS（4℃）漂洗 3～5min。③梯度脱水：见表 4-5。④渗透：见表 4-6。渗透过程在低温（－20℃）下进行，最好设有恒低温的冷柜。⑤包埋：先将胶囊冷却，滴入几滴 K4M，然后在每个胶囊内放入一个组织块，以 K4M 充满胶囊，在室温放置 30min，使气泡逸出。置于－40～0℃，用 360nm 波长紫外线照射 5 天，然后移至室温使温度回升，胶囊变硬。⑥切片：修块后进行切片，由于 K4M 是亲水性的，在切片过程中注意组织块表面一定不要让水浸湿，用 200 目覆膜镍网捞取切片，空气干燥备用杂交。

表 4-5　原位杂交组织处理脱水流程

脱水时间	乙醇浓度	温度
2×15min	30%	4℃
30min	30%	4℃
30min	50%	－20℃
2×30min	70%、90%、96%、100%	－20℃

表 4-6　原位杂交包埋渗透流程

渗透时间	渗透液	K4M 配方
1h	100%乙醇：K4M(1：1,V/V)	交联剂 A(2g)
2×1h	K4M	单体 B(13g)
过夜	K4M	引发剂(0.075g)
2×3h	K4M	混匀 A 和 B 后再加 C 搅匀

（2）探针准备：rRNA 探针以 Dig-UTP 标记，注意探针不宜过长，否则影响对组织的穿透性。

（3）杂交：杂交过程在湿盒内进行，将杂交液滴于蜡膜上，将镍网载有切片面覆于液滴上，在 65℃杂交至少 3h。杂交液含：5×SSC，0.1mg/ml tRNA，Dig-UT 反义探针 10ng/μl（用 1×SSC 配，含 150mmol/L NaCl、15mmol/L 乙酸钠）。

（4）杂交后漂洗：在室温用 2×SSC 漂洗 3 次，每次 5min，然后用 PBST（PBS，0.1% Tween）漂洗 2 次，每次 10min。

（5）显示：①以含 1% BSA 的 PBST 封闭孵育 15min。②用抗地高辛抗体结合直径 10nm 的金粒，以含 1% BSA 的 PBST 稀释为 1∶30，室温反应 1h。③以 PBST 漂洗 3 次，每次 5min。④以带笔尖嘴软塑料壶冲洗 6 次，每次 15min。⑤以银增强法在暗室中于显影液：促进液＝1∶1 中，反应 4～20min。⑥以带笔尖嘴软塑料壶冲洗 6 次，每次 15min。⑦用 2%乙酸铀染色 4min，柠檬酸铅染色 1min，漂洗后空气干燥。⑧电镜观察。

4.7.4 电镜原位杂交技术的注意事项

（1）固定：新鲜标本要及时固定，为了保持组织中的 RNA 不被降解，并保存良好的亚细胞结构，电镜原位杂交多采用多聚甲醛-戊二醛混合固定液。四氧化锇是电镜样品常用固定剂，它有利于膜性结构的保存，却不利于组织细胞内 RNA 的保存，可在杂交完成后应用。通常在包埋前原位杂交时使用。

（2）杂交前处理：在杂交前为了使探针和胶体金容易进入细胞，一般认为在杂交前使用蛋白酶 K 或去垢剂处理可增加探针对靶核酸的通透性，提高杂交效率。但蛋白酶 K 易造成 RNA 的降解和丢失，电镜超薄切片原位杂交中应尽量避免用蛋白酶 K 和 Triton X-100 处理，必要时可采用低浓度的蛋白酶 K 和 Triton X-100 作杂交前处理。

（3）变性及杂交反应：电镜原位杂交与光镜原位杂交的反应条件基本相同，但二者在变性、杂交反应温度上略有不同，其后续的处理程序也不尽相同。例如，光镜杂交变性一般在 90℃以上处理 10min，骤冷复性后组织在 42℃杂交反应液中经过长达 24～48h 孵育完成。而电镜杂交变性温度一般控制在 70℃左右，杂交反应一般在 37℃10～20h。如变性温度过高，孵育时间过长，亚细胞结构将受到一定程度的破坏；温度过低达不到变性的效果，影响核酸探针杂交信号的显现。为了获得良好的亚细胞结构，又要保证杂交的灵敏度，需要在实际操作中探索。

（4）杂交结果的显示：电镜原位杂交的示踪系统必须具有电子致密性，才能在电镜下观察结果。非放射性标记探针电镜原位杂交的杂交体大多用免疫细胞化学技术检测。各种电镜免疫细胞化学技术如免疫酶、胶体金等都可用于电镜原位杂交。胶体金技术的发展不但为免疫电镜，而且也为电镜原位杂交提供了很好的示踪物。由于胶体金电子密度高，形态规则，金颗粒直径可以人为控制（5～150nm），且制备容易，安全无毒性，因此，金标蛋白 A、金标羊抗兔 IgG 和金标链霉亲和素等胶体金试剂已被广泛用于电镜原位杂交技术。

（5）低温包埋剂的使用：用低温包埋剂包埋的组织细胞进行原位杂交，可以提高原位杂交的成功率。

第 5 章　生物样品的高分辨电子显微技术

张景强

高分辨电子显微技术通常指像的分辨率在 1nm 以下的电子显微技术，一般都是使用相位反差成像的。这种技术最早出现在 20 世纪，日本人 Uyeda（1970，1972）和美国亚利桑那州立大学电镜室的 Lijima（1971）相继拍出称之为“结构像”的照片，其分辨率达到原子分辨率的水平。目前在材料学科，高分辨电子显微技术无论在成像理论还是实验技术上都已相当成熟了；然而在生命科学，由于生物材料的特殊性使其仍大为落后。但近原子分辨率的电子显微技术对生物大分子及其复合物的结构和功能的研究非常重要，从而推动生物样品的高分辨电子显微技术获得迅速发展，在 21 世纪将产生一批重要成果，尤其对病毒结构与功能的研究更为突出。

要了解生物样品的高分辨电子显微技术，就必须对电镜的原理和性能有所了解。

5.1　电子显微镜的发明

人的眼睛能够辨认的最小细节为 0.1～0.2mm。例如，两个很接近的小点，当其中心距离 $\delta>0.1$mm 时，肉眼能辨认出这两个点来；但当 $\delta<0.1$mm 时，肉眼就不能分清了。肉眼能分辨清楚的最小的两点中心距离称为肉眼的分辨本领，即 $\delta=0.1$mm，它表示了人的眼睛能分辨细节的能力。如果想观察更微小的细节，则必须将其放大到 0.1～0.2mm，光学显微镜（以下称“光镜”）实际上就是一个能够把欲观察的细节放大的仪器。由于光镜的放大倍数是无限制的，所以能随意增大。按理来说，无论多小的细节，只要选择一个足够大的放大倍数，使放大的像超过 0.1～0.2mm，就能够为肉眼所观察到。可实际并非如此，光的波动性给光镜规定了一个分辨本领的限制，对于小于这个限制的细节，虽然可以无限制地被放大，但却只能得到模糊不清的像，该细节仍然无法分辨。因此，光学透镜的分辨本领 δ 也是有限的，它由阿贝（Abbe）公式决定：

$$\delta=\frac{0.61\lambda}{n\sin\alpha} \tag{5-1}$$

式中，λ 为光波在真空中的波长；α 为孔径角的一半；n 为透镜和物体间介质的折射率。

$n\sin\alpha$ 被称为物镜的数值孔径 N. A.，目前，玻璃透镜的数值孔径在技术上最大可达 1.5，那么根据式（5-1），玻璃透镜的分辨本领约为 $\delta\approx0.4\lambda$。可见，由于衍射效应的限制，显微镜的分辨本领最高达到照明波长的 0.4 倍左右。因此，光学显微镜看不到大多数的病毒和细胞器。

为了提高显微镜的分辨本领，就需要寻找波长更短的光波作用照明。开始使用紫外线(其波长约为 280nm)，但其分辨本领只有很小提高。X 射线的波长虽可达 1Å（$1Å=10^{-10}$m），但还未找到能使 X 射线产生有意义折射的物质，以至无法制作成能放大成像的 X 射线透镜，于是也无法制造 X 射线显微镜。可见要获得高分辨率的显微镜，除需要有波长很短的照明外，还需要有能使这照明束汇聚放大的透镜。有两个发现促进了电镜的出现。1924 年法国学者德·布罗依（De Broglie）等创立了波动力学，提出了物质波的概念，指出高速运动的粒子不仅具有粒子性，而且具有波动性。这个假设不久就为电子衍射实验所证实。衍射是波动的特性，高速运动的电子能发生衍射，证明它是一种波。它具有波动所具有的共同特征——波长、频率、振幅、相位等，并且服从于波动的规律。电子衍射实验表明，电子波的波长极短，与它的质量和速度有关：

$$\lambda = \frac{h}{mv} \tag{5-2}$$

式中，$h=6.62\times10^{-34}$J/s，称为普朗克常数；m 为运动电子的质量；v 为电子的运动速度。

如果电子是在一个电压为 V 的电场中被加速的话，考虑到因高速运动电子的相对论效应而进行的质量校正，则有

$$\lambda = \frac{12.25\text{Å}}{\sqrt{(1+0.979\times10^{-6})/V}} \tag{5-3}$$

可见，电子的波长随着加速电压的增加而减少。取普通生物电镜的加速电压 $V=$ 100kV，由式（5-3），电子波长 $\lambda=0.037$Å，当用电子波作为显微镜的照明光源时，由阿贝公式（5-1），其分辨本领可达 0.02Å，比光镜的分辨本领高了 10 万倍。这就解决了波长极短的照明波的问题。

接着，布赫（H. Busch）发表了关于运动电子在轴对称磁场中运动轨迹的实验结

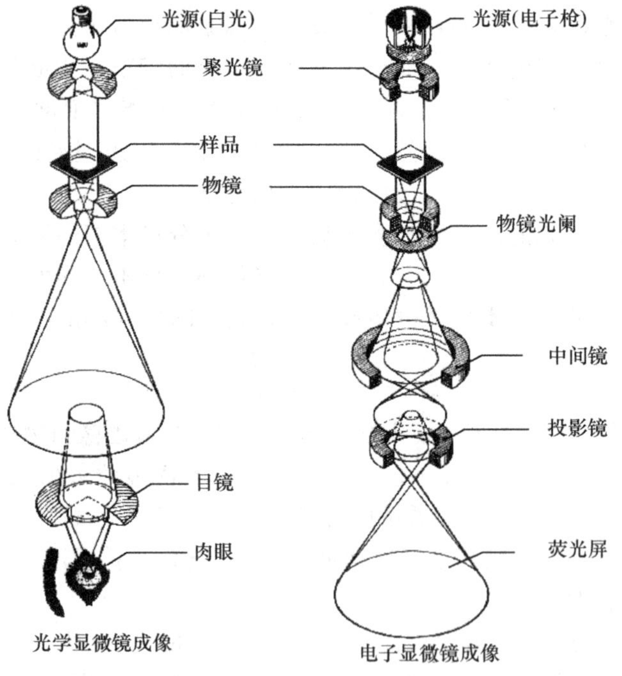

图 5-1　光学显微镜和透射电子显微镜的比较

果，表明轴对称磁场可汇聚电子束，并表明这种电子光学系统服从于几何光学定律。这样就解决了会聚成像的透镜问题。

在这个基础上，卢斯卡（E. Ruska）等根据电子光学和光学的相似性，研制出世界上第一台电子显微镜。其结构及名称基本引自光学显微镜，图 5-1 为光学显微镜与电子显微镜的结构比较。半个世纪以来，电镜在生物学、医学、材料和其他学科中广泛应用，给予科学发展以巨大的推动。为奖励其发明者，E. Ruska 教授获得 1986 年诺贝尔物理学奖。目前普通生物电子显微镜的分辨本领可达 0.1～0.2nm。

5.2　磁透镜的光学性质

电镜实质上是电磁透镜的组合。电磁透镜是电镜的核心部件，它有两种：静电透镜和磁透镜。静电透镜虽有其优点，但强的静电透镜需要很强的静电场，往往会在镜体内引起电击穿和弧光放电。所以静电透镜不能做成焦距很短的强透镜，而只有强透镜才能很好地矫正像差。因此，在电镜中除在电子枪中使用静电透镜形成电子束外，一般不使用静电透镜而使用磁透镜。为此，下面简单介绍磁透镜的一些光学性质。

5.2.1　磁透镜的聚焦原理

能够产生轴对称磁场的通以直流电的线圈或永磁铁就是磁透镜。磁场作用范围比焦距小得多的轴对称场叫做短磁透镜，如短线圈产生的磁场就是这种透镜。为简单起见，只讨论短磁透镜。在磁场中，以速度 $\boldsymbol{v}$ 运动的电子受到的作用力为

$$\boldsymbol{F}_{\mathrm{m}} = -e[\boldsymbol{v} \times \boldsymbol{H}] \tag{5-4}$$

式中，$\boldsymbol{F}_{\mathrm{m}}$ 为洛伦兹力；e 为电子电荷；$\boldsymbol{H}$ 为磁场强度。

从式（5-4）可见，磁场作用在运动电子的力 $\boldsymbol{F}_{\mathrm{m}}$ 既垂直于速度矢量 $\boldsymbol{v}$，也垂直于磁场强度矢量 $\boldsymbol{H}$。如果 $\boldsymbol{v}$ 与 $\boldsymbol{H}$ 之间的夹角为 α 时，则 $\boldsymbol{F}_{\mathrm{m}}$ 的数值上为

$$F_{\mathrm{m}} = evH\sin\alpha \tag{5-5}$$

可见，磁场对运动电子的作用力的大小与电子运动速度和运动方向上的磁场强度的乘积成正比。当 $\boldsymbol{v}=0$ 时，磁场对电子没有作用；当 $\boldsymbol{v}$ 的方向与 $\boldsymbol{H}$ 重合时，即 $\alpha=0$，磁场对电子也没有作用；当 $\boldsymbol{v}$ 与 $\boldsymbol{H}$ 之间的夹角 $\alpha=\pi/2$ 时，磁场对电子的作用力达到极大值：$F_{\mathrm{m,max}}=evH$。由于磁场对运动电子的作用力总是垂直于电子运动方向，很明显，这个力不会改变电子运动速度的大小，只改变它运动的方向。

图 5-2 所示是磁透镜磁场分布和电子运动轨迹示意图。磁力线上每一点的切线方向代表了这点的磁场强度 $\boldsymbol{H}$ 的方向。z 为对称轴，因为是轴对称的，所以可用任一通过 z 轴的平面来讨论，而且可以把每一点的磁场强度分为轴向分量 $\boldsymbol{H}_z$ 和径向分量 $\boldsymbol{H}_r$。设有运动方向平行于 z 轴、速度为 $\boldsymbol{v}$ 的电子束，在进入磁场作用区前是作直线运动的。在进入磁场后受到磁场作用，使电子束产生两种运动——旋转和折射。

旋转：由于电子束运动方向平行于 z 轴，与轴向分量 $\boldsymbol{H}_z$ 夹角为零，故轴向分量 $\boldsymbol{H}_z$ 对电子束无作用。而径向分量 $\boldsymbol{H}_r$，正好与 $\boldsymbol{v}$ 的夹角为 90°，由式（5-4），$\boldsymbol{F}_{\mathrm{m}}$ 垂直于 $\boldsymbol{v}$

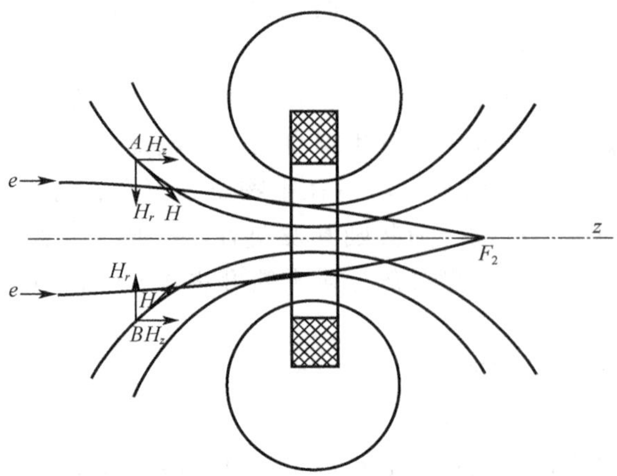

图 5-2　磁透镜的磁力线分布和会聚作用示意图

和 $\boldsymbol{H}_r$，即垂直于纸面作用在电子束上。如果 A、B 点上各有一个电子，A 和 B 对称于 z 轴，则 A、B 两点上磁场的径向分量 $\boldsymbol{H}_r$，是方向相反、大小相等的。因而磁场作用在 A、B 点上电子的力是大小相等、方向相反，一个垂直于纸面向上，一个垂直于纸面向下。这样磁场作用使电子以某速度绕 z 轴作用圆周运动，从而使整个电子束绕 z 轴作旋转运动。

折射：折射是因旋转而产生的。因为旋转速度 $\boldsymbol{v}_q$ 垂直于 z 轴，与磁场轴向分量 $\boldsymbol{H}_z$ 垂直，轴向分量 $\boldsymbol{H}_z$ 对电子产生了一个作用力 $\boldsymbol{F}_r=-e(\boldsymbol{v}_q\times\boldsymbol{H}_z)$。这个力 $\boldsymbol{F}_r$ 垂直于 z 轴和 $\boldsymbol{v}_q$，而指向 z 轴，就是说 $\boldsymbol{F}_r$ 使电子折向 z 轴——使电子向轴汇聚。计算表明，会聚力 $\boldsymbol{F}_r$ 与电子到 z 轴的距离成正比，并且方向总是指向 z 轴的。这样会聚力 $\boldsymbol{F}_r$ 使电子束的所有电子都与 z 轴相交于 $\boldsymbol{F}_z$——焦点。

电子在磁场中的旋转与折射是各自进行的，因此，在讨论磁透镜的聚焦作用时，就可以暂不考虑电子的旋转。这样，电子在磁透镜的会聚作用与光通过玻璃凸透镜的聚焦作用相似了。正如玻璃凸透镜可用于放大成像一样，磁透镜也能用于放大成像，而且还可以借用几何光学的光线作图法与术语，如用焦点、焦距、物距、像距等概念来描述电子在磁透镜的运动轨迹。

在理想的情况下，电镜中的物镜、中间镜和投射镜可以应用几何光学中透镜成像作图法和成像公式：

$$\frac{1}{u}+\frac{1}{v}=\frac{1}{f} \tag{5-6}$$

式中，u 为物距；v 为像距；f 为焦距。

经过理论计算和实验证明，短磁透镜的焦距和旋转角公式如下：

$$f=\frac{1}{\dfrac{e}{8\mathrm{mV}}\displaystyle\int_{-\infty}^{+\infty}\boldsymbol{H}_z^2\,\mathrm{d}Z}=\frac{1}{\dfrac{0.022}{V}\displaystyle\int_{-\infty}^{+\infty}\boldsymbol{H}_z^2\,\mathrm{d}Z} \tag{5-7}$$

$$\theta=\left(\frac{e}{8\mathrm{mV}}\right)^{1/2}\int_{-\infty}^{+\infty}\boldsymbol{H}_z\,\mathrm{d}Z=\frac{0.15}{\sqrt{V}}\int_{-\infty}^{+\infty}\boldsymbol{H}_z\,\mathrm{d}Z \tag{5-8}$$

式中，e 为电子电荷；m 为电子质量；V 为电子加速电压；$\boldsymbol{H}_z$ 为透镜轴向磁场强度分量。

综合上述讨论，可得以下结论。

（1）不论磁场方向（亦即线圈中电流方向）如何，磁透镜总是使电子向 z 轴偏转，即磁透镜总是会聚透镜。

（2）磁场的轴向分量 $\boldsymbol{H}_z$ 越大，对电子的折射越大，则焦距 f 越短，并且 $1/f$ 与 $\boldsymbol{H}_z$ 的平方成正比，所以场强（或透镜电流）稍有变化，透镜焦距 f 就发生较大的变化。因此，我们可以借助于调节流过线圈的激励电流来改变场强，从而改变焦距。

5.2.2　磁透镜的像差

上述对磁透镜的讨论只适合于近轴电子束。和玻璃透镜相似，磁透镜如果不满足近轴的要求，就会产生像差。玻璃透镜经过几百年的改进，采用把正负透镜组合起来、使透镜组的像差由于各透镜的像差相互抵消而得到消除。在现代光镜中，由像差引起的分辨本领损失小于由衍射引起的分辨本领损失，故分辨本领只受衍射所限制。如果磁透镜也能有效地消除像差，那么电镜的分辨本领理论上可以达到 0.02Å。目前普通生物电镜的分辨本领约为 2Å，这是因为磁透镜在消除像差方面受到的限制。这里只有一种折射介质——磁场，并且只有正透镜。消除像差的最有效方法是减少孔径角，但这样做又会增加衍射的影响，而衍射也会造成分辨率的损失。目前电镜的分辨本领主要受衍射和像差的限制。磁透镜的像差可分为两类：几何像差——这主要是由于近轴条件不被满足而产生的，其中包括球差、畸变、像散等，另一类是色差——是由于电子光学折射介质的折射率随电子速度不同而变化所产生的。

1. 球差

球差是由于远轴电子通过透镜时，被折射的程度不同于近轴电子而造成的。一束平行电子束通过透镜后，远轴电子束会聚于 F_1 而近轴电子束会聚于 F_3（$F_3>F_1$），而其他的电子束会聚于 F_3 至 F_1 之间，射线不会聚在轴上某一点，而是展开在一定的轴向距离上，同样一个点光源的像也将展开在一定的轴向距离上。成像射线的包络称为“焦散曲线”，它在轴上某处 F_2 成一个最小直径的圆盘，称为“最小弥散圆”或“散焦盘”，而 F_2 则是透镜的实际焦点。散焦盘在物面上相对应的半径为：$R=C_s\alpha^3$，其中 C_s 为球差系数，α 为孔径角，则球差（径间球差）为

$$\delta_s = C_s\alpha^3 \tag{5-9}$$

由此可见，减少球差的最有效方法是缩小孔径角 α，因为 δ_s 正比于 α 的三次方，故电镜通常使用的孔径角很小，约为 10^{-3} rad。孔径角太小，像的亮度太弱，而且衍射影响增大。因此，所有电镜都受球差的影响，这是电镜分辨本领进一步提高的主要障碍。

球差系数 C_s 随焦距（透镜强度）变化而变化。焦距缩短则 C_s 迅速下降，在透镜很强时，C_s 数值很小而且接近一常数。因此，电镜中要求最高的的物镜，为了减少球差多采用 C_s 小的强透镜。

2. 畸变

磁透镜在远轴与近轴处折射率不同引起的另一种缺陷就是“畸变”。由于透镜实际上是以比中心射线更强或较弱的透镜来使边缘射线成像，所以，边缘射线的像平面与中心射线的像平面不同，放大倍数也不同。在磁透镜中，由于景深很大，所有的像都是清晰的，于是像的放大倍数随离轴距离而变化。一个正方形物体的像将不是正方形，而是“枕形”或“桶形”，称为“枕形”或“桶形”畸变，如图 5-3 所示。“桶形畸变”通常出现在磁透镜作为缩小透镜时；而枕形畸变出现在磁透镜作放大透镜时。此外，磁透镜会使电子束旋转，同样也会使电子束旋转角度随离轴距离而变化，这称为旋转畸变。

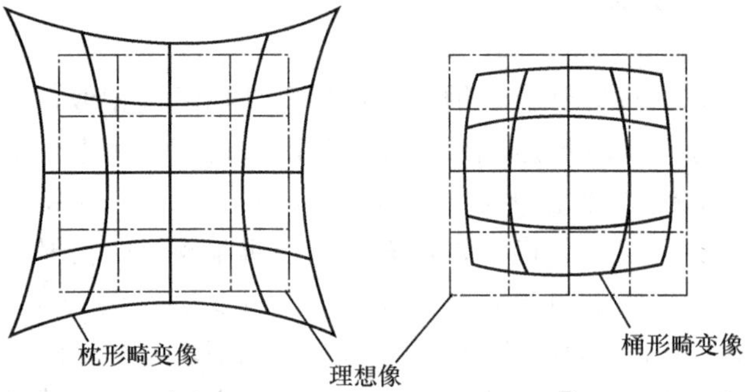

图 5-3　透镜产生的畸变示意图。A. 枕形畸变；B. 桶形畸变

畸变在电镜的最后的投射镜中特别重要，尤其在低倍放大时，在中间镜也是很重要的。因此，在低倍时获得一幅无畸变的像是电镜性能的一个重要指标。

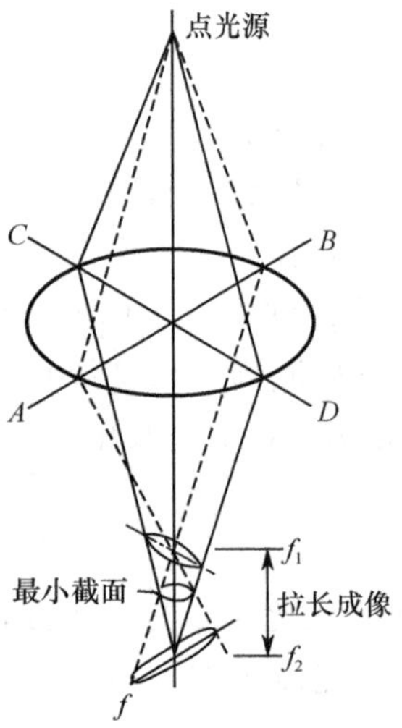

图 5-4　像散产生的示意图

3. 像散

在实际的磁透镜中，由于种种原因，磁场并非绝对轴对称的，一般呈椭圆形（傅里叶变换的二次项）。于是就造成磁透镜的焦距在一个方向与另一个方向不同，则电子分别聚焦在两个不同的平面上，如图 5-4 所示，AB 和 CD 连接光源形成两个相互垂直的平面。通过 AB 面的电子束会聚在 f_1，而通过 CD 面的电子束会聚在 f_2，$f_2 > f_1$。在 AB 方向正焦时，在 CD 方向是欠焦。反之，在 CD 方向是正焦时，在 AB 方向是过焦的。在 f_1 和 f_2 之间成像时，在 AB 方向总是过焦，在 CD 方向总是欠焦的。于是不论如何改变聚焦情况，总得不到一个完全聚焦的像，这种现象称为像散。由于像散的存在，点光源在某一位置 AB 方向的过焦量与 CD 方向的欠焦量正好相等，就形成一小圆斑（最小截面），像的分辨率就下降了。

当像散是由于磁透镜制造过程中存在小量轴不对称产生的，称为残余像散。如果是由于光栏或极靴被非导电体污染，当这些污物接受了电子而被充电后，就产生了一个静电场，它会使电子束偏转，从而使透镜产生像散，这称二次像散。像散对电镜的分辨本领影响最为严重，因此要设法清除。对于二次像散，除了用清洗方法除去污物，别无他法。对于残余像散，在电镜中通常用“消散器”来消除。它的原理是：在透镜的磁场中，利用消散器产生一个弱的柱面透镜（磁场），并调节它使之与需校正的像散大小相等而方向相反，于是就能抵消透镜的残余像散从而达到消像散的目的。

4. 色差

对于玻璃透镜，由于玻璃对不同颜色（波长）的光波折射系数不同，其焦距也不同，因此，当使用多色光来成像时，总有一些波长的光是失焦的，使像变模糊，此称色差。磁透镜的色差是指由于波长变化而引起的像差。在我们以前的讨论中都假设电子束中所有电子速度都是相同的，即电子波的波长是单一且恒定的，但实际情况并非这样，首先电子波的波长与加速电压有关，如式（5-3），电子的加速电压越高，电子速度越高，波长越短，则磁透镜对电子的作用就减少，从而使透镜的焦距越长。于是加速电压的变化会引起透镜焦距的变化，从而就产生了色差。此外，电镜激励电流的变化同样会引起焦距的变化，因此也会产生色差。虽然这并不是由于波长变化引起的，但其效果与电压变化产生的色差相同。所以，通常把两者作为色差产生的原因一起讨论。假定电子束中有两种速度（V_1 及 V_2）的电子，分别聚焦在 F_1 及 F_2，于是产生色差，色差的大小通常用焦距差 $\Delta f=f_1-f_2$ 表示。计算表明，在电压改变量为 ΔV 时，电流改变量为 ΔI 时为，焦距差的改变量为

$$\Delta f = C_c\left(\frac{\Delta V}{V}-\frac{2\Delta I}{I}\right) \tag{5-10}$$

式中，C_c 为色差系数。C_c 越小，在同样的电压和电流变化情况下色差越小。实验表明，越强的磁透镜，色差系数较小。

为了获得高分辨本领，这就要求稳定加速电压和激励电流以减少色差。故此，电镜中对加速电压和各透镜电流的稳定度要求很高，常达 10^{-6} 数量级。

色差产生的另一主要原因是电子与样品的相互作用。入射电子遭到样品的非弹性散射而损失能量，从而波长也发生变化而产生色差，损失的能量可高达 10～20V。样品越薄，非弹性散射的可能性越小，因此高分辨率的样品要求很薄。此外，电子由加热灯丝产生，热发射出来的电子具有不同的初始能量，这也产生色差。因此高分辨电镜采用场发射电子枪和电子束能量过滤装置，以减少色差。

5.2.3　磁透镜的分辨本领、景深和焦深

1. 分辨本领

电镜的实际分辨率受到电子束的相干性、光学系统的像差、合轴调整、样品的质量、漂移、污染等因素的影响，也取决电子源和各个透镜的质量，但最主要是取决于物镜的分辨本领。因为物镜承担了从物到第一级放大像的转换作用，此后的电子光学系统

（中间镜、投影镜）只是把物镜给出的第一级放大像再进行电子光学放大而已。因此，一方面由于物镜分辨本领的限制在第一级放大像中损失的细节，在以后的放大像中不可能重新获得，即终像的分辨本领不可能高于第一级放大像；另一方面，第一级放大像已把物的细节经过物镜放大，因此，即使中间镜和投影镜的质量稍逊，也能使第一级放大像的细节较好的放大成终像。物镜的分辨本领取决于衍射、球差、色差和像散。但对于色差和像散，技术上可减至较小的数值，因此物镜的分辨本领主要取决于衍射和球差。衍射对分辨本领的限制 δ_D 为

$$\delta_D = \frac{0.61\lambda}{\sin\alpha} \tag{5-11}$$

在孔径角 α 很小时，上式可简化为

$$\delta_D = \frac{0.61\lambda}{\alpha} \tag{5-12}$$

球差引起的分辨本领的损失 δ_s 为

$$\delta_s = C_s\alpha^3 \tag{5-13}$$

在两种效应的联合影响下，分辨本领的限制 δ 为

$$\delta = \sqrt{\delta_D^2 + \delta_s^2} = \sqrt{\left(\frac{0.61\lambda}{\alpha}\right)^2 + (C_s\alpha^3)^2} \tag{5-14}$$

可见，分辨本领 δ 是电子波长和物镜孔径角 α 的函数。当加速电压一定时，波长固定，分辨本领只与孔径角 α 有关。图 5-5 是 δ、δ_D、δ_s 随孔径角 α 变化的曲线。通过求式（5-14）的极值，可求得最佳孔径角 α_{opt}：

$$\alpha_{opt} = 1.41\left(\frac{\lambda}{C_s}\right)^{1/4} \tag{5-15}$$

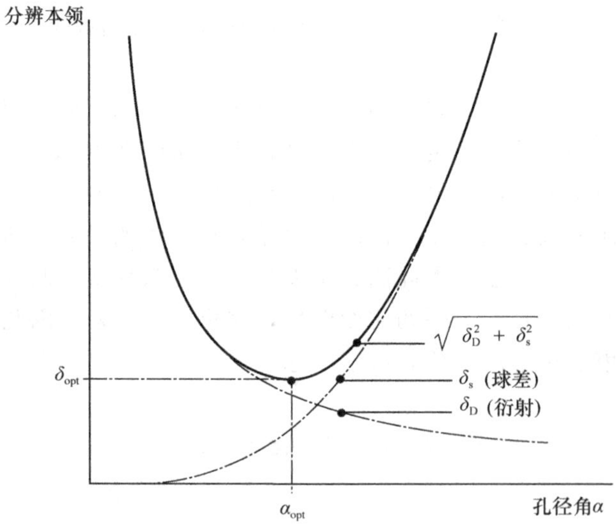

图 5-5　δ、δ_D、δ_s 随孔径角 α 变化的曲线

当孔径角为最佳值时，分辨本领最佳值 δ_{opt} 为

$$\delta_{\text{opt}} = 0.43C_s^{1/4}\lambda^{3/4} \tag{5-16}$$

当加速电压为 100kV 时，$\lambda=0.037\text{Å}$，若 $C_s=1\text{mm}$，则 $\alpha_{\text{opt}}=4\times10^{-3}\text{rad}$，分辨本领为 1～2Å。目前商品电镜已达到这个极限了。

2. 景深和焦深

磁透镜的一个特点就是景深和焦深都非常大。这是由于使用的孔径角很小，是小角度成像的结果。电镜的孔径角一般为 $10^{-2}\sim10^{-3}$ rad（光镜中，物镜孔径角常常大于 1rad）。景深是指在保持像的清晰度的条件下（即分辨率保持一定时），物面允许移动的范围；而焦深则是指在同样的条件下，像面允许移动的范围。

如图 5-6 所示，透镜把点 O 成像为 I，a 及 b 处半径等于要求的分辨本领 δ，因此，物无论放在 a 至 b 之间任何一个位置上，根据分辨本领的要求，像都是清晰的，这个距离 D_{fo} 就是景深。由于在透镜物方存在景深，在像方也必定存在一个等效的轴间距离：在 RP_1 和 RP_2 处，半径为 $M\delta$，M 为放大倍数，同样在 RP_1 和 RP_2 之间的距离 D_{fi} 内，无论像平面在哪里，像都是清晰的，这个距离 D_{fi} 就是焦深，景深和焦深是孔径角和分辨本领的函数。从图 5-6 中很容易确定景深：

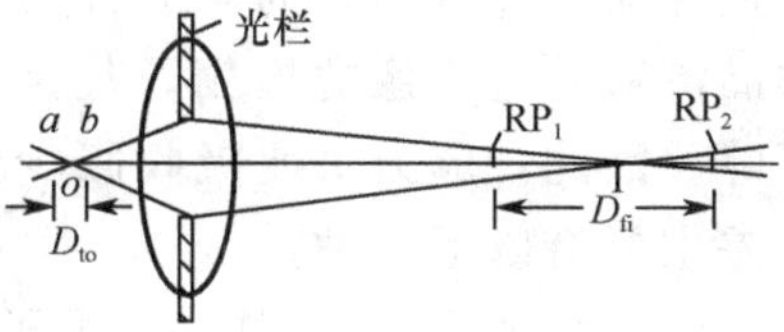

图 5-6　透镜的景深和焦深的示意图

$$D_{\text{fo}} = \delta/\sin\alpha \approx \delta/\alpha \tag{5-17}$$

同时，由于物方的孔径角为像方的孔径角的 M 倍，故焦深为

$$D_{\text{fi}} = M\delta\sin\frac{\alpha}{M} \approx M^2\delta/\alpha \tag{5-18}$$

大的景深和焦深给工作带来很大的方便。例如，当孔径角 α 约为 10^{-3} rad，分辨本领 $\delta=10\text{Å}$ 时，景深 D_{fo} 约为 1μm。这样，一方面在物镜聚焦时，物面的位置允许有 1μm 的误差，这给聚焦带来很大的方便；另一方面，1μm 厚的样品都能获得分辨率为 10Å 的清晰的像。这对于复型的样品（如冰冻蚀刻法制得的样品）具有很大的优点，因为复型的样品高低不平，由于有大景深，高低不平的样品仍可获得清晰的像。

同样，焦深大也有方便之处。例如，在电镜中，多级放大系统的放大倍数是所有透镜放大倍数之积，通常可达 10^5 倍以上，如果孔径角为 10^{-3} rad，分辨本领为 10Å，由式（5-18），焦深可达 10^4 m。

所以电镜的荧光屏、底片放在投影镜以下任何位置上终像都是清晰的，只是放大倍数有所改变。甚至把荧光屏斜立起来正对着我们的视线，虽然像畸变较大，但仍然能在整个荧光屏上获得清晰的像。

5.3　像的反差形成原理

如果用白粉笔在白墙上写字是不易被看清的，若写在黑板上就容易看清了。这是因为白字和黑板两者黑白分明，即两者反射光的强度相差很大。光的强度的差异称为反差（即振幅反差）或衬度。眼睛对振幅反差是敏感的，因此在电镜中，电子束通过样品时和样品发生交互作用，通过样品后携带着有关样品的信息，然后必须经过某种处理使信息转变为振幅反差，才能为眼睛观察到并且能够理解它。那么，如何变成振幅反差呢？或者说电镜的像的反差是怎样形成的呢？在光镜中，反差主要是由于样品各部分之间对光的吸收不同产生的。光通过样品后，由于样品各部分对光的吸收不同而产生明暗不同的区域，经放大后形成明暗不同的像。这个像反映了样品对光的吸收情况。在电镜中，反差是由电子通过样品时产生的四种基本物理过程形成的，即吸收、干涉、衍射和散射。在电镜中，如果样品对电子的吸收达到可观察的程度，将使样品局部有很高的温升并使透射电子能量严重分散。前者使样品膨胀从而发生样品漂移并造成像的模糊，甚至使样品因热而破裂；后者将产生色差而使分辨本领下降。因此，应力求使吸收减少到最低限度，所以电镜的样品都要求很薄。电镜的反差主要有以下三种。

（1）散射反差：由样品对电子的散射而产生，是非晶体样品的主要反差。

（2）衍射反差：由晶体样品对电子的衍射产生，是晶体样品的主要反差。

（3）相位反差：由电子波的干涉产生，是超薄样品和超高分辨本领工作时的主要反差。

5.3.1　散射反差的形成与提高方法

当以一定能量入射到样品的电子束，由于受到样品中原子的核和核外电子的静电场的作用，使电子运动方向和速度发生变化，这种现象称为电子散射。如果入射电子与核发生碰撞（即受核静电场作用），由于核的质量远远大于电子，电子能量损耗极小，速度基本不变，而散射角较大，此称为弹性散射或相干散射。如果入射电子与外层电子碰撞，由于两者的质量相同，入射电子能量损失较大，速度降低，而散射角较小，此称非弹性散射。图 5-7 是散射反差形成的示意图。入射电子射到样品上，电子的一部分被散射，另一部分直接通过样品。由于在后焦面有一物镜光栏，只有透射电子和散射角小于 α_0 的电子得以进入物镜光栏，构成成像电子；而散射角大于 α_0 的散射电子都被光栏挡掉了。实际上，由于样品很薄，大多数的入射电子直接穿过薄样品；只有少量电子经过一次散射后穿过样品，且在样品内经过多次散射（弹性或非弹性的）后，能量丧失殆尽而被样品吸收的现象一般很少，可以忽略。理论分析和实验证明，在一定的加速电压和一定的光栏半径（即一定的孔径角）内，如果电子在厚度为 t(cm)的非晶体样品只受到一次散射，且被散射到物镜光栏里面，即散射角小于孔径角 α_0，得以参与成像并构成点强度的电子束强度 I 与入射束 I_0 之间存在如下指数关系：

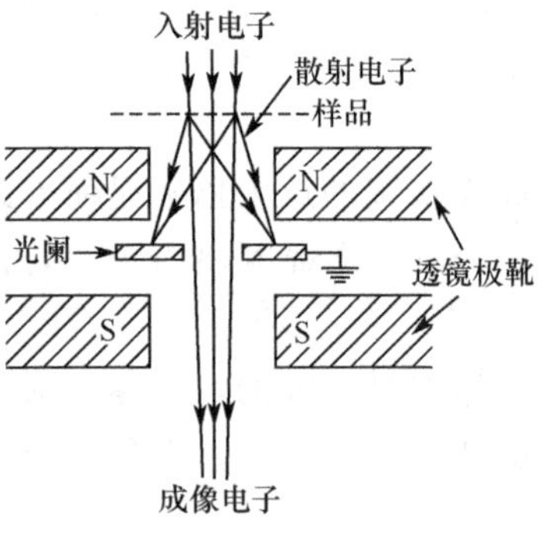

图 5-7　散射反差形成的示意图

$$I = I_0 e^{-\theta_t} \tag{5-19}$$

式中，I 和 I_0 的单位是 A/cm^2；θ 为总散射截面，单位是 cm^{-1}，定义式为

$$\theta = \frac{N_0 \sigma \rho}{M} \tag{5-20}$$

式中，N_0 为阿佛伽德罗（Avogadro）常数；M 为样品中所含物质的原子量；ρ 为样品密度；σ 为该种原子对电子的散射截面。由式（5-19）和式（5-20）可得

$$I = I_0 e^{-\frac{N_0 \sigma}{M}\rho t} \tag{5-21}$$

从式（5-21）可见，通过光阑孔的成像电子束的强度与样品的密度、厚度和构成样品的原子的原子量有关，乘积（ρt）称为质量厚度，质量厚度越大，则成像电子束越弱；反之，质量厚度越小，则成像电子束也越强。如果样品各处的质量厚度不相同，则对应各区域的成像电子数量就不相同，在像中对应的亮度也不相同。对应质量厚度大的区域像就暗，对应质量厚度小的区域像就亮。这就产生了像的反差，称散射反差或质厚反差，它反映了样品的质量厚度的不同。

5.3.2　提高散射反差的方法

生物样品主要由低原子序数的轻元素组成，如碳、氢、氧、氮等，这些元素原子对电子的散射能力很弱，相互之间的差别也不大，这就造成成像反差很弱，不易分辨。尤其经常观察的生物超薄切片样品，它通常把样品包埋在树脂一类的有机物中，这些包埋介质对电子的散射能力与样品本身差别很小。因此，整个样品的质量厚度差别很小，于是像反差很弱，它会影响观察和像的分辨本领。因此，必须设法提高像的反差。方法有两种：一是提高样品本身的质量厚度的差别，如用重金属盐类对样品进行染色；二是通过电镜的操作来提高像的反差，包括缩小孔径角、降低加速电压、暗场观察。

1. 缩小孔径角

从卢瑟福散射可以推出，对于给定的孔径角 α，散射角大于 α，即被光栏挡掉的电子的概率为

$$\frac{dN}{N} = \pi \frac{N_0}{M} \frac{Z^2 e^2}{V^2 \alpha^2}\left(1 + \frac{1}{Z}\right)\rho t \tag{5-22}$$

式中，Z 为原子序数；V 为电子加速电压；N 为入射电子数；dN 为被光栏挡掉的电子数，其余参数与前式定义相同。

从上式可见，孔径角 α 越小，dN/N 随 ρt 变化越大，即当 α 小时，质量厚度稍有变化，被挡掉的电子的概率 dN/N 变化较大，因而使像的反差增大。

通常物镜光栏放在物镜的后焦面处，因为一般孔径角都很小，于是可以近似地认为

$$\alpha \approx \frac{R}{f} \tag{5-23}$$

式中，R 为物镜光孔栏的半径；f 为物镜焦距。因此，只要缩小光栏半径就能缩小孔径

角，改变光栏孔的大小对像的反差影响是明显的。光栏增加，反差明显减弱，光栏越小，像的反差越强。因此，物镜光栏又称反差光栏。但光栏孔太小，挡掉的电子太多，会降低终像的亮度；在低倍时会遮去像的部分边缘区域，而且其边缘的“污染”效应变得严重。“污染”是由于光栏受到电子轰击，表面沉积了真空油脂和其他非导电物质而引起的。这些沉积物不对称地出现在光栏孔的边缘上，当它们因吸收电子而被充电时，就形成一个附加静电场，它干扰电子束而形成像散——二次像散，从而降低像的质量。孔径越小，引起的像散越大，而且污染速度越快。污染太严重的光栏需要清洗后才能使用。

2. 离焦反差

上述讨论像的反差中，都是指像精确聚焦的情况。然而，如果调节物镜使像稍欠焦或稍过焦，像的反差显著地增大，此称“离焦反差”。图 5-8 所示的是像反差随物镜聚焦情况变化的曲线。可见，在稍欠焦时，像的反差最大；在稍过焦时次之；在正焦时像的反差最弱。这种在实焦点两边反差增加的现象须用干涉原理来解释。在样品中任何质量厚度 ρt 迅速变化的区域周围，由于电子波的衍射都会出现费涅尔环。费涅尔环在欠焦时以亮线、在过焦时以黑线来勾画并加强这些点和边缘。这样就使得反差增大了。只有在正焦时费涅尔环才完全消失，所以正焦时像的反差最小。在观察生物样品时，多利用欠焦反差来提高像的反差。但是，利用离焦增加反差时，会引起分辨本领的下降，因此必须小心使用。不过由于生物样品本身的像的反差很弱，因此，只要选择合适的离焦量结果总是有利的。合适的离焦量随放大倍率而变化。

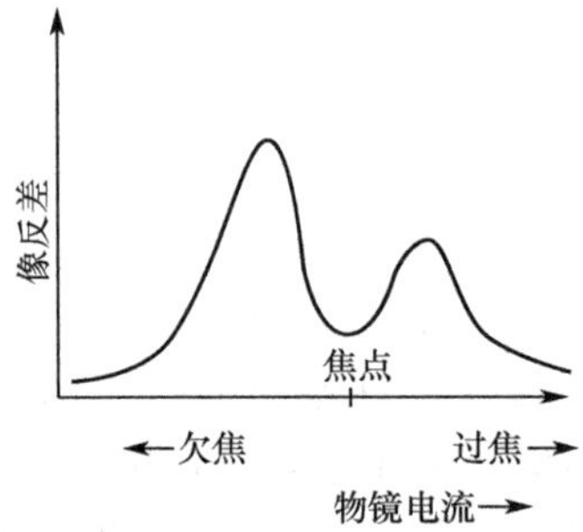

图 5-8　像反差随物镜聚焦变化而变化的曲线

3. 暗场观察

如果我们使照明系统倾斜，那么直接穿透样品的透射电子和散射角较小的电子都被光栏挡掉而不能进入光栏孔，只有散射角大的电子才能进入光栏孔并参与成像，此称暗场观察。

如果不倾斜照明系统，而使物镜光栏偏离中央位置，同样获得与倾斜照明系统一样的结果，这也称暗场观察。在暗场观察中，质量厚度 ρt 较大的区域产生散射角较大的电子多，它们能进入光栏孔并参与成像，故像中对应的区域就较亮；反之，质量厚度小的区域在像中对应的区域就暗，所以暗场像的反差正好与明场像相反。暗场像由于产生背景的透射电子不能进入光栏孔而不能参与成像，使背景大大减弱，从而使像的反差明显提高。例如，在加速电压为 100kV 时，在厚度 $t=10$nm 的碳膜上，明场所能观察到的最小凸起高度为 $\Delta t_{min}=7$nm，也就是说高度超过 7nm 的凸起在明场像中才能看到，而在暗场观察中能观察到 5nm 的凸起。

5.3.3　相位反差

随着科学和生产的发展，人们希望观察到更细微的结构，如分子像和原子像等。要求观察的细节越细，就要求样品越薄（否则细节会重叠）。如果样品很薄，如厚度在20nm以下的由轻元素组成的生物样品，入射电子往往未被散射便直接通过样品，或者只与样品中原子的一个外层电子发生碰撞，即一次散射。这些电子的散射角很小（约10^{-4}rad），散射电子几乎都能通过物镜光栏，因而所形成的散射反差就非常非常弱。然而，此时另一种反差却显示出来，它就是相位反差。

理想情况下，当电子束透过样品后，只引起相位的改变而没有振幅的变化，这样的样品称为“相位体”，但这只是一个理论的概念。对于很薄的样品，电子波经过该样品后，当波的振幅基本不变而相位也改变很小时，我们称之为“弱相位体”[64]。例如，由轻元素组成的薄的生物样品可视为弱相位体。此时，入射电子波射到样品后，一部分直接通过样品称为透射波，另一部分被样品散射形成散射波。如果物镜光栏足够大，那么两束波都能通过，则像就是两束电子波受到透镜的会聚作用后，相互干涉叠加所合成的结果。如果电镜的照明电子源是点光源，而且所发出的电子波具有单色性，则在像平面上的散射波和透射波之间具有确定的相位关系，就称这两束波是相干的，并且称这种照明源为相干光源。在这种情况下，散射波和透射波在像平面处干涉后合成的波强度与透射波强度存在差别，如当散射波和透射波之间相位差为π的奇数倍时，则两者反相而相互抵消，振幅减弱。若相位差为π的偶数倍时，则两者同相振幅增强。这样在像中所对应的样品的区域的亮度不同，于是就产生了反差。这种反差是基于散射波与透镜波之间的相位差而引起的，故称为相位反差。讨论相位反差需应用光学传输理论[65]。

散射波与透射波之间在像平面的相位差可以因球差和离焦的存在而产生。

（1）由于物镜球差的存在，引起两者之间的相位差：

$$Q_c = \frac{\pi C_s \lambda^3}{2d^4} \tag{5-24}$$

式中，C_s 为物镜的球差系数；λ 为照明电子波波长；d 为样品细节的大小。

（2）像的离焦也使两者之间产生相位差：

$$Q_f = \frac{-\pi \Delta f \lambda}{d^2} \tag{5-25}$$

式中，Δf 为离焦量（$\Delta f>0$ 表示欠焦；$\Delta f<0$ 表示过焦）

由离焦引起的相位反差称为“离焦相位反差”，它与前一节中介绍的散射反差中离焦反差是不同的。

两项之和为总的相应位差：

$$\chi = 2\pi\lambda\left(\frac{1}{4}C_s\frac{\lambda^2}{d^4} - \frac{1}{2}\Delta f\frac{1}{d^2}\right) \tag{5-26}$$

理论推导表明，这个相位差对图像强度的影响主要与 $\sin\chi$ 有关，$\sin\chi$ 称为衬度传递函数（contrast transfer function，CTF）。由式（5-26）可见，χ 与波长 λ、球差系数

C_s、离焦量 Δf 及样品细节尺寸 d 有关。在给定 λ、Δf、C_s 的情况下，$\sin\chi$ 随样品尺寸 d 的改变在±1之间变化。图 5-9 给出 $\lambda=0.037\text{Å}$、$C_s=1.6\text{nm}$ 时，离焦量 Δf 分别为 $\Delta f_1=0$、$\Delta f_2=75\text{nm}$、$\Delta f_3=200\text{nm}$ 时，像的相位反差与样品尺寸 d 或空间频率（$k=\frac{1}{d}$）的关系曲线。从图可见，相位反差随着样品细节尺寸的变化而在±1之间变化。某种尺寸的细节产生正的反差，而另一种尺寸的细节产生负反差，还有一些反差为零，即细节消失，这就引起图像解释的困难。为了解决这个困难，一种方法是选择适当的离焦量使反差曲线有一个较大的平坦区。如图 5-9B，$\Delta f=75\text{nm}$ 时，在 0.4nm 以上细节有一个较平坦负反差区域。这样对于大于 0.4nm 的图像解释就较简单。

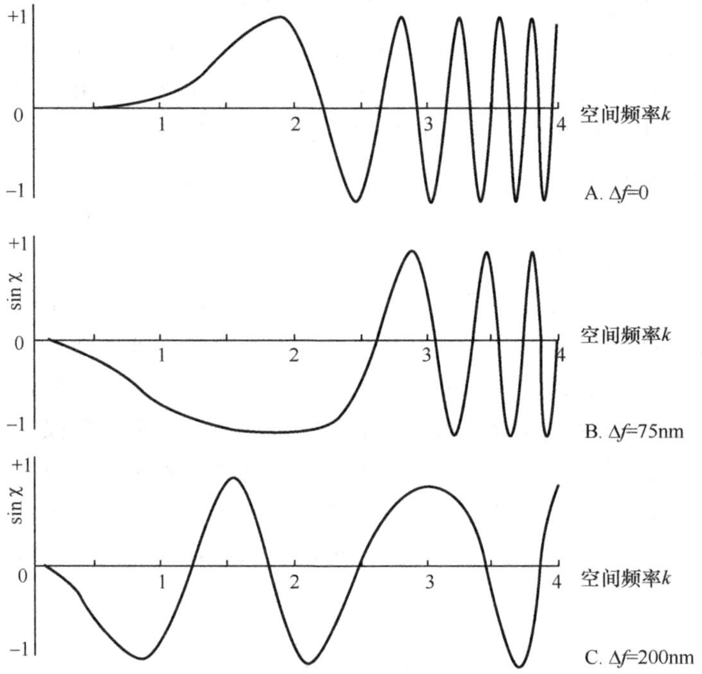

图 5-9　像的相位反差与空间频率之间的关系

另一种方法是对图像进行解调。这需要使用计算机进行。用计算机解调首先要测定出离焦量和反差曲线。其测验方法最先由 Thon 提出：用计算机或光学衍射的方法对获得的相位反差成像的照片进行傅里叶变换，其二维能谱称为 Thon 环[66]。由于生物大分子的样品都由微筛碳膜所支持，而碳膜由碳微粒所形成。这些碳粒尺度和碳粒间距离大致均匀分布于纳米尺度范围，对电镜的分辨率而言，可近似看从 0→∞而且各向同性。因而傅里叶变换的结果是获得明暗相间的同心圆组成的图。明暗的环对应于反差曲线的极大和极小。用简单的计算可获得照片的离焦量的和反差曲线[67,68]。例如，用光学衍射的情况：

$$\Delta f=\frac{1}{2\lambda_e}\left(C_s\lambda_e^3\frac{R^2M^2}{L^2\lambda_L^2}-n\frac{L^2\lambda_L^2}{R^2M^2}\right) \tag{5-27}$$

式中，λ_e 为电子波长；λ_L 为光波波长；M 为显微像的放大倍数；R 为衍射环半径；L 为光学衍射仪相机长度；n 表征明暗环顺序，第一亮环对应于“$n=1$”，第一暗环对应于“$n=2$”，依此类推。从 Thon 环中不但能获得离焦值和反差曲线，而且还可以判断成像中的像散的大小，以及样品是否存在漂移、漂移大小等成像的质量。在使用相位反差成像时，要注意选择较大的（甚至不用）物镜光栏，以便使更多的散射波通过光栏，从而与透射波干涉产生更佳的相位反差。

电子显微镜的反差是散射反差和相位反差的综合。对厚样品，使用小的物镜光栏，就形成散射反差，能够直接观察到较大的结构。对于薄样品，使用大的物镜光栏就形成相位反差。对于微细结构（≤1nm）的成像，相位反差是主要的。尤其轻元素的小结构，相位反差几乎成为唯一的反差来源。因此，在生物大分子的结构研究中，只有使用相位反差成像才能获得重要的结构信息。要获得高分辨的相位反差成像，除了需要合适的样品外，还需要一台具有一个相干光源和单色性好的电子束的电子显微镜。只有这样才能在像平面上透射波和散射波之间具有固定的相位差，才能获得清晰的像。现代电镜为了获得相干的点光源，使用场发射电子枪。为了提高电子束的单色性，采用电子能量过滤等设备，因而获得高分辨的相位反差像。

相位反差过去主要应用于材料学科中的分子像、原子像的观察中，近年来在生命科学中也获得广泛应用，如蛋白质晶体结构的研究[69~72]、病毒[73]、分子伴侣[74]、膜通道[75]、核糖体[76,77]等的高分辨三维结构的研究等。相对于 X 射线晶体学方法来说，电镜的方法所获得的分辨率还相对较低，但其优点也十分突出，即样品不用结晶，保持自然状态；而且生物大分子的大小不受限制，特别适合于大的复合体和组装体的三维结构研究。这正是 X 射线晶体学的弱项，因而与 X 射线晶体学一起成为两种互补的研究生物大分子三维结构的强有力的工具。然而，由于生物样的复杂性和脆弱性，生物样品极易受外界环境的影响，从而对电镜的要求更高。例如，为了保护生物样品，要求在低温和低电子剂量下工作；为了获得更高的分辨率，要求相干性更高的电子枪和电子束，因而需要使用低温（－160℃）样品装置、场发射电子枪和电子束能量过滤器等精密的装置等。高分辨电子显微学主要研究的内容就是研究相位反差成像的理论、方法和技术，而所谓高分辨成像就是相位反差成像[78~81]。

5.3.4 电子衍射

1927 年晶体对电子的衍射实验证明了电子的波动性质，同时也发展了电子衍射分析这门新兴的学科。由于电子的波长比 X 射线的波长短得多，物质对电子的散射比对 X 射线的散射强得多，从而使电子衍射与 X 射线在应用上各有不同的特点。特别是由于电子衍射能与透镜成像结合，相互补充，为晶体结构研究开拓了新途径。通过对电子衍射谱进行分析，可以获得关于样品的晶体点阵类型、点阵常数及晶体的取向等参数；在特定的条件下还可能确定样品的化学成分。

和一束光照射到一个光栅上能产生衍射的现象相似，一束电子波照射到晶体样品或其他周期结构的样品上时，也产生衍射，称电子衍射。图 5-10 所示是电子衍射所产生

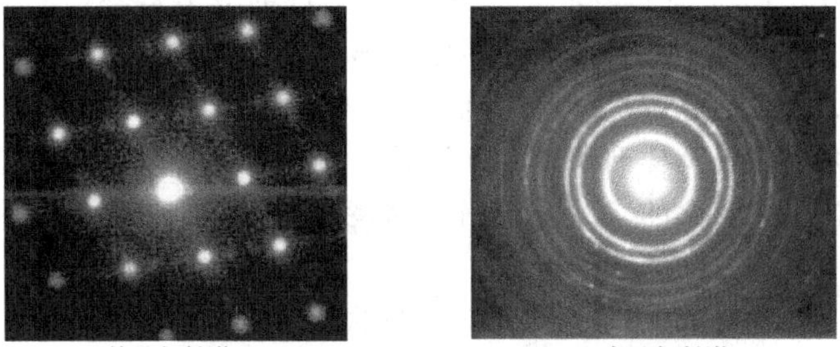

图 5-10　晶体衍射图样

的衍射谱。如果样品是单晶（指整块晶体的结构是由一种空间点阵贯穿和决定的），则所得的衍射谱为规则排列的斑点，如图 5-10A 所示。如果样品是多晶的（由许多相同的小单晶合成的，但其相对取向完全无规则的），则其衍射谱为一系列不同半径的同心圆环，如图 5-10B 所示。从图 5-10 中可见，衍射谱中除了由透射束形成的中心亮斑外，尚有与透射束偏离一定角度的衍射束所形成的一系列的亮斑（或亮环）。这些衍射束与入射束的夹角必定满足于[82,83]：

$$2d\sin\theta = n\lambda \qquad (5\text{-}28)$$

式中，d 为晶面距离；n 为自然数；θ 为衍射束与入射束夹角的一半（称为布拉格角）；λ 为电子波波长。

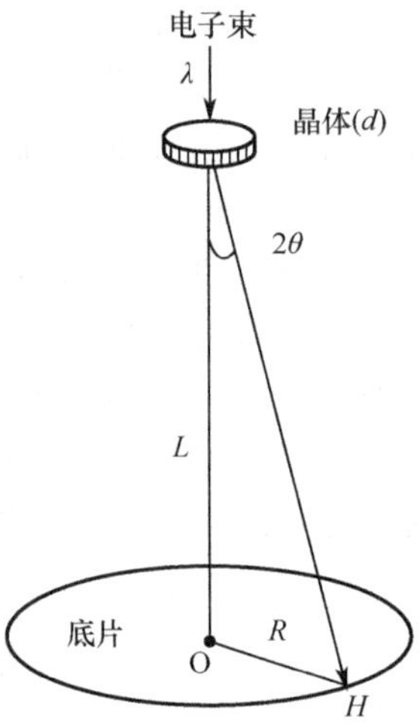

图 5-11　电子衍射原理示意图

这就是布拉格定律。图 5-11 是电子衍射原理图，从图中可见，从衍射点（或环）到屏中央透射斑的距离 R 为

$$R = L \cdot \tan 2\theta \qquad (5\text{-}29)$$

式中，L 为从样品到屏的距离。由于 θ 角非常小，可以近似地认为

$$\tan 2\theta \approx 2\sin\theta \qquad (5\text{-}30)$$

那么 $R=L \cdot 2\sin\theta$，用布拉格公式代入可得

$$R = L \cdot \lambda/d \qquad (5\text{-}31)$$

或 $Rd=L\lambda$。这就是电子衍射的基本公式，$L\lambda$ 称为相机长度。在相机长度确定的情况下，测出 R 就可以计算出对应的晶面间距 d。相机长度的测定通常是利用某些标准样品（如金、铝等）的衍射谱来测定的。这些标准样品的值已知，在衍射谱中的测量出对应的 R，就可以计算出相机长度。

在电镜中实际情况如图 5-12 所示。一束平行电子束射到晶体样品上，除透射束外，按布拉格定律形成一系列衍射束。这些电子束都是平行束，受物镜的会聚作用而分别会聚在物镜后焦面上的 0、−1、1 等上，形成衍射谱。若在物镜后焦点上放一屏，就可以看到衍射谱。根据惠更斯原理，这些衍射谱 0、−1、1 等可看成是次级光源。它发出的次级波是相干波，在物镜的像平面干涉形成一级放大像。例如，图 5-12 中的 I_1、I_1'、

I_2、I'_2等就是O_1、O'_1、O_2及O'_2的像，若在物镜的像平面上放一屏，就可以看到样品放大的像。由此可见，电镜很容易把成像和衍射结合起来。实际上透镜的成像可以分为两个过程：电子束受晶体的衍射作用分成若干不连续的衍射束，经过物镜在后焦面会聚成衍射谱，即由物变成衍射谱的过程；衍射谱发出的次级波在像平面相互干涉形成了像，即由衍射谱重新变换成物（像是放大了的物）的过程。从数学上来说，成像过程是由两次连续的傅里叶变换组成。上述的前过程是第一次傅里叶变换——物的透射函数的傅里叶变换；后过程是第二次傅里叶变换——衍射谱的傅里叶变换。可见在电镜中电子衍射和成像是密切相关和相互补充的，从而开拓晶体结构研究的新途径。此外，这种成像过程给图像信息处理带来很大的好处——利于图像去噪声。图像通常都存在噪声，尤其是高分辨、高放大倍率的像是难以避免的，而图像去噪是件困难的事情。采用傅里叶变换的方法就变得简单。图像噪声是随机的、杂乱无章的，通过傅里叶变换得到的衍射谱也是随机的、杂乱无章地分布在整个图像中。但对于规则排列的样品的衍射谱则是衍射点或衍射环（图5-10）。所有样品的信息都在这些点和环中，这样我们就可以保存这些点和环，则所有的样品信息得以保留，同时把那些杂乱无章的全部除去。经过傅里叶反变换，图像的噪声基本除去，从而获得清晰的图像。

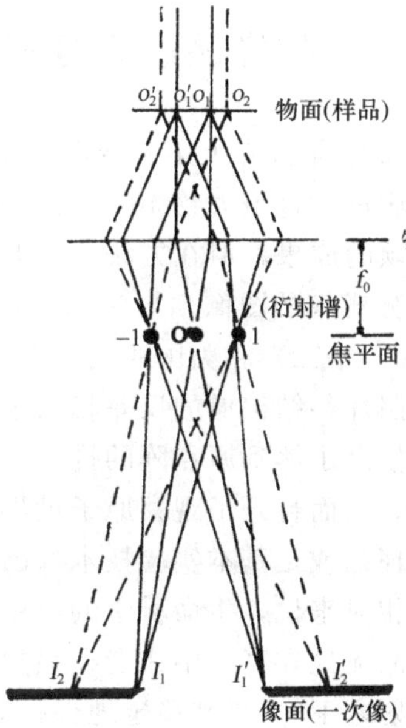

图 5-12　透镜选区衍射示意图

如果希望研究某个微小区域的样品的衍射谱（如果样品并非单一晶体时是必要的），就需要把该区域以外的样品遮挡掉，这称为选区衍射。最简单的方法是在样品上放置一个光栏，挡掉该区域以外的入射电子，但这样做往往是困难的。因为选区通常很小，光栏制作困难，也不易准确放置在所需的位置上；另外，过小的光栏孔极易被污染至不能使用。目前电镜中一般把视场限制光栏入在物镜的像平面处，由于像是经物镜放大（常为 100～200 倍），这样光栏孔也要以放大 100～200 倍，较好地解决了上述困难。

对于生物大分子晶体样品，其晶面距离 d 往往较大，而衍射斑点到中心距离 $R\propto 1/d$，这样衍射谱中斑点的 R 都很小，这将影响 R 的测量准确性，并且受到透射束的中心亮斑的光晕的影响，有时甚至连衍射点也看不到。因此要设法增大 R，由于 $Rd=L\lambda$ 中 λ 是固定的，要增大 R 就要增大 L，使衍射点分散一些。方法很简单，只要关掉物镜和中间镜就可以达到，这称高分散衍射（或称小角度衍射）。用于测定蛋白质晶体结构的蛋白质电子晶体学就是利用蛋白质薄晶的选区电子衍射谱获得蛋白质晶体结构函数的振幅因子的信息。

5.4 生物样品的高分辨成像技术

1932 年世界上第一台电子显微镜问世后，首先是在生物学上获得应用，最早用于观察病毒。过了大约 40 年后的 70 年代，虽然电镜在生命科学获得广泛应用，取得一系列丰硕的成果，但在方法技术上仍然沿用超薄切片技术和负染色技术，只能获得 1.5～2nm 分辨率的图像。与此同时，在材料科学的应用却获得飞快的发展。日本人 Uyeda（1970，1972）和美国亚利桑那州立大学电镜室的 Lijima（1971）相继拍出称之为结构像的照片。结构像的反差相当于在电子束方向样品的电荷投影密度。因此，可以从结构像的信息了解到原点阵的排列，尤其是 Lijima 拍得一系列复杂的氧化物的直接可解释的像，从而打开了观察原子世界的大门。目前在材料学科高分辨率的观察领域，无论是成像理论或是基本实验技术都已相当成熟了。

相对来说，生命科学的应用还相当落后，主要原因还是样品问题。多数的材料学科的样品无论在真空中或者在强烈的电子束照射下（电镜的样品处于电镜的真空中和电子束照射之下），仍然稳定地保持原来的结构和特征。样品制备的关键问题在于制备足够薄的样品，以满足电子束的穿透能力或高分辨成像时“弱相位体”条件。但生物样品的制备则要复杂得多了。

（1）首先，生物样品一旦离开生物体就会发生一系列的变化，如何保持样品处于活的生理状态是样品制备的关键问题。

（2）生物样品绝大多数都是含有大量水分的，在电镜的真空中水分会汽化，从而使生物样品变形。

（3）生物样品在电子束的照射下极易受损伤。理论和实验证明，蛋白质晶体样品在 $1\sim2e/Å^2\cdot S$ 的剂量电子束照射下就会受到辐射损伤，这个剂量远少于正常使用的剂量（$100\sim200e/Å^2\cdot S$）。作者曾做过如下实验：使用古生物化石的蛋白质晶体样品（相对比较稳定的），在电子束剂量约为 $20e/Å^2\cdot S$ 下进行电子衍射，可以观察到衍射谱的衍射点在移动，几秒钟后衍射谱消失，说明在此剂量的电子束照射下蛋白质晶体结构在变化，最后变成非晶态。

（4）生物样品基本上是由 C、H、O、N 等轻元素组成，在电镜成像中反差极弱。生物技术中往往使用染色方法提高反差，从而使像的微细结构丧失。因为此时电镜的像的反差是由染色剂所产生，实际获得的只是染色剂的分布而非样品本身的结构。由于染色剂的颗粒性，所获得的分辨率较低，为 1.5～2.0nm，无法获得高分辨。

正是由于生物样品的制备存在这些困难，使生命科学长期未能应用高分辨电子显微技术。首先把高分辨电子显微技术应用到生命科学研究中的是英国剑桥大学 MRC 实验室 A. Klug 博士的研究小组[84～93]，他采取一系列的新的样品处理方法和图像处理技术，在蛋白质、病毒等生物材料的研究中取得突破性的进展，A. Klug 因此而获 1982 年的诺贝尔奖。

5.4.1　合轴、消像散和聚焦

生物样品的高分辨图像的获得取决于以下几个方面。

(1) 高质量、高分辨的电镜，目前适宜具有：200kV 或 300kV 的加速电压；使用场发射电子枪和电子能量过滤装置；具有快速冷冻样品架和冷冻防污染装置；具有低剂量的电子束测量和调节装置；具有 CCD 等观察和记录装置等。

(2) 具有合适的样品，这些样品应能保持生物材料在活的生理状态下的结构和特征；水分不会或很少汽化；在电子束照射下不被损伤；具有合适的反差等。

(3) 电镜被正确地操作。一台高质量的电镜，只要操作稍有不当，就会显著影响仪器的性能，如分辨率下降、图像不清晰等。

(4) 先进的、合适的图像数据处理。目前情况下，还无法既做到图像分辨率接近仪器分辨本领，而图像又直观可理解。即使在材料学科中也难以做到，更不要说复染得多的生物样品。而且，由于电子显微镜的焦深很大，我们所观察到的不是样品的一个截面，而是立体样品细节的二维投影，也就是样品中全部细节在投影方向的重叠。因此，必须对所得图像数据进行处理，把各种无用的信号去掉，保存并加强反映样品特征的信息，并且把这些信息转变为人直接可以理解的振幅反差的形式表现出来。

1. 电镜的基本结构

高分辨电子显微镜成像的操作关键要做好三件事：合轴、消散和聚焦。因此我们首先要对电镜结构有一个粗略的了解（图 5-13）：电镜主要由电子光学系统、真空系统和电子学系统（含计算机）三大部分组成。电子光学系统是电镜的主体，而真空系统和电子学系统是为了保证主体正常工作的辅助系统。

电子光学系统基本上是一个电磁透镜系统。上端是照明系统，由电子枪和聚光镜组成。中部是成像系统，包括样品室、物镜、中间镜和投影镜等。下端是像的观察和记录系统，由观察室和照相室组成。

电子枪是电镜的照明源，其重要性仅次于物镜。电镜的放大率很高，通常为 1 万～10 万倍，而终像的亮度是电子透过样品后亮度的 $1/M^2$ 倍（M 是电镜的总放大率），而且电镜使用很小的孔径角，因此要求电子枪能产生很亮（即单位立体角的电流密度很高）的细电子束。对于高分辨成像，则更要求电子枪是相干光源——尺寸极小的点光源，而且产生单色光（对电子束而言即电子能量完全相同）。所以目前高分辨技术多使用场发射电子枪，以及使用电子能量过滤器以获得相干性高的成像电子束。

聚光镜的作用是把来自电子枪的电子束会聚到样品上，通过它来控制照明电子束斑大小、电流密度和孔径角。照明束斑过大时，会引起样品热漂移和污染，使图像模糊不清，以及会因电子束流密度不足而致像的亮度下降。而孔径角大小对于高分辨成像非常关键，因为孔径角增大，球差就增大，分辨率就会下降，而孔径角太小，像的亮度下降。为达到这些要求，需要两个聚光镜。第一聚光镜（常用 C1 表示）是一强透镜，其作用是把有效光源尺寸缩小，即把电子束斑大小缩小。第二聚光镜（C2）用以控制照

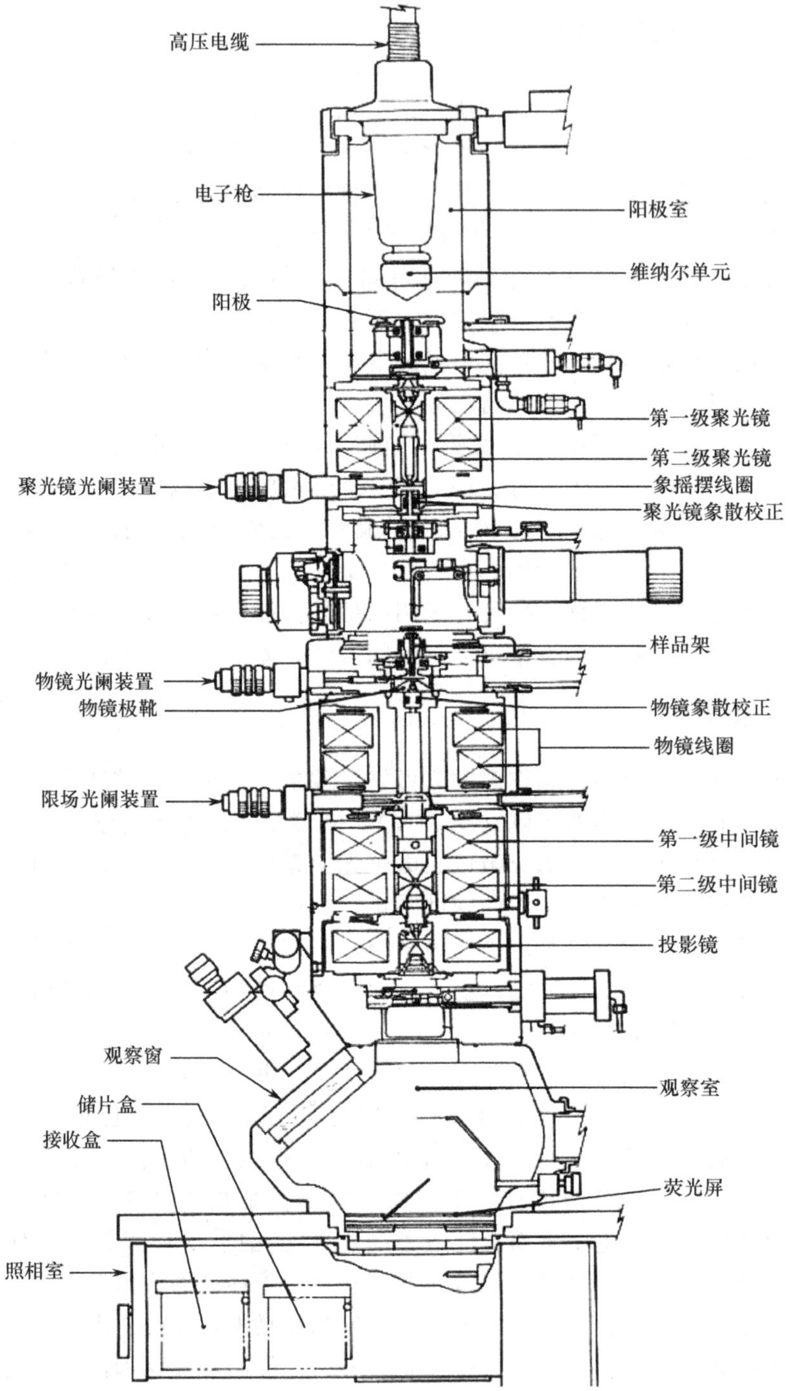

图 5-13　电镜镜体剖面图

明亮度、照明孔径角和照明斑尺寸，但只能在第一聚光镜决定了的范围内进行调节。实际操作中，在像的亮度合适的条件下，第二聚光镜尽可能欠焦，以获得尽可能小的孔径角。为了缩小照明孔径角，在第二聚光镜之下装有第二聚光镜可动光栏，它是由非磁金属如铂或钼制成，一般有 4 个大小直径不同的圆孔（如 Φ100μm、200μm、300μm、400μm）供选择。根据需要可选择不同的光栏孔。第二聚光镜如存在像散，照明斑变成椭圆将会降低终像的亮度，应使用第二聚光镜消散器进行消散。第二聚光镜可动光栏被污染，也会使照明斑亮度不均匀，需要更换或清洗可动光栏片。

电子枪和聚光镜（C1 和 C2）都装备有平移和倾斜的调整机构，以便进行相互之间或与物镜之间进行合轴（两者的轴重合）调整。

样品室位于第二聚光镜下面。室内有样品台，用于支承样品并可控制样品在两个相互垂直的方向（x 和 y 轴方向）移动，以及在 x 和 y 轴两个方向上倾斜。样品的移动和倾斜都是极端精密的，否则会引起样品漂移而无法获高分辨率。高分辨成像时还需要一个防污染装置。在电镜中由于油扩散泵的油及密封橡皮垫圈的真空脂的挥发，使镜筒内含有大量的碳氢化合物气体分子。这些分子落到样品表面形成无定形的覆盖层，当受到电子束的轰击时会分解为碳和氢气。氢气挥发而碳则继续留在样品上，这种现象称为样品被“污染”。这个“污染”层和样品一起成像，会显著降低像的分辨率和反差，因此高分辨成像需要有防污染装置。它是上、下各一块尽可能接近样品的冷冻紫铜块（保持在 −160℃以下），中间有一小孔以便让电子束通过成像。于是镜筒内的碳氢化合物气体分子就首先凝集在冷冻的铜块表面上，从而防止这些气体分子污染样品。但铜块表面用久了也会被污染，此时需清洗去污染，否则影响防污染效果。

物镜处于样品室的下面，它的作用有二：形成样品的第一级放大像和通过调节物镜线圈的激励电流，相应地改变物镜的焦距，从而达到对象进行聚焦。物镜是电镜的最关键部分，由它形成第一幅具有一定分辨率的电子放大像。由物镜引起的像的任何缺陷都将被成像系统其他透镜进一步放大，而且因物镜的缺陷而丢失的任何信号不可能再获得。同时，电镜的分辨本领主要取决于物镜的分辨本领。物镜是极端精密的，因此在电镜合轴操作中通常以物镜的轴为基准。

物镜中也都装备有一可动光栏，它除了能提高像的反差外，还能起控制物镜的孔径角的作用：通常样品置于物镜的前焦面附近，而物镜可动光栏放在物镜的后焦面附近。在物镜焦距变化不大的情况下，物镜的孔径角近似于光栏半径（R）与物镜焦距（f）之比，即 $\alpha = R/f$。选择合适的孔径角在高分辨成像时很重要，它能改善像的分辨率和反差。物镜可动光栏易被污染，它将会引起严重的像散。此时需要更换或清洗物镜可动光栏，否则无法获得高分辨的像。

物镜中都装备有一对物镜消散器，通过精细的调节，它能最大限度地减少物镜的像散，以便获得最高的像分辨率。

中间镜和投影镜位于物镜的下面。由于电镜的放大倍数很高，在物镜放大后仍需多个透镜继续放大，于是就有中间镜和投影镜。总放大倍数为所有成像透镜放大倍数之乘积：

$$M_{\text{all}} = M_{\text{o}} \cdot M_{\text{i}} \cdot M_{\text{p}} \tag{5-32}$$

式中，M_o、M_i、M_p 分别为物镜、中间镜和投影镜的放大倍数。

中间镜的作用是把物镜形成的放大像或衍射花样放大后，置于投射镜的物面上，再由投影镜放大后投影到荧光屏上即获得终像。中间镜是一个可变放大倍率的弱透镜，电镜的总放大倍数的改变主要通过中间镜放大倍数的变化来达到。在中间镜和投影镜中也都装备有使透镜平移的合轴机构，以便它们对物镜合轴。

在投影镜下面是荧光屏，用于显示终像。它的下面是照像室，用于把终像记录下来。目前许多电镜的观察和记录使用 CCD（charge coupled device）。CCD 的优点是不用冲洗照片，有利于计算机处理图像；但 CCD 的像素不及底片，因此高分辨成像往往还使用底片记录。

2. 电镜的合轴操作

为了获得高分辨、高质量的终像，要求电子枪和所有的透镜以及光栏等全部光学部件的轴都要与物镜的轴重合，即在同一轴线上。由于制备精度的限制以及电镜各部件被污染后需要拆卸清洗等原因，电镜不可能经常处于合轴状态，于是需要调整各光学部件使它们的轴和物镜的轴重合，这个操作称为合轴。合轴是获得高分辨成像的关键步骤。合轴不良的电镜不但操作极不方便，而且像的分辨率、亮度和反差都会下降。完全合轴实际上是困难的，但关键的要求必须满足。电镜合轴是否良好，一般通过合轴不良时产生的现象是否出现来判断。当满足下列要求时，可以认为电镜是合轴良好的。

（1）当改变聚光镜电流时，亮斑以屏中央为中心同心地扩大或缩小，而且整个屏的照明是均匀的。

（2）在任何成像系统的透镜的激励电流改变时，像将围绕屏的中心旋转，而不会发生移动。改变放大倍数时，像的中心不动，只是均匀地放大或缩小。

（3）当中间镜在焦时，衍射斑的中心在荧光屏的中央。

（4）当高压改变时，像同心地放大或缩小，像的中心保持在屏中央不变。

如果不满足以上任何一点，显示合轴存在问题。一般来说，由哪个透镜或灯丝引起达不到上述要求的，则表明它合轴不良需进行调整。具体的合轴操作，各厂家所生产的电镜或不同质量的电镜都不一样，仪器说明书会有详细的介绍，我们这里只介绍基本原则。

1）照明系统的合轴

照明系统的合轴是指电子枪和聚光镜的合轴，要求它们的轴不仅要平行而且要重合。照明系统不合轴会使亮斑亮度下降、亮度不均匀，并且亮斑会移动、成像反差下降。

a. 电子枪的合轴调整

对于普通电子枪，在未装入样品时，会聚电子束，然后稍稍减少灯丝加热电流使灯丝处于未饱和状态，此时荧光屏出现灯丝像。反复调整电子枪的倾斜和平移，使电子枪的像是中心对称，见图 5-14，并且灯丝像最亮。如果增加或减少灯丝加热电流，则亮斑亮度会均匀增加或减弱，不会出现突然增加或减弱，否则要重新调节。此时电子枪合轴完成。对于热阴极场发射电子枪，则接上阳极振动器开关，调节电子枪倾斜或平移旋

图 5-14　灯丝像

钮直至电子束中心不动为止。

b. 聚光镜的合轴调整

接通聚光镜激励电流。此时，由于聚光镜未合轴，当改变两个聚光镜的激励电流时，亮斑会移动。反复调节聚光镜 C1 和 C2 的平移和倾斜，直至 C1 和 C2 激励电流改变时，亮斑的中心不动，只作同心地扩大和缩小，而且亮度均匀。

2）成像系统的合轴

成像系统的合轴包括成像系统各透镜与物镜的合轴、照明系统与物镜合轴两部分。成像系统合轴不良将使像的分辨率下降。原因有以下两个方面。

（1）由于各透镜不合轴，多数成像电子是远轴电子束。相对近轴电子束而言，远轴电子束透镜的球差和畸变会增大，从而使像的分辨率下降。

（2）电镜的高压电源和透镜电流电源并非是绝对稳定的，不可避免会存在残余波动。如果物镜电流波动，则像会产生微小的左右旋转的脉动，但旋转中心是不动的，此点称为“电流中心”。当物镜电流波动为一定时，像的旋转脉动也为一定。设此时旋转角为 $\Delta\theta$，在屏上距离电流中心距离为 R 的点的移动距离为

$$\Delta r = \Delta\theta R \tag{5-33}$$

可见距离电流中心越近的点（即 R 小），移动距离 Δr 就小。同样，由于高压的波动，将引起放大倍率以一不动点为中心发生径向脉动变化，此不动点称为“电压中心”。与电流中心的讨论相似，像上距离“电压中心”越近的点移动较小。不论是由于物镜电流还是高压的波动引起的像位移越小，则对像的分辨率影响也就越小，因此要求“电流中心”和“电压中心”都共同处在屏的中央。此时屏上的像的各处距中心距离较近，其位移较小则对分辨率的影响较小。这只有电镜成像系统合轴时才能达到。如果合轴不好，电流中心和电压中心远离屏中央，像的分辨率就会下降。

中间镜、投影镜与物镜合轴操作：这个操作采用衍射（diffraction）模式来进行。此时中间镜的物面和物镜的后焦面重合，从而获得衍射点。调节相机长度至最大值并通过平移中间镜使衍射点移到屏中央，又调节相机长度至最小值并通过平移投影镜使衍射点移到屏中央，接着重复上述操作直至相机长度在最小值和最大值来回变动，衍射点都一直处在屏中央不动或移动很小为止。此时中间镜和投影镜就和物镜合轴。

照明系统与成像系统合轴：此操作是通过调节电流中心或电压中心至屏中央来实现的。多数电镜是采用调节电流中心的方法：接通物镜电流调制器，使物镜电流以每秒两

周的频率波动，则像在屏上顺时针—逆时针旋转，于是就很容易确定电流中心位置。反复调节照明系统的倾斜和平移，直至电流中心和亮斑都处在屏的中央为止。此时照明系统和成像系统的合轴就完成了。但如果照明系统或成像系统本身合轴未完成的话，它们之间的合轴是无法完成的。

电镜的合轴调节是一个逐步逼近的过程，不可能一步完成。因此，在合轴过程中，开始时不需要调整得太精细，只需作初步调整，通过反复的调整逐步达到精确合轴。这样做既省时、省力，又能把精力集中使用在关键的时候，容易达到精确合轴。

3. 消像散

电镜的分辨本领主要取决于物镜的分辨本领，而物镜的分辨本领取决于衍射差、球差、色差和像散，前三者在电镜的制造过程中就已经固定下来，不能再调整改变。为了获得高分辨成像，操作者的任务就是使像散对分辨率的影响限制在仪器的分辨本领之内，因此消像散是获得高分辨成像的重要步骤。一般的电镜只有第二聚光镜和物镜才有装备消散器的，并要求进行消像散操作的。

1）聚光镜消散

聚光镜存在像散，常因第二聚光镜和其可动光镜受污染。污染物被充电后形成一个附加静电场，在它的影响下照明系统形成的电子束射到样品的截面呈椭圆形。椭圆的亮斑会浪费电子束，使终像的亮度下降和不均匀。进行聚光镜消散时，在低倍下让 C2 控制旋钮迅速在焦点前后变动，由于存在像散，照明亮斑将会按椭圆→圆→椭圆的规律变化，并且椭圆长轴在两个相互垂直的方向交替变动。调节 C2 消散器的两个调节旋钮，直至 C2 控制旋钮在焦点前后变动时，亮斑一直是圆的，只是同心地扩大或缩小，此时聚光镜消像散完成了。

2）物镜消像散

物镜消像散方法有二。

（1）拉线法：在样品中找几颗边界清楚、反差强的小圆粒子，当稍微欠焦时，粒子是清晰的。如果物镜存在像散，粒子不是呈圆形而是拉长的线形。当物镜电流在焦点附近变化，即在稍欠焦→正焦→稍过焦作来回变动，其像将出现正交的跳动，即作竖线—横线来回跳动。透镜的像散越严重，出现的拉线越长。把放大倍数置于比拍片时的倍数稍高一点，使物镜电流在焦点附近来回变动，粒子像就出现正交的跳动，此时调节物镜消散器的大小和方位，直至粒子的像不被拉长和正交跳动消失为止。这样像散就被矫正，像是最清晰的。此方法矫正的精度不很高，在放大 5 万倍内和分辨在 1nm 以上是可行的，更高放大位率时不适用，但在 20 万倍以上又显得有效。

（2）费涅尔条纹法：当一束光照射到一个障碍物的边缘时，根据惠更斯-费涅尔原理，在该边缘会产生一个次级波，它与入射波的干涉作用会在障碍物的边缘处产生明暗相间的衍射条纹，常称之为费涅尔条纹。在电镜中物镜稍过焦时，也时常观察到这种现象。如在微筛样品上的小孔，当物镜稍过焦时，像中在小孔的边缘附近就会出现费涅尔条纹，一般只有一条如图 5-15A 所示。计算和实验证明，条纹的宽度（即黑条纹的中点到白条纹的中点的距离）d 与过焦量 Δf 成正比：

$$d = K\Delta f \tag{5-34}$$

式中，K 为常数。

当正焦时 $\Delta f=0$，没有条纹。如果不存在像散，则透镜在各个方向上的焦距 f 都是相同的。那么，给出一个过焦量 Δf 时，微筛小孔各个方向上的条件宽度处处是一样的，如图 5-15A 所示。如果透镜存在像散，在两个正交方向（x 和 y 方向）上的焦距是不一样的，设为 f_1 和 f_2。那么任何时候在两个正交方向的失焦量是不相等，即 $\Delta f_1 \neq \Delta f_2$，则两个方向的条纹宽度不相等 $d_1 \neq d_2$，如图 5-15B 所示。用这个方法我们就能够精细判断物镜是否存在像散或像散是否被矫正。

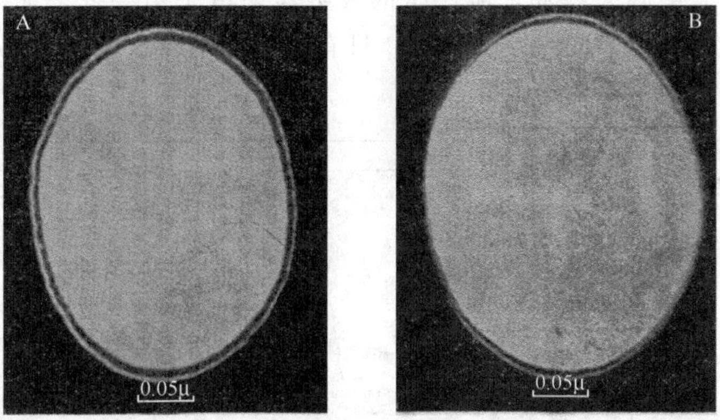

图 5-15　费涅尔条纹法消像散。A. 过焦以获得衍射条纹；B. 逐渐减少过焦量，使条纹不均匀性明显起来，调节消散器使条纹不均匀性尽可能减少

实际操作如下：选择一个边缘清晰的、直径约 100nm 的小孔，放大倍数为 5 万～10 万倍，稍微过焦就可获得费涅尔条纹。逐渐减少过焦量，此时正交方向条纹不均匀性明显起来，调节物镜消散器的大小和方向使条纹不均匀性尽可能减少。再次减少过焦量，条纹变窄不均匀性又明显起来，再次调节消散器使条纹变均匀。如此反复多次，直至获得尽可能均匀的条纹为止。此时物镜像散基本被矫正了。此方法是最精确矫正像散的方法。

4. 像聚焦

电镜的放大倍率的改变是通过改变中间镜激励电流来实现的。当中间镜的焦距改变时，它的物面在镜筒上下移动。此时，必须使物镜的像平面和中间镜的物平面重合像才清晰，这个操作称为“聚焦”，它是通过调节物镜激励电流来完成的。

光学显微镜的聚焦是为了获得尽可能清晰的像。在电镜中，以像的“清晰度”作为正确聚焦的标准是不合适的。人的眼睛在像的反差最大时是最清晰的。在电镜中存在离焦反差，在稍欠焦或稍过焦时反差比正焦时强（实际上正焦时反差最弱，参见图 5-8）。所以，不能以“清晰度”作为正确聚焦的标准，只有在低倍时还可以，高倍时就不行了。正确的聚焦方法有两种。

1）像摇摆法

像摇摆法就是用“摇摆器”进行聚焦，适用于 10 万倍以下的聚焦。更高的放大倍数时就不合适，但也可作初步聚焦。当物镜正焦状态时，从物面上一点向任何方向发射的电子通过物镜后都会聚集到一点上。如果有来自两个不同方向发射的照明电子束，通过样品上的某一点经过物镜后，在物镜正焦时仍然获得一正焦的点像，如图 5-16B 所示。如果失焦则产生两个散焦的点像，如图 5-16A 所示。这样就很容易判别像是否正焦了。摆动器是由两对偏转线圈组成。当加上交变电流时，照明电子束以样品上一点为中心来摆动，所产生的效果与两电子束一样。如果物镜失焦，像就会移动出现双像；如果正焦像就不动，只有单像。这样我们很容易确定是否正焦，从而最终达到正确聚焦。

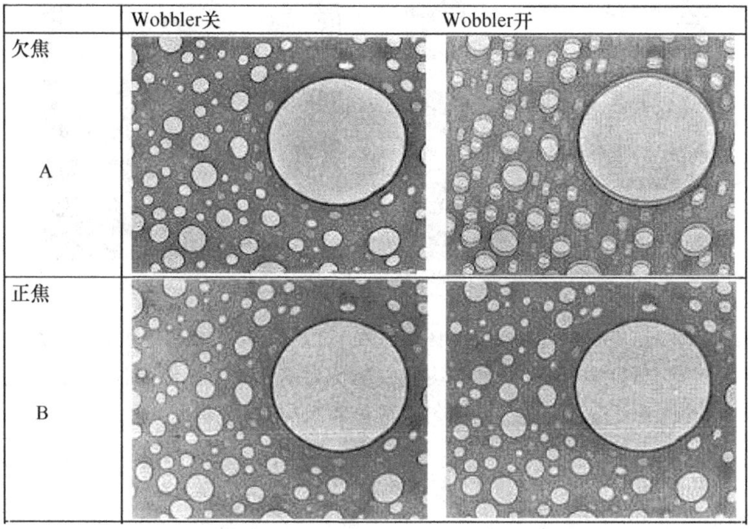

图 5-16　摇摆法聚焦。A. 如果物镜失焦像就会移动，出现双像；B. 如果正焦像就不动，只有单像

2）费涅尔条纹法

在高倍时像摆动法是不适用了，最合适的方法是费涅尔条纹法。和物镜消散中的费涅尔条纹法相同，选择一个边缘清晰的小孔，当物镜稍失焦时会出现衍射条纹：欠焦时小孔内侧边缘出现一圈亮线；在过焦时小孔外侧会出现一圈黑条纹，如图 5-15 所示。只有在正焦时才既没有亮线也没条纹。我们利用这个现象细心调节物镜电流，直至像中既没有条纹也没有亮线为止，此时就达到正焦了。在采用相位反差的高分辨成像时，正焦时像的反差非常弱。采用稍稍欠焦是适合的，如图 5-9 中 $\Delta f=75\text{nm}$ 时的情况。通常称这种聚焦方法为谢尔泽（Scherzer）聚焦。此时最佳的欠焦量为

$$\Delta f = 2.5(C_s\lambda_e/2\pi)^{1/2} \qquad (5\text{-}35)$$

式中，C_s 为物镜的球差系数；λ_e 为电子束波长。

5.4.2 生物样品的高分辨成像

虽然在材料科学中应用高分辨电子显微技术已可直接观察到原子，但在生命科学中一直以来仍然使用超薄切片技术和负染色技术等制样技术来研究病毒。虽然也获得了许多丰硕的成果，但存在许多根本的缺陷。

(1) 样品制备都经过复杂的化学处理过程，其中包括脱水过程，所得到的结构与生物材料活着时的状态有较大的差别。

(2) 所得到的二维图像其实是样品的三维细节在投影方向的重叠像，而且无法复原其三维结构。

(3) 所得的图像实际上只是染色剂的分布图。

(4) 由于染色剂的颗粒性限制，能达到的最佳分辨率为 1.5～2.0nm 左右，远不能满足生物大分子研究的要求。

首先取得突破并获得很大的成果的是英国剑桥大学 MRC 实验室的 A. Klug 的研究小组。A. Klug 于 1952 年在剑桥大学物理系获博士学位，1954～1961 年在伦敦大学晶体学实验室从事病毒的 X 射线晶体结构研究，1962 年转到剑桥大学 MRC 实验室从事病毒等的电子显微学研究。由于他具有丰富的数据处理的知识和经验，因而能首先把图像数据处理技术引进电子显微技术学中，加上发展了一系列的样品制备的新方法并结合了高分辨成像技术，从而取得突破性的进展。

1. 重构技术

1) 二维重构

A. Klug 首先对 T4 噬菌体头部管状结构的负染色底片进行处理。样品是具有一定厚度的三维物体，所得的照片是二维的，由于电镜焦深很大，照片的像实际上是三维样品所有的细节在投影方向的叠加像。A. Klug 对电镜底片进行光学衍射，获得两组衍射谱，分别对应于样品的上、下表面具有周期性排列的分子结构。使用掩板（mask）挡去其中一组的衍射谱，就可获得分别对应上或下表面结构的两组单独的衍射谱。对其分别进行反傅里叶反变换，就可重构出分别对应样品上或下表面处的二维分子结构图。这个图不单排除了另一个图像的干扰，而且也去掉了图像噪声，因而较原图清晰和真实。这个过程实际上是一个两次傅里叶变换过程：图像经过一次傅里叶变换后变为衍射谱，在衍射空间（或称倒易空间）里对衍射谱进行筛选和调整，然后再经过一次傅里叶反变换就得出清晰的二维重构像。如果在今天，使用计算机来处理，这是一个较简单的操作。

2) 三维重构

上述数据处理很成功，但没有获得样品的三维结构信息，于是 A. Klug 对具有螺旋结构的 T4 噬菌体的尾部的结构开展研究。首先从多个不同的角度系列地观察样品，于是得到样品的一系列不同取向的二维投影。对它们进行二维傅里叶变换，得出一系列不同取向的二维衍射图。根据中央截面定理，三维物体沿 z 轴的二维投影 $\rho(x,y)$ 的二维

傅里叶变换 $S(\rho_x,\rho_y)$ 与该物体的三维傅里叶变换 $F(\rho_x,\rho_y,\rho_z)$ 在 $z=0$ 的中央截面 $F(\rho_x,\rho_y,0)$ 等价，即 $S(\rho_x,\rho_y)=F(\rho_x,\rho_y,0)$。这些不同取向的二维衍射图等价于样品的三维衍射空间中通过原点（$z=0$）的二维截面（中央截面）。将这些衍射中央截面按其相互取向在三维空间叠加起来，就可得出衍射谱在三维衍射空间的分布。将其再经过三维傅里叶反变换就可以重构出样品的三维结构。

2. 蛋白质电子晶体学（protein electron crystallography）

以上研究的样品都是用负染色技术处理。虽然可以获得病毒、细胞器或二维蛋白质薄晶中的分子或蛋白亚基的排列和形状，但由于染色剂的颗粒性，只能获得 1.5～2.0nm 分辨率的结构细节。为了获得小于 1.0nm 分辨率的细节结构，必须使用相位反差成像。就要求样品符合“近相位体条件”[83]，负染色样品是无法达到的。为了满足“弱相位体条件”，就要放弃经典的制备技术，样品不染色而直接进行观察。但这样做将遇到很多困难。

首先是电子束对样品的辐射损伤。对于生物样品来说，电子散射大约有 3/4 是非弹性散射，它的典型的电子能量损耗是约 20eV。任何原子要在像中显示出来，总要散射电子束的几个电子，因而至少要接受约 100eV 数量级的能量。这个能量对于只有 10eV 的碳键来说是太大了，碳链往往被破坏。因此，实际上要想获得单个的生物大分子的高分辨的像是不可能的。

为了克服这个困难，A. Klug 小组采取以下几个办法。

（1）低剂量技术；A. Klug 小组使用大约为 0.5e/$Å^2$ · S 的剂量的电子束成像。这是远小于电镜正常使用的电子束剂量［100～200e/($Å^2$ · S)］，在这样情况下生物样品就不会受到损伤。但这样做成像的信噪比非常低，加上生物样品本身的反差就很弱，结果像的统计噪声远大于信号，信号完全被噪声所遮盖了，图像基本上是一无所有的。

（2）叠加法：为了提高图像的信噪比，采用叠加或平均的方法来解决。例如，在 0.5e/($Å^2$ · S) 的剂量下记录 1000 个或更多的分子像，然后把这些像叠加起来，从而获得一个平均像。由于噪声是随机的，而分子信息是确定的，叠加结果信号被加强，而噪声会被相互抵消，结果信噪比增加 $\sqrt{N}$ 倍（N 定叠加数且）。于是就能从一张一无所有的显微像中获得清晰的分子像。这是一个平均像（对于生物大分子，无论是 X 射线晶体学还是核磁共振技术，都是只获得平均像）。

（3）糖包埋法：在实际的工作中还遇到另一个困难，就是真空损伤。生物样品都含有大量的水分，当置于电镜的真空中时，水分会快速汽化从而造成样品严重变形——真空损伤。A. Klug 小组使用葡萄糖取代水分。葡萄糖的物理化学性质与水相似，而且与水互溶。葡萄糖代替水不影响生物样品的结构特性（经 X 射线单晶衍射实验证明）。而葡萄糖是非挥发性物质，在真空中不会汽化。覆盖在晶体上的一层糖分子，能阻止蛋白质分子在电镜的高真空中因失去水分而造成的结构畸变或塌缩，从而解决了真空损伤的问题（P. Unwin）[91,94]。

A. Klug 小组使用上述方法获得 0.7nm 分辨率的紫膜的三维重构像。以后 Wah. Chiu 小组使用同样方法获得 0.34nm 分辨率的响尾蛇毒素的结构。最成功的例子是由

Kuhlbrand 小组完成的捕光蛋白复合物 II（light-harvesting complex II，LHC-2），其分辨率达 0.34nm[95,96]。

实例：

作者在 20 世纪 80～90 年代也从事这方面的研究[97]，应用这种方法完成了牛肝过氧化氢酶（bovine liver catalase）晶体结构的测定，分辨率为 0.7nm。具体做法如下。

样品是牛肝过氧化酶薄晶，使用 NaCl 透析法生成，单层过氧化氢酶样品厚约 20nm。支持膜用在微筛膜上覆盖一层薄碳膜，再喷上稀疏而均匀的黄金颗粒（用于聚焦）。以一滴过氧化氢酶薄晶悬液和 1%的葡萄糖溶液 1∶1 混合，然后取 5μl 混合液于铜网上，5min 后用滤纸吸去残液，即制成不染色的葡萄糖包埋的过氧化氢酶薄晶样品。

电镜的衍射和成像是在经作者进行低剂量技术改装过的 JEM-100CX/II 电镜中进行。在物面可测定的电子剂量最低可达 $0.05e/(Å^2.S)$，并且可进行离轴聚焦（用于防止聚焦过程中电子束辐射损伤成像区域的样品），然后对选定的样品区域进行 4 次拍摄。

（1）低剂量电子衍射：使用高激励的第一聚光镜电流（小尺寸的照明斑）和小的第二聚光镜光栏（ϕ20μm），从而获得非常低的电子束剂量［$<0.05e^-/(Å^2 \cdot S)$］。操作时首先使衍射斑稍失焦，屏上出现一极低倍数、高反差的像。此时选择合适的样品（大而平且均匀的薄晶）。随即插入选区光栏，选取先前选择的样品区域。迅速对衍射斑聚焦，并调节电子束剂量为小于 $0.1e^-/(Å^2 \cdot S)$，使用曝光时间约 20s 记录下来。

（2）低剂量成像：使用与电子衍射相同的样品区域。不用物镜光栏，第二聚光镜光栏改用 ϕ200μm，用相位反差成像。为保证像中含有足够的单胞，使像叠加时能获得足够的信噪比，放大倍数不能用太高。为了获得高分辨率，放大倍数也不能过低。放大倍率为 3×10^5～5×10^5 倍。借助黄金颗粒进行聚焦。调节电子束剂量为 $1\sim2e^-/(Å^2 \cdot S)$，随即拍摄下来，曝光时间为 2～4s。这一步是整个研究工作的难点。因为样品反差很低，不太稳定，使用极低电子束剂量成像，加上放大倍率不高的情况下，要获得高分辨是十分困难的，往往成功率是很低的。

（3）高剂量成像：保持低剂量成像条件不变（特别是聚焦不变），调节电子束剂量为 $30\sim50e^-/(Å^2 \cdot S)$ 并拍摄下来。此像用于测定像的反差传递函数。因为当时是使用光学衍射的方法进行像的傅里叶变换，低剂量像的信噪比太低，无法显示衍射环，所以要加拍一张高剂量像来替代低剂量像。今天如果用计算机进行傅里叶变换，可直接使用低剂量像进行，就不需要拍高剂量像了。

（4）低倍成像：降低放大倍数，使像中既含有薄晶，也含有仅有碳膜的区域的低倍像。此像用于估计薄晶的厚度。如果已经有基本估计就不要拍摄了。

如果要进行三维重构，则需要一系列在不同的倾斜角度下、在相同的样品区城重复拍摄（1）、（2）、（3）步骤。

为了重构样品的结构，需要测定傅里叶函数的振幅和相位。在原理上，从像的傅里叶变换两者可获得。然而由于电镜的像差和不稳定性，从像中得到的傅里叶函数的振幅是被包络函数所调制的，因此，图像数据需要进行解调。但在蛋白质晶体对辐射损伤非常敏感的条件下进行解调是困难的。替代的办法是测定同一样品区域的电子衍射谱的反射强度，然后去计算傅里叶函数的振幅（P. Unwin）。所以在（1）中就要记录电子衍射谱。由于记录电子衍射时的电子剂量很小［$<0.1e^-/(Å^2 \cdot S)$］，这样做不会使样品受到电子束的损伤。

低剂量显微像的噪声远大于结构信息，因此不可能直接显示单个分子或单胞的投影像。然而由于蛋白质晶体具有周期性，如果有足够数目的单胞（$10^3 \sim 10^4$），就可以用傅里叶变换方法把结构信息提取出来，并重构出其平均结构。因为电子衍射谱正好是样品结构函数的傅里叶变换的振幅谱，且它不受传递函数的影响，故此数据分两部分处理：傅里叶函数的振幅从衍射谱中获得；而相位则从显微像的数据获得。

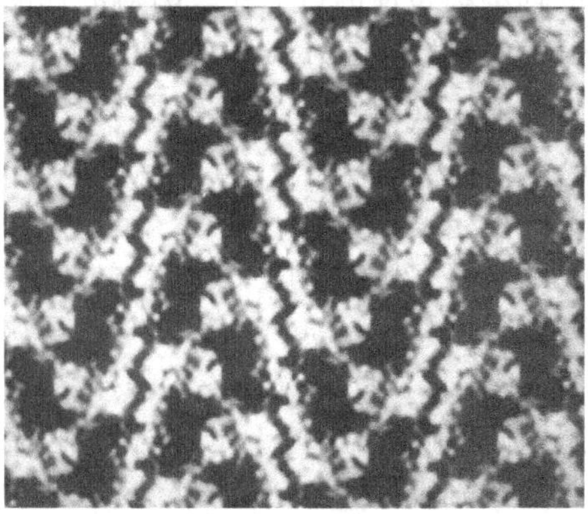

图 5-17　牛肝过氧化氢酶的二维晶体结构

因显微像受反差传递函数的调制，则傅里叶函数的相位也受反差传递函数的影响，故需要用反差传递函数对相位进行校正，这样就获得傅里叶函数的振幅和相位，进而进行傅里叶反变换就可获得二维重构的结构。当具有足够的、不同取向的二维结构时，就可以重构出三维结构。图 5-17 是重构出来的牛肝过氧化氢酶的结构，分辨率是 0.7nm。

以上的方法为应用电子显微技术研究生物大分子的晶体结构开辟了一个新途径，与 X 射线晶体学的三维傅里叶综合相似，因而就称此方法为蛋白质电子晶体学方法（protein electron crystallography）。早期由于这种方法主要使用傅里叶变换处理图数据，故也称为傅里叶电子显微学方法。

3. 冷冻电子显微技术（cryo-electron microscopy，CryoEM）

在电子显微学的领域中，冷冻技术最早出现在透射电镜的冷冻蚀刻技术中，用于研究细胞膜内的结构，如球蛋白、糖蛋白的形态和分布等[79~81]。此后在扫描电镜中用于样品非化学固定及冷冻干燥，随后就发展了冷冻超薄切片技术。由于冷冻是快速物理固定，避免了化学固定剂、脱水剂对样品的不良影响和抽提，能很好地保存细胞结构和酶的活性，因而冷冻超薄切片技术使细胞学的研究获得了许多新成果，并修正了过去一些错误的结论。至 20 世纪 90 年代，冷冻技术被引进生物大分子电子显微技术中，形成冷冻电子显微技术。当快速冷冻技术使样品中的水分形成非晶态的冰，从而克服冷冻造成的冰晶损伤之后获得迅速发展。冷冻技术显示出许多特有的优点。

（1）冷冻技术能使软生物组织迅速凝固成固体，抑制生理过程并能极大地减少可溶性物质的移动，是在最接近自然状态下保存生物组织的优良方法，而且基本上克服了电镜真空对样品的损伤。

（2）冷冻技术能减少电子束辐射对样品的损伤。由于电子的非弹性散射，高能电子束辐射会引起样品局部的升温和电离。局部升温会使生物分子的组成构架的可动性提高，使一些分子由于热激活而发生裂解反应。电离效应使分子中的化学键断裂，H、

O、N 等原子的丢失以及整个分子或部分分子构件的碳化等（L. Reimer），从而造成样品的损伤。放射化学指出，有机材料在低温下对离子辐射有大得多的耐受性（resistance）。作者曾应用电子衍射技术研究在室温和 －120℃下，牛肝过氧化氢酶薄晶刚开始出现电子束辐射损伤时的剂量。结果表明，在 －120℃的低温下，蛋白质薄晶可承受的电子束辐射的剂量大为增加，大约比室温下提高一个数量级。

可见冷冻技术基本解决了高分辨成像中生物样品制备中的困难，除反差弱外。结合了高分辨电子显微技术及计算机三维重构的方法形成了冷冻电子显微技术。它不仅适用于生物大分子晶体，还可以应用于非晶体的生物大分子和超分子复合物（如病毒等），以及许多细胞器的结构，因而取得很大的成果，成为当前国际上科学研究的热点，并且与 X 射线晶体学、核磁共振技术共同成为结构生物学三大技术。尤其在病毒的研究中，很可能取得突破性的进展。冷冻电镜技术根据不同生物材料，可以采用两种不同的方法。

（1）单颗粒重构技术（single-particle reconstruction）。对于具有全同性的颗粒材料，即这些生物颗粒每一粒的结构都是一样的，在提高信噪比时采用很多颗粒的像叠加的办法，从而形成单颗粒重构技术。冷冻电镜单颗粒重构技术对病毒样品最高分辨率已达 3.3Å。病毒的衣壳蛋白上的许多氨基酸残基侧链能被清晰显示出来。对二十面体对称的病毒的结构进行测定，其分辨率水平已具有与 X 射线晶体学方法媲美的潜力。而由于不用结晶以及数据处理较 X 射线晶体学简单，因此研究周期大为缩短，成为病毒结构生物学研究的主要手段[1~3]。

（2）冷冻电镜断层成像技术（cryo-electron tomography）。对于许多不具全同性的生物材料，只能采用断层成像，即对样品采取一系列不同取向的成像，然后按照前面介绍的三维重构方法重构出样品的三维结构，从而形成断层成像技术。它在解析结构方面目前最高可获得约 2.0nm 的分辨率。

此外，现在蛋白质电子晶体学样品也多不用糖包埋，而采用冷冻冰包埋技术，故也把其包括在冷冻电镜技术之中，所以冷冻电镜技术包括蛋白质电子晶体学方法、冷冻电镜单颗粒技术和冷冻电镜断层成像技术三大类。其中后两项将在第 6 章和第 7 章中介绍。

第6章　冷冻电镜单颗粒技术与病毒研究

李鲲鹏

常规生物样品制备技术如负染色方法和超薄切片方法对病毒所进行的研究只是形态学方面的，对于结构研究，尤其是三维结构研究，常规生物样品制备技术存在以下缺陷：①由于是使用散射反差成像，其分辨率基本上在1.5nm以上，许多细小结构无法分辨；②基本上是表面形貌的研究，没有涉及内部结构；③基本上是二维结构研究，没有涉及三维结构。因此，常规生物样品制备技术对于生物大分子的结构研究是远远不够的。

电子显微镜的分辨率已经达到原子分辨率的水平（如0.1～0.2nm）。在材料学科的应用中已获得了原子像，从分辨率的角度来看，生命科学相比之下是远远落后了。其原因是应用电子显微镜研究生物材料有许多特殊的困难。①电子束的辐射损伤。对于生物材料来说，电子散射大约3/4是非弹性散射，其典型的电子能量损耗（亦即给予样品的能量）是20eV，已经超过碳链10eV的能量，因此，碳链往往被破坏。Stem和Bahn测定表明，典型的蛋白质晶体在电子剂量为$1e^- \sim 2e^-/Å^2$的数量级时就开始破裂。这样的剂量远少于通常电镜观察时的剂量。②生物样品通常都含大量水分，当样品置于电镜的高真空时，水分会汽化从而造成样品的结构发生变化——真空损伤。③生物样品主要由C、H、O、N等轻元素组成，本身对电子的散射很弱，而且相互之间以及与水之间的差别也很小。因此，使得生物样品电镜图像的反差和图像的信噪比很低，统计噪声往往大于信号，造成信号被遮盖了。正是由于这些困难，造成生物材料的高分辨电子显微学的研究大大落后了。

在20世纪70年代，DeRosier等[87,98]、Unwin等[99,100]首先采用一系列新的生物材料样品制备技术、高分辨的相差反差成像技术和图像处理技术克服了这些困难。随后的30多年里，随着样品制备技术的不断完善、电子显微镜的设备和技术的进步、计算机图像处理技术的发展，逐步形成了生物大分子电子显微学，并成为公认的研究生物大分子结构的重要研究方法。这些方法的改进简单来说主要反映在以下方面。

（1）采用快速冷冻样品和冷冻观察防止真空损伤。由于样品的水分低温中固化，在真空中不易汽化，并且样品不经任何化学处理，因而基本保持生物大分子的自然状态。

（2）使用低剂量技术［如电子剂量为$1 \sim 10e/(Å^2 \cdot s)$］防止电子束辐射损伤，而且冷冻的样品也能提高样品抗电子辐射损伤的能力（大约一个数量级）。

（3）使用相位反差成像，从而获得高分辨图像。

（4）应用中心截面定律获得样品的三维结构。

（5）应用叠加或平均的方法提高生物样品图像的反差和信噪比。

针对病毒这类具有“分散性”、“全同性”和“取向随机性”的单颗粒性特点的生物大分子，人们专门开发出了相应的成像流程和重构方法，统称单颗粒技术。其中一些重构软件又专门针对病毒的二十面体结构特点进行了优化，以提高计算效率。

6.1　病毒的冷冻电镜成像

获得一张高质量的冷冻电镜照片是解析病毒三维结构的基础。病毒的冷冻电镜成像需要注意以下 5 个方面的内容。

（1）病毒样品的浓度和纯度检测。检测样品的浓度和纯度可以用负染色技术。虽然冷冻电镜成像对样品的纯度和浓度要求不高，但是在电镜检测时也要达到一些基本的要求：病毒的分散性要好，不要有明显的聚集或晶格排列；一个视野内有数十颗病毒，太密或者太稀都不好；杂蛋白要尽可能少，以不影响病毒观察为好。

（2）微筛网的制备与选择：对于高分辨成像，支持膜需使用纯碳的微筛网，因为用它制备的样品，既可以很薄（满足弱相位体近似条件），又可以有很好的稳定性。微筛网的质量及对微筛网的选择对于冷冻制样是很关键的，要根据病毒的亲水性、粒径、放大倍数来制备微筛网。可以选择商业化的微筛网成品，也可以在实验室里自制。对微筛网的选择标准是：碳膜厚度要与颗粒粒径相当；根据病毒粒径确定一个合适的放大倍数，在这个放大倍数下，微筛孔的大小与底片界框的大小相当；光镜下检测微筛网，碳膜要完整；电镜低倍检测微筛网，碳孔分布要均匀，如图 6-1 所示。根据样品的亲水性，微筛网可在使用前通过离子溅射进行亲水性处理，但是对于某些疏水性样品或者容易亲附碳膜的样品，又要根据样品性质对微筛网做进一步处理。

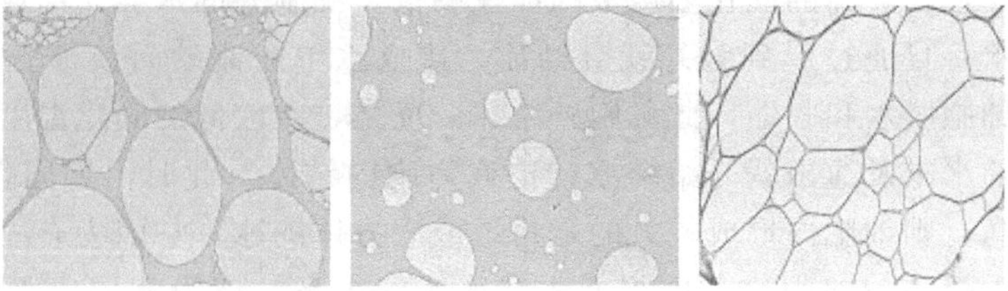

图 6-1　自制的微筛网。左图所示为大小合适、分布均匀的微筛网；中图所示的微筛网碳孔稀疏，大小也不均匀；右图所示微筛孔呈蛛网状，碳膜的支撑性不好（标尺＝1μm）

（3）病毒冷冻样品的制备。冷冻制样的目的就是要获得玻璃态冰包埋的病毒样品，这里有两点要特别注意：一是冰膜的厚度要合适；二是注意避免冰膜晶化或者被冰晶污染。制样过程首先是将 2～3μm 的病毒悬液滴到微筛网上，然后安放在冲投装置上，接下来用滤纸很快地吸滤微筛网上的液滴，紧接着释放冲投装置，使微筛网以极快的降温速率（10^4℃/s）冲入临近凝固点的液态乙烷中，最后将样品保存在液氮里待用。操作者用滤纸吸滤液滴的程度是控制冰膜厚度的关键。

（4）冷冻样品的传输。将制备好的冷冻样品转移到电镜中还要经过很多步骤，这一系列步骤统称“冷冻样品传输”。其基本过程与普通生物样品放进电镜的过程相似，不过所用的设备要复杂得多。这一阶段的关键是样品在每一操作步骤都必须置于液氮环境下，绝不能暴露在大气中，要求操作者随时注意精密温度控制器上的显示温度，处于－160℃都是安全的。

（5）低剂量成像。电子束在穿过样品时，沉积在样品中的电子所损失的能量会以热的形式释放出来，由于冰是热的不良导体，因此热的累积会改变样品的微观局部温度，同宏观的温度变化一样，会导致样品的飘移，当温度上升至－140℃时，会导致玻璃态冰的晶化，无论发生样品飘移还是晶化，都无法得到高质量的像。较低的电子剂量（小于 20e^-/$Å^2$）可以让电子对样品的影响控制在有限的范围内。

可以说，防止样品晶化是冷冻电镜成像的核心。以下简单解释冰晶化的原因并介绍冷冻制样和低剂量成像的基本步骤。

6.1.1 如何获得玻璃态的冰

生物样品中水占总质量的70%～80%，而其中游离的水又占85%～90%。这些游离水在低温下会结冰：首先是许多水分子结合成一定大小的冰晶（晶核），然后以冰晶为核心逐步扩大。不同的温度下形成不同形状的冰：在－90～0℃形成六角形结晶的冰；在－140～－80℃则形成立方体结晶的冰；而在低于－140℃的低温下，因为温度很低、固化很快、来不及排列成有序的结构，则形成玻璃态、无定形的冰，即玻璃态冰（vitrification），如图 6-2 所示。非晶态会因为温度上升而变为立方晶体或六角形晶体的冰，反之则不行。在生物样品中，因固化速率不同会造成不同的结冰状态，从而对样品损伤的情况也不一样：在较高的固化温度下结冰速率低，细胞外的水会先结成冰而细胞被冰包围，胞内的水一旦通过膜到胞外就会结冰，造成水单向流动而使细胞内的水分被抽提，最终造成细胞脱水和收缩，此称胞外结冰；反之，在较低的固化温度下，结冰速率较高，细胞内的水未及逸出就开始结冰，这称为胞内结冰。此时，如固化温度不太低，结冰速率不太高，则细胞内形成较大的六角形或立方体的冰，它因为有固定形状会造成细胞结构的严重损伤。如固化温度很低，结冰速率很高，细胞就形成无定形玻璃态的冰，因为无定形就不会对细胞结构造成损伤，细胞结构就能完好地保存。而且这种结冰状态与上述其他两种结冰状态相比较，具有较好的切割性能，十分有利于冷冻切片。因此，在冷冻制样技术中，为了防止样品晶化从而获得良好保存的结构的关键是提高冷冻的速率。

为了防止冰晶损伤需要提高冷冻速率，大约以10^4℃/s 的速度冷冻。对于像病毒、蛋白复合体和各种细胞器等细小样品，可以通过直接冲投的办法获得这样的冷冻速率。但是要获得高的冷冻速率就需要选择合适冷冻剂，它应具有：高沸点，在常温下最好是液态；低熔点，其熔点应低于－140℃，否则会产生它自己本身的冰晶；热传导性能良好和高热容量；低黏度和易挥发等性能。液氦是理想的冷冻剂，它的熔点接近 0K（－272.2℃），不过价格较贵。液氮价格低，容易获得，但效果差，原因是液氮沸点低易汽化，蒸发的氮气在样品周围表面形成一气体隔热层，样品的热量不易传出从而降低冷冻速率。液态丙烷冷冻效果较好，其缺点是在低温下不易挥发，残留的丙烷会影响以后的电镜观察。液态乙烷效果较理想，但在常温下是气态。现在多数实验室使用液氮冷

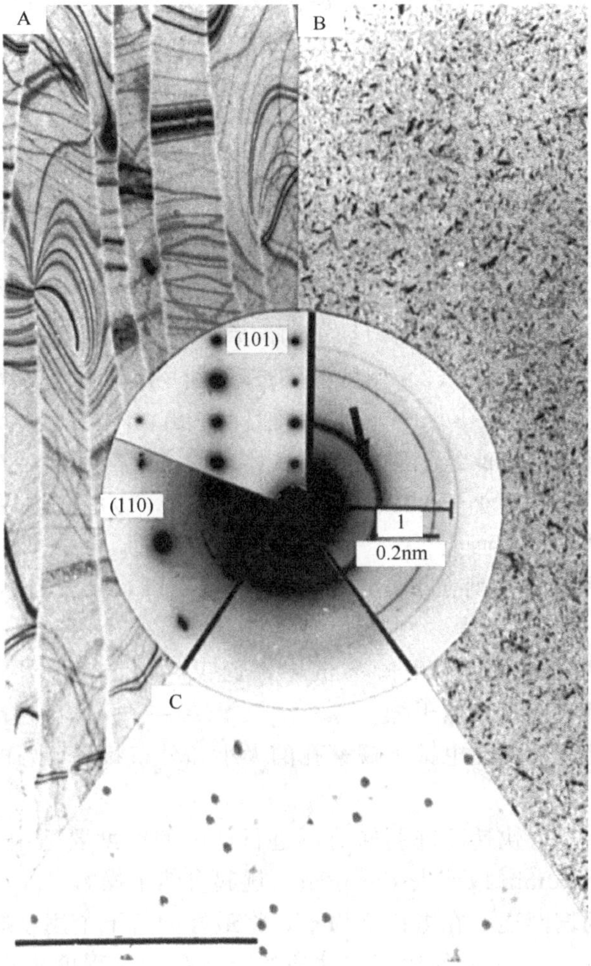

图 6-2　在电镜中看到的三种固态冰的图像和电子衍射谱。A. 将碳膜上的水层快速冷冻后获得的六角形冰晶的电子显微像。（110）和（101）为六角形冰晶的衍射图谱。B. 通过对玻璃态冰加温而获得的立方体形的冰晶。其衍射谱为（1）中显示的图谱，其中可能含有少量的六角形的冰晶，因此衍射谱中含有一箭头所示的谱线（显示为多晶）。C. 电镜中的玻璃态冰的电子显微像（可以看出玻璃态的冰本身在电镜中没有什么结构，图中的小黑点为污染物）。衍射图谱中的阴影表明水分子的波动是各向异性的（标尺＝5μm）（引自 Dubochet et al. 1982）

却乙烷成液态乙烷作冷冻剂，效果良好。

6.1.2　冷冻制样与样品传输

1. 微筛网的制备

设备和工具：超声振荡细胞粉碎机、超声波浴杯、电磁搅拌器、喷镀台、广口瓶、铜网（200 目或 400 目）若干、玻璃片、小刀。

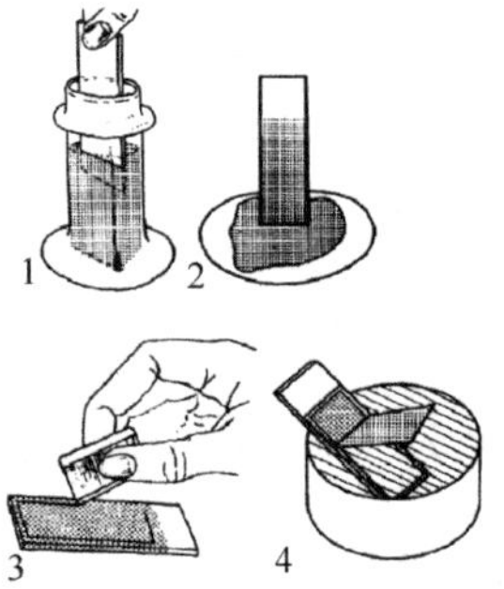

图 6-3　微筛网制备-微孔 Formvar 漂起示意图

药品：铬酸洗液、Formvar（171mg）、50%甘油、双蒸水或去离子水、氯仿、甲醇、二氯乙烷。

微筛网制备流程如图 6-3 所示。

(1) 用 120ml 广口瓶配制 171mg 的 Formvar Resin 溶液，电磁搅拌或者超声振荡 10min，用滴管滴入 20～25 滴 50%的甘油（关键步骤），在超声波浴杯中放置 10min 以使溶液充分混合。

(2) 在超声波用较高频率振荡 7～10min，以使甘油充分分散成均匀细小的液滴（关键步骤）。

(3) 用洗液将玻璃片洗干净，将玻璃片垂直于水平面浸入 Formvar 溶液再垂直拿出，不要搅动。

(4) 将玻璃片垂直置于滤纸上吸去多余液体，使之自然干燥，然后用锋利刀片在玻璃边划一刻痕，以与水平面小于 30°角缓慢浸入双蒸水，边浸入边用刀片将 Formvar 膜挑起，使之平展的漂浮在水面上。

(5) 将干净铜网轻轻排列在 Formvar 膜上，用滤纸覆盖，浸入双蒸水，用镊子挑起，使之自然干燥。

(6) 将附有铜网的滤纸浸在甲醇溶液中，置于超声波浴杯中 5min，以溶去甘油（关键步骤），然后挑起使之自然干燥。

(7) 随机挑选几个铜网在电镜下观察孔的大小和分布状态，好的就可以将整批铜网保存在干燥皿中备用。

(8) 喷碳应该在进行快速冷冻制样前再进行，碳的厚度要适中（关键步骤），然后在二氯乙烷中浸 15～20min 以溶去 Formvar，挑起自然干燥。

(9) 将干燥后的铜网逐一在电镜下检查，将最好的若干个用于制样。

甘油与 Formvar/氯仿溶液的比例、甘油的分散和均匀程度决定了微筛网孔径的大小、均匀度和分散度。可根据需要调节甘油浓度和超声振荡的功率及震荡时长。目前也有商品化的微筛网，用户可根据情况选购。

2. 冷冻制样

冷冻制样设备如图 6-4 所示，该设备是为了适应南方的潮湿气候条件而特别改装的。它用了两层液氮盒，同时将样品操作全部集中在了内层液氮容器中，这样做的主要目的一是为了避免制样过程中的冰晶污染，二是避免样品暴露在湿度较大的空气中。

冷冻制样流程的主要步骤如下。

(1) 将双层容器灌满液氮，待液面不沸腾时，将丙烷（或乙烷）缓缓注入冷冻剂小杯，使之冷却为液态。

(2) 待液态丙烷接近凝固点时，将 2～5μl 样品滴在铜网上，静置 1min，用镊子夹住并固定在滑杆下端。

(3) 一手将滑杆提起，一手用滤纸轻触铜网吸滤多余液体，以保证冰膜的厚度（关键步骤，见图 6-5）。

图 6-4　自制的悬液冷冻电镜制样设备

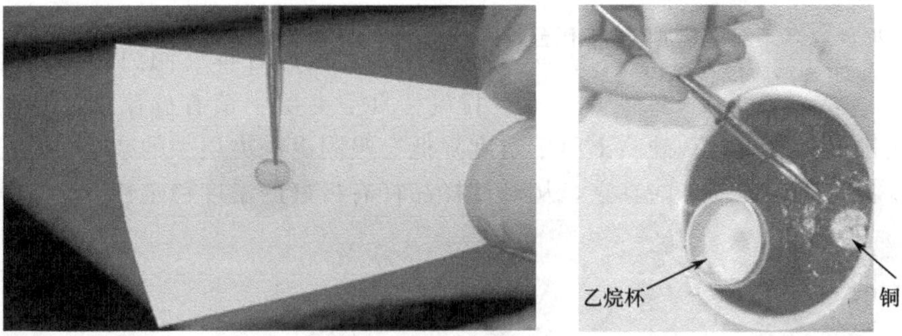

图 6-5　左：滤纸吸掉多余的样品溶液，滤纸上留有液斑，右：样品转移入液氮，只需要在同一个容器中进行，不需要经过另外的转移过程

(4) 滤纸轻触铜网 1～2s，然后提起滑杆的手松开，滑杆下落时，滤纸仍与铜网保持轻触状态。

(5) 让铜网在丙烷保护剂中静置数秒，然后迅速转移到样品钮扣上。

(6) 待样品钮扣的 4 个孔眼都放好样品后，就可以转移到液氮罐中保存以备冷冻电镜拍照。

在单颗粒实验技术的各个环节中，湿度往往起着负面的作用，但是在冷冻制样环节，较高的相对湿度环境是利大于弊的。冷冻制样的目的是要形成厚度合适的玻璃态冰膜，滤纸对液滴进行吸滤后，水膜的水分挥发速率受环境湿度的影响，为了减少水分挥发对制膜的影响，一方面是增加环境湿度，另一方面是减少水膜暴露在空气中的时间。当然，湿度太大，容易对样品形成冰晶污染，这个弊端可以通过改进制样设备来排除。主要的改进在于采用了双层液氮杯，内层杯口低于外层杯口，这样，冰晶只在外层杯口凝结，冰晶掉落时也只会掉落在外层液氮中，内层杯口上方被温度较低的氮气包绕，形成了一个局部的低湿度区域，冷冻制样过程的样品冲投和样品转移的操作全部在内层小杯进行，基本不会受到高环境湿度的影响，从而最大限度地避免了冰晶对样品的污染。

3. 样品传输

样品传输需要专门的设备，以便将冷冻的样品从电镜外环境转移到电镜内的高真空环境。不同的电镜系统有不同的样品传输装置，但它们有共同的设计原则：避免样品在传输过程中晶化或者受到冰晶的污染。我们以 Gatan 626 传输系统作为例子来讲解这部分内容。一套完整的样品传输系统包括专用的冷冻传输架（cryo-transfer）和一个温度控制器（cold stage controller）。冷冻传输架有两个部分：冷冻样品杆（cryo-specimen holder）和工作台（workstation），如图 6-6 所示。冷冻样品杆与普通的样品杆不同，其结构精密复杂，带有一个小液氮罐，通过一根紫铜杆与样品装载头相连，在液氮罐壁上有一个接口与温度控制器相连接，可探测和控制温度。液氮罐有排气阀门，可连接真空泵排气，真空夹层中填有硅藻土，使用前加热硅藻土使之排气，使用时，硅藻土由于温度降低会吸附真空夹层中的残余气体分子，小液氮罐可以长时间维持较高的真空，从而使样品杆有极好的温度稳定性。

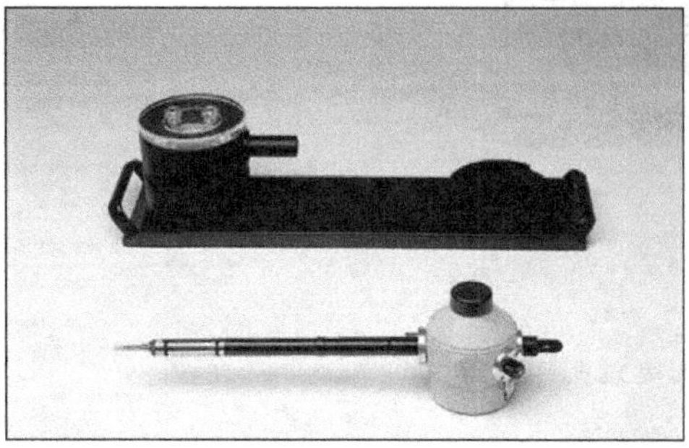

图 6-6　冷冻传输架。上为冷冻传输工作台，下为冷冻样品杆

6.1.3　低剂量成像

一般而言，低剂量成像模式需要电镜具备一些专门设计的装置，如防污染装置和束流遮挡装置，还要有一套低剂量成像的控制程序，用于电镜功能模式的切换。目前主要的几家电镜生产厂商都有专门的冷冻型透射电镜，其防污染装置的性能要好于材料分析型透射电镜。如果要在普通电镜上进行冷冻电镜实验，就需要加装一个防污染装置，其设计原理就是在样品上、下方设置一对紧密相邻的叉式紫铜片，在微筛网孔的位置的光路上，上、下各有一个稍大的孔，这个叉式紫铜片与液氮罐相连，其温度低于样品温度，镜筒中残余气体分子就会吸附在温度更低的紫铜片上，而不会污染样品。此外，要有一个束流遮挡或束流偏转设置，以减小电子束流照射样品的时间。最后，还要选择合适的低剂量感光底片（柯达 SO163）或者高感度的 CCD 成像设备。

一般的成像流程如下（图 6-7）。

(1) 搜索模式（search mode）。进入 SAdiff 模式，调节中间镜电流使放大倍率低至适合于目镜观察，此时电子剂量很小，可用于搜索合适的拍摄区域和聚焦区域。

(2) 聚焦模式（focus made）。在聚焦区域高倍聚焦（放大倍数不低于拍照的倍数），光斑缩小到足够小，不影响聚焦即可。利用聚焦区域中的小冰晶或者小孔聚焦，以及正焦条件下没有衬度的特点来确定正焦点，随后向欠焦方向调几档。

(3) 拍照模式（photo mode）。聚焦完成后即可使用束流遮挡装置遮蔽电子束流，然后移到预定的拍照区域，按下拍照按钮，在快门打开的同时打开束流遮挡，曝光完成

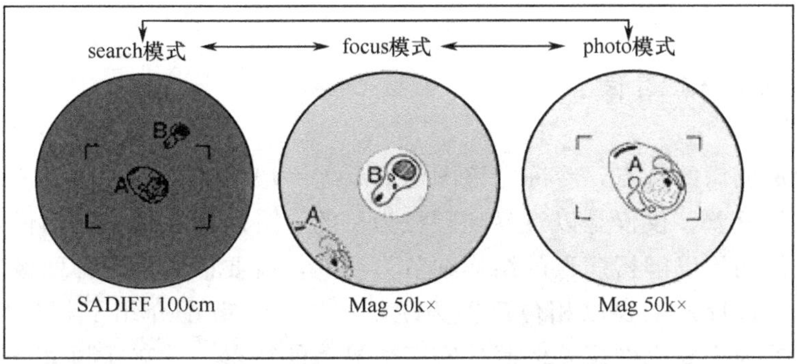

图 6-7　冷冻电镜成像模式设置示意图

后再遮挡束流。

首先要确定拍照模式的放大倍率和电子剂量，放大倍率的选择与目标分辨率有关，也与扫描仪的分辨率有关，一般而言，扫描仪的分辨率是固定的，如 Nikon8000ED 型扫描仪最高可以 6.35μm/pixel 的扫描分辨率，那么相当于电镜在 3 万倍的条件下，分辨 2.11Å 的细节。但是根据纳奎斯特采样定律，扫描步长至少应该是目标分辨率的 1/3，因此，若要获得 6Å 的目标分辨率，至少在 3 万倍的条件下成像。其关系为

$$R = 3 \times \frac{25.4 \cdot M}{S} \tag{6-1}$$

式中，R 为目标分辨率（单位：Å）；S 为扫描分辨（单位：千像素/英寸）；M 为放大倍数（单位：万倍）

放大倍率的选择也与样品的浓度有关，如浓度高的样品可以采用较高的放大倍数。放大倍率的选择也与电子辐射剂量有关，一般而言，在同等照度下，放大倍数越高，样品所受的电子剂量也越大。合适的电子剂量不能简单地以电子剂量指示计为准，要进行实际的试拍才行，一般可以采用括弧曝光法，当低剂量底片得到合适的曝光时，电子剂量指示计所示的读数就是合适的剂量了。低剂量底片的曝光范围比较大，有时剂量很低时，底片也能曝光，但不能一味地追求低剂量，当由于剂量很低而成像的灰度范围太狭窄时，就无法提供足够的、可以用于数据处理的灰度信息。

在病毒的低剂量成像时，往往在同一位置拍摄欠焦量不同的两张照片，称为欠焦对。其中一张是大欠焦照片，反差较好，在数据处理时用于确定病毒的中心和初始取向；另一张是小欠焦照片，分辨率较高，在数据处理时用于精修提高三维重构的分辨率。为了保证小欠焦照片时样品所受电子辐照最小，一般先拍小欠焦照片。

搜索模式建议在 DIFF 模式下进行，主要原因是在 DIFF 模式下，电子束对样品辐照比低倍模式下更低，而且选择合适的相机长度后，视野也会较大，方便选择感兴趣区域。

聚焦模式所选择的放大倍率要比拍照模式下的大些，聚焦的位置与拍照的位置不应该距离太远，聚焦时，光斑应该尽量小，以避免对附近的拍照位置产生影响。聚焦位置产生的热损伤是局部的，由于冰是热的不良导体，因此聚焦位置的热损伤并不会影响到

拍照位置。

6.1.4　冷冻电镜图像的复原

由于低剂量成像的特点，冷冻电镜图像的反差一般都非常弱，因此需要结合不同的需要调整图像的反差。仅仅是以观察到颗粒为目的，可以简单地根据图像灰度分布和对比度来调节。但如果以解析病毒的结构细节为目的，就要谨慎地选择图像复原的方法。

冷冻电镜成像反差主要以相位反差为主，在5.3.3节中介绍了相位反差的形成原理。以相位反差为主要成像反差的照片有一个显著的特点——它在频率空间的高频信息被衬度传递函数（CTF）所调制，要使用这些对应于图像细节的高频信息，就必须对被调制的频段进行解调，即图像复原。图像复原的好坏程度取决于对图像成像过程包括信噪特点的先验性知识的了解，根据这种先验知识可以建立图像的退化模型。

对冷冻电镜图像而言，既有乘法性的CTF调制，也有加法性的噪声。乘法性的CTF调制用退化函数“H”来表示，由于电子光源的部分相干性（partial coherence）和电子的不稳定性（色差，energy spread）会导致传递函数在高频区域的衰减，其总的效果可以用几个包络函数来表示，加法性退化一般为本底项（background）或者噪声项（noise），退化模型如下式：

$$I(\boldsymbol{k}) = E_{pc}(k)E_{es}(k)E_{f}(k)E_{g}(k)H(k)\Phi(\boldsymbol{k}) + N(\boldsymbol{k}) \tag{6-2}$$

式中各项的含义与解析式如下：

传递函数（CTF）可以定义为

$$H(\boldsymbol{k}) = 2[\sin\gamma(\boldsymbol{k}) - W\cos\gamma(\boldsymbol{k})] \tag{6-3}$$

式中，γ的函数形式见式（5-26），对于弱相位反差成像而言，散射反差总是存在的，散射反差所占的比例由参数W来给定。

有限尺寸的高斯分布电子源对高频衰减的贡献可以表示为

$$E_{pc}(\boldsymbol{k}) = \exp[-\pi^2 q^2((\boldsymbol{k}^3)C_s\lambda^3 - \delta_z k\lambda)^2] \tag{6-4}$$

式中，下标pc表示部分相干性；q为电子源的有效尺寸。

电子的不稳定性对高频衰减的贡献可以表示为

$$E_{es}(\boldsymbol{k}) = \exp\left[-\frac{1}{16\ln2}\pi^2\delta_z^2k^4\lambda^2\right] \tag{6-5}$$

式中，下标es表示能量分布，色差与能量分布均与透镜的电子线路不稳定性有关。其中δ_z表示与电子线路不稳定性有关的欠焦值的变化量。

图像记录系统（胶片或者CCD成像系统）对分辨率限制的影响可以表示为

$$E_f(\boldsymbol{k}) = 1/[1 + (k/k_f)^2] \tag{6-6}$$

式中，k_f为特征空间频率。

综合考虑像漂移、样品荷电效应多重散射的影响，可以表示为一个高斯分布的包络函数

$$E_g(\boldsymbol{k}) = \exp[-(k/k_g)^2] \tag{6-7}$$

对上式的去噪和解调过程，就是获得退化模型的各个参量、逼近理论预期的过程。

冷冻电镜图像有自己的退化特点。解卷的方法有两种，一种是直接逆滤波，一种是维纳滤波。由于直接逆滤波易产生病态条件，因此一般不会采用直接逆滤波，而是采用维纳滤波，或者是在有效去除病态条件后再采用直接逆滤波方法。

直接逆滤波

对 $I(u,v)=H(u,v)F(u,v)+N(u,v)$，在无噪声的情况下，有：

$$I(u,v)=H(u,v)F(u,v),$$

即可得到：

$$F(u,v)=I(u,v)/H(u,v)$$

这种 $1/H(u,v)$ 的形式就是逆滤波。实际情况中，噪声不可避免，因而只能求 $\boldsymbol{F}(u,v)$ 的估计 $\boldsymbol{F}(u,v)$：

$$\boldsymbol{F}(u,v)=\frac{I(u,v)}{H(u,v)}+\frac{N(u,v)}{H(u,v)} \tag{6-8}$$

当 $H(u,v)$ 有许多零点，或者 $H(u,v)$ 不为零但是值很小，也即病态条件，直接逆滤波的方法就会严重影响图像恢复的效果。因此逆滤波一般在原点附近进行，相当于在频域上加一个低通窗口 $W(u,v)$。逆滤波只能应用于信噪比较高的退化图像。

维纳滤波

对于病态条件下的解卷积，可以用维纳滤波或者约束最小二乘滤波实现。维纳滤波是最小均方误差意义下的滤波器，但是维纳滤波要求对未退化图像和噪声的功率谱都是已知的，那么，在约束最小二乘意义下的滤波器就相对简单一些，只要求噪声的方差和均值的知识。

维纳滤波：

$$\hat{F}(u,v)=\left[\frac{1}{H(u,v)}\frac{|H(u,v)|^2}{|H(u,v)|^2+S_\eta(u,v)/S_f(u,v)}\right]I(u,v) \tag{6-9}$$

$|H(u,v)|^2=H^*H$，H^* 是 H 的复共轭，$S_\eta(u,v)=|N(u,v)|^2$ 是噪声的功率谱，$S_f(u,v)=|F(u,v)|^2$ 是未退化图像的功率谱。

约束最小二乘滤波：

$$\hat{F}(u,v)=\left[\frac{1}{H(u,v)}\frac{|H(u,v)|^2}{|H(u,v)|^2+\gamma|P(u,v)|^2}\right]I(u,v) \tag{6-10}$$

式中，$P(u,v)$ 是 $p(x,y)$ 的傅里叶变换，$p(x,y)$ 是拉普拉斯二阶微分掩模。

$$p(x,y)=\begin{bmatrix}0 & -1 & 0\\ -1 & 4 & -1\\ 0 & -1 & 0\end{bmatrix}$$

6.2　病毒三维重构的单颗粒技术

对病毒结构最早的认识开始于 20 世纪 50～60 年代对病毒晶体的 X 射线衍射分析。1962 年，Caspar 和 Klug 在冷泉港会议上提出了二十面体病毒的“准等价”结构理论，奠定了病毒结构的理论基础，并首次使用三角形剖分数（T，triangular number）来区分病毒衣壳的结构特征。虽然当时 X 射线晶体技术在某些小蛋白质的三维结构解析上已经取得了突破性的进展，但是要解析类似于病毒这样大的蛋白质复合物的三维结构，时至今日，仍然是十分困难的。

1962 年之后，Klug 意识到了由于电磁透镜具有较大的焦深，在像平面上记录了病毒不同深度结构信息的二维电子像，从病毒不同角度的二维电子像出发，应该可以将病毒的三维结构恢复出来。1975 年，Crowther 和 Klug 发表了利用电镜三维重构技术研究生物大分子复合物的综述文章，提出了等价线原理和中央截面定理，奠定了电子显微镜对病毒三维结构解析的理论基础。但是，由于制样技术、电镜技术和计算技术等方面的限制，人们很难得到病毒等蛋白复合物的高分辨率三维结构，直到 1997 年，Bötthcher 和 Conway 的研究小组分别获得了乙肝病毒核心颗粒 7.4Å 和 9Å 分辨率的三维结构。DeRosier 在同期的 *Nature* 杂志中发表“谁还需要晶体”的文章，指出“这是一个大进步[73,121]，它使分子生物学家不用结晶就可以获得大分子及其衍生物的结构的梦想变成现实”。病毒的三维结构达到了亚纳米的解析水平，如乙肝病毒（HBV）、水稻矮缩病病毒、疱疹病毒和家蚕质多角体病毒等。许多重要的生物大分子复合物也通过冷冻电镜单颗粒技术得到了三维结构的解析，如核糖体、核孔复合体及多种分子伴侣复合物等。2008～2010 年，数名华人科学家在病毒的结构解析方面取得了巨大的突破[1,4,5,101]，病毒结构的解析分辨率提高到了 3.3Å，已经达到了蛋白质晶体学的结构解析水平。周正洪博士在 2008 年写的综述性文章中很好地描述了这一阶段的工作[2]，这些成果主要取决于几项突破性的技术发展：首先是冷冻电镜技术，包括冷冻制样技术和低剂量成像技术；其次是先进的电镜设备，如场发射电子枪、能量过滤装置、CCD 成像设备、冷冻传输装置和防污染装置等；再次就是三维结构解析方面的发展，这又是以计算机硬件和软件的革命性进步为基础的。

冷冻电镜技术可以对不同生理条件下的生物大分子复合物进行“快照”，从而了解蛋白质在不同条件下的构象变化和功能。通过对病毒的高分辨率结构解析，可以提供多方面的知识。

（1）了解病毒的装配和组装方式，这是结构解析最直接也是最重要的目的之一。

（2）提供了通过同源建模技术解析结构蛋白单体原子分辨结构的基础。

（3）了解病毒结构蛋白上重要的功能位点及其结构学意义。

（4）了解病毒蛋白单体的构象变化。

（5）了解核酸可能的释放通道。

（6）了解病毒的入侵方式和入侵机理。

6.2.1　单颗粒技术的发展现状

由于生物样品本身对电子的散射能力差别很弱，加上使用低电子剂量所得的图像反差和信噪比极差，信号被噪声所遮盖。因此，要想获得单个生物大分子的高分辨率像实际上是不可能的。于是就使用叠加的方法。噪声是随机的，而信号是定向叠加，结果信噪比提高 $\sqrt{N}$ 倍（N 是叠加数），这样就获得了生物大分子的平均像（蛋白质 X 射线晶体学也是获得平均像）。对于蛋白晶体样品，可以采用衍射的方法进行叠加而获得平均像，从而形成了蛋白质电子晶体学方法。而对于像病毒那样全同性的单颗粒样品，只能采用计算机逐个叠加，从而形成了单颗粒技术（single particle，SP）[102~104]。对于没有全同性的生物材料（这些生物粒子并非每个都完全相同的）就不能够进行叠加了，而采用倾斜拍摄的办法，就形成了电子断层成像技术（electron tomography，ET）[105]。这就是目前生物大分子电子显微学中各自独立而又相互联系的三种方法。

所谓“单颗粒”，就是指这一技术所研究的生物大分子复合物或超分子复合物在它的悬浮态水溶液中具有“分布离散性”、“形态全同性”和“取向随机性”的颗粒性特点，如许多细胞膜复合物、分子伴侣、核糖体、病毒等。而“单颗粒技术”就是使用冷冻电镜成像和三维重构获得单颗粒样品三维结构的技术，这一技术通过电镜获取具有“单颗粒”特征的生物样品的二维电子密度像，在一张电镜照片上可以框出几十张或几百张这类样品的像，由于样品是“形态全同”且“取向随机”的，那么这些像就如同对一个单颗粒样品从不同角度拍摄得到的像，通过将这些不同角度的二维像叠加的方法，就可以得到这种单颗粒样品的三维结构。

所谓“三维重构”，就是从一个三维物体的二维图像出发，将该三维物体的三维图像构建出来。“三维重构”的方法有很多种，单颗粒三维重构方法只是其中的一种方法，该方法主要基于“中央截面定理”，简单来讲，就是如果可以得到某个三维物体在多个角度上的二维投影，那么就可以根据“中央截面定理”，把该物体的三维图像重建出来。“单颗粒技术”就是这种方法的具体实现，目前有很多流派，从软件来说，比较著名的有 SPIDER、IMAGIC、EMAN、IMIRS[106]等，这些软件都是基于共同的原理，但是具体的实现方法有所不同，各有千秋。

单颗粒技术较适宜研究分子质量 100kDa 以上的生物大分子（宏观尺度介于 10～1000nm），与蛋白质 X 射线晶体学或核磁共振技术相比有几个明显的优点。

（1）适用范围广，样品尺度可从 10nm 到 200nm，蛋白质、病毒、超分子体系，晶体或非晶体，可溶的或不同溶的都可以进行研究。

（2）样品制备相对简单，由于使用急速冷冻方法，不用结晶且能基本保持自然状态，还能捕捉动态的结构变化。

（3）由于电镜图像包含相位信息，因而图像处理和三维重构较 X 射线晶体学简单、直接。

（4）从生物大分子的结构尺度上形成了与 X 射线晶体学技术的完美互补，更提供了以同源建模技术为基础的分子预测及模拟技术的最佳模板。

由于有了以上的优点，尤其是对于具有非常重要生物功能的大的生物大分子复合体和组装体，在结构尺度上，填补了 X 射线晶体学的空缺，形成了与 X 射线晶体学或核磁共振谱在技术上的互补。一个值得注意的趋势是将冷冻电镜单颗粒技术和 X 射线晶体衍射技术或 NMR 技术相结合[107]：X 射线晶体衍射技术或 NMR 技术可以解析蛋白单体的原子水平的三维结构，冷冻电镜单颗粒技术可以比较容易地得到蛋白复合物的近纳米或亚纳米水平的三维结构，通过二维和三维形态匹配技术，可以将 2～4Å 的原子分辨率的蛋白单体结构拟合到 7～15Å 分辨率的冷冻电镜单颗粒三维结构中，这种结合大大加快了生物大分子复合物的结构解析速率和质量，是当前生物大分子结构研究的重要发展方向。重要的是，冷冻电镜技术可以对不同生理条件下的生物大分子复合物进行“快照”，从而了解蛋白质在不同条件下的构象变化和功能。随着技术的进步，电子显微学，尤其是单颗粒技术对生物大分子的结构解析分辨率的提高仍然存在很大的空间，因此有不少国际权威学者认为生物大分子电子显微方法将会成为研究生物大分子结构的最强有力的手段。

病毒的三维重构原理主要基于“中央截面定理”，但是由于病毒结构的独特性和冷冻电镜成像的特点，还需要用到图像处理的其他数学方法。首先，生物大分子颗粒取向在溶液中是随机，因此首先要做的，就是在电镜照片中估计每一个颗粒的取向，单颗粒技术中主要用到“等价线方法”；其次，由于含水的生物样品对电子散射能力很弱，加上低剂量成像，因此电镜照片的信噪比极低，如何从信噪比极低的图像中提取有用的信息，需要用到一些去噪或滤波方法，单颗粒技术中主要用到的是“相干平均”方法；第三，由于单颗粒的电镜照片是在欠焦的条件下得到的，图像信号受“衬度传递函数”的调制，因此需要对图像进行解调处理之后才能得到正确的重构结果；第四，对三维重构结果的评价标准就是重构的有效分辨率，对重构结果进行分辨率估计有也多种方法。

本节要介绍病毒结构的晶体学特点和对称性，以及三维重构的基本原理和主要步骤。

6.2.2　病毒的结构特点

如果仔细观察一下足球的结构，你会发现它是由 12 个五边形和 20 个六边形构成的，这意味着：绕着通过五边形中点的铅垂轴转动足球，会出现 5 次与初始状态完全一致的状态；或者你绕着通过六边形中点的铅垂轴转动足球，会出现 3 次与初始状态完全一致的状态；或者你绕着通过六边形一条边的中点的铅垂轴转动足球，会出现 2 次与初始状态完全一致的状态，这就是所谓的“532”对称性。只有二十面体（icosahedral）和十二面体（pentagons）具有“532”对称性，如图 6-8 所示。有一大类病毒恰好就是二十面体结构。从结构上来划分病毒，只有三类：第一类是二十面体病毒，如家蚕质多角体病毒（BmCPV）；第二类是杆状病毒，如烟草花叶病毒（TMV）；第三类就是二十面体结构和杆状结构的复合体，如 T4 噬菌体。

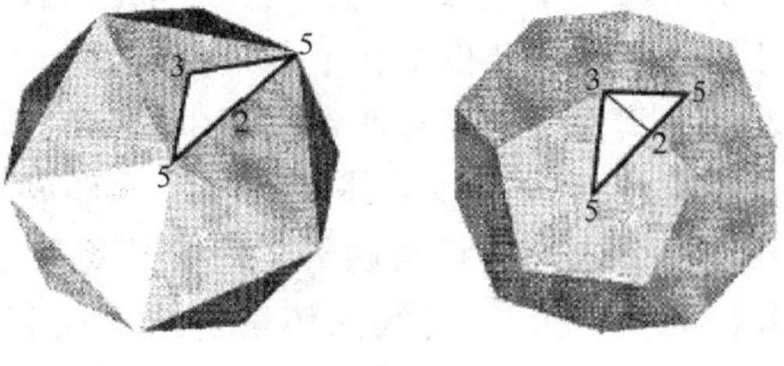

图 6-8　具有“532”对称性的结构，左图为二十面体，右图为十二面体，由两个相邻的 5 次轴和一个 3 次轴所确定的区域称为“非对称单元（asymmetric unit）”[108]

1. “准晶”与“准等价”理论

现在，科学家把具有“532”对称性的结构也归为晶体类型的一种，但是沿用了历史上对它的称呼“准晶（quasi-crystal）”。晶体的基本原理之一就是等价原理，在等价原理的规定下，结构单元（subunit）之间的连接方式都是完全相同的，满足等价原理的“532”对称结构的结构单元最大数目为 60 个，也就是二十面体结构。但后来，科学家发现许多病毒的最小结构单元并非 60，而是更多。基于这一事实，Casper 和 Klug 提出了准等价理论（quasi-equivalence），在这样的理论规范下，产生了两种基本的形态亚单位：五邻体（penion）和六邻体（hexon）。五邻体多是由同一种结构单体（多肽）组成，六邻体由 6 个结构单体组成，多为相间连接的 2 种或 3 种多肽。准等价理论突破了病毒结构在等价理论下最小结构单元数目的限制，并且可以用“三角形剖分数”进行定义，这使得大多数病毒的结构形态有了合理的理论依据。尽管如此，有些病毒的结构也无法用准等价理论进行解释，如登革病毒成熟颗粒表面衣壳的排列方式就不满足准等价理论。

2. 三角形剖分数“T”

我们用三角形剖分数（triangulation number）“T”来描述一个准等价二十面体病毒的结构特征：一个二十面体可按面展开为由若干六边形组成的图案，以任一个五次轴顶点为原点，连接相邻的两个五次轴，就构成了一个夹角为 60°的仿坐标系，在该坐标系下，T 就是两个相邻顶点的距离的平方，如图 6-9 所示。

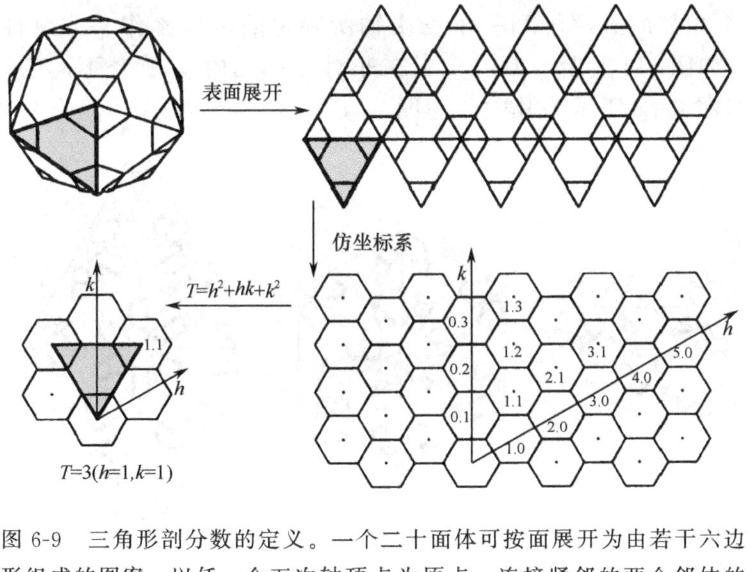

图 6-9　三角形剖分数的定义。一个二十面体可按面展开为由若干六边形组成的图案，以任一个五次轴顶点为原点，连接紧邻的两个邻体的中点，就构成了一个夹角为 60°的仿坐标系，在该坐标系下，T 就是两个相邻五邻体中点的距离的平方[108]

一般而言，T 值越大，表明病毒的结构越复杂，它反映了两个重要的信息。

（1）在由三个五邻体（即五次轴）确定的三角形区域内，T 值反映了六邻体的数量以及它们的分布情况，即花样模式，图 6-9 是 $T=3$ 的例子，图 6-10 是 $T=4$、7、13 的例子。

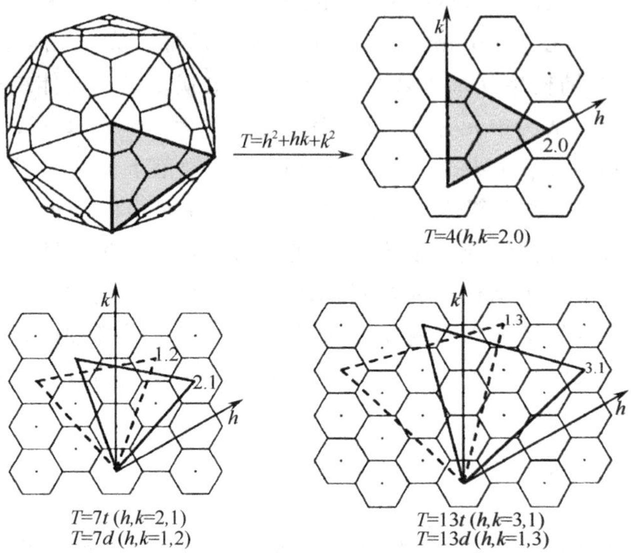

图 6-10　上图，$T=4$ 的例子；下图，$T=7$、13 的例子。符号 l 表示左旋（laevo）；符号 d 表示右旋（dextro），这意味着结构复杂的病毒会出现手性特征（chirality）[108]

（2）由两个相邻的五次轴和一个三次轴所确定的区域称作“非对称单元（asymmetric unit）”，如图 6-8 所示，T 定义了在非对称单元内有 T 个不同的结构单体（不同的多肽），如图 6-11 所示。其中，左图为 $T=1$ 的花样模式，只有一种单体；中图

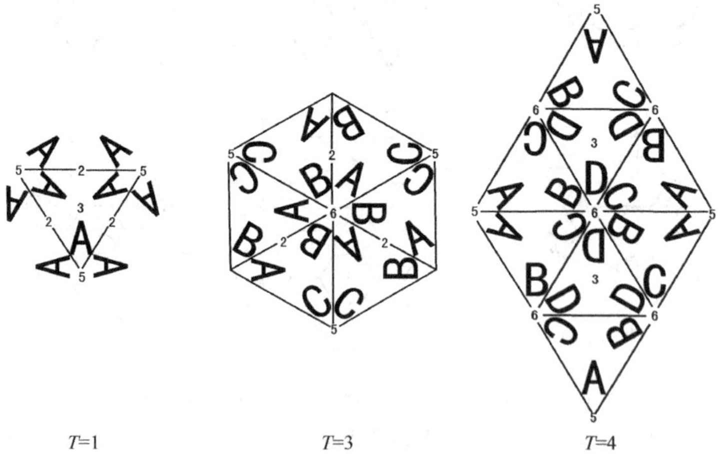

图 6-11　左图为 $T=1$ 的花样模式，只有一种单体；中图和右图为 $T=3$ 和 $T=4$ 的花样模式，分别有 3 种和 4 种不同的单体。图中数字“5、3、2”分别表示 5、3、2 次轴的位置；数字“6”表示“拟六次轴（quasi-sixfold）”位置

和右图为 $T=3$ 和 $T=4$ 的花样模式，分别有 3 种和 4 种不同的单体。图中数字“5、3、2”分别表示 5、3、2 次轴的位置数字；“6”表示“准六次轴（quasi-sixfold）”位置，这个名称是与准等价理论相对应的，意味着构成六次轴的 6 个单体的结构不是完全相同的。

当然，还有一些例外，无法用标准的准等价理论和三角形剖分数来描述病毒的花样特征，如登革病毒，它在非成熟的时候是 $T=3$ 的结构，有 60 个三聚体，但是它在成熟时发生了构型变化，形成了 90 个二聚体，如图 6-12 所示，这个结构很难分类，于是将它命名为“拟 $T=3$”的结构[109]。

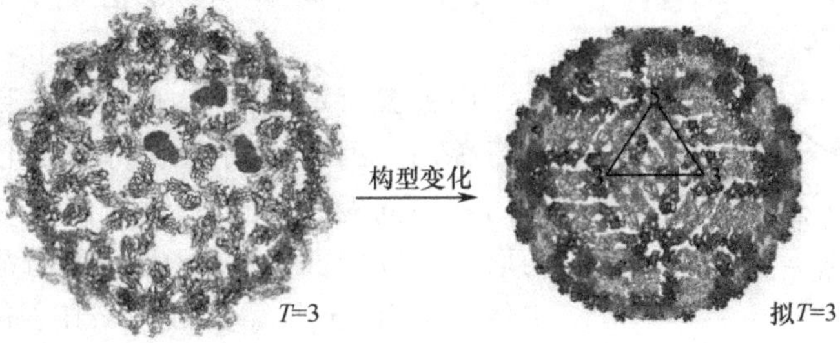

图 6-12　登革病毒在成熟前（左）和成熟后（右）的构型变化[109]（见图版）

6.2.3　中央截面定理

具有二十面体对称性的病毒颗粒是一种理想的单颗粒研究对象，二十面体病毒衣壳具有较高的结构刚性，颗粒径长一般大于 20nm，结构全同性好，易获得高质量的电镜照片。即便有这些优势，由于含水的生物样品对电子散射能力很弱，加上低剂量成像，因此单张电镜照片的反差很弱，信噪比很低，将结构信息还原出来的主要方法就是将许多颗粒照片进行叠加的“相干平均”方法，这种叠加是在三维傅里叶空间进行的，“中央截面定理”就是最核心的叠加法则。

假设物体的质量密度在三维空间的分布为 $\rho(\boldsymbol{r})$，那么它在三维傅里叶空间的等价变换为[87]：

$$F(\boldsymbol{k}) = \int \rho(\boldsymbol{r}) \mathrm{e}^{2\pi i(\boldsymbol{k}\cdot\boldsymbol{r})} \mathrm{d}\boldsymbol{r} \tag{6-11}$$

在三维实空间沿着电子束方向投影，并规定该方向为矢量 $\rho(\boldsymbol{r})$ 的 r_z 分量，则有

$$p(r_x, r_y) = \int \rho(\boldsymbol{r}) \mathrm{d}r_z \tag{6-12}$$

在三维傅里叶空间沿着投影方向，并定义该方向为矢量 $\rho(\boldsymbol{k})$ 的 k_z 分量，则有

$$F_{k_z} = 0(k_x, K_y) = \int p(r_x, r_y) \mathrm{e}^{2\pi i(k_x\cdot r_x + k_x\cdot r_y)} \mathrm{d}r_x \mathrm{d}r_y \tag{6-13}$$

这就意味着，在三维傅里叶空间，沿电子束方向截取 $F(\boldsymbol{k})$ 的截面，这个截面等于在实空间，$\rho(\boldsymbol{r})$ 在电子束方向投影的傅里叶变换，见图 6-13。

具有对称性的单颗粒可以利用其对称性在三维傅里叶空间作对称操作来填满傅里叶

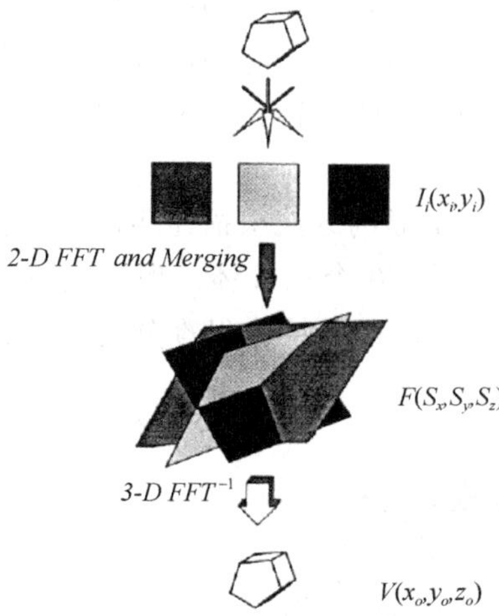

图 6-13　三维重构的中央截面定理原理示意图[110]

空间，因此二十面体病毒的高度对称性相比于完全没有对称性可言的核糖体来说，只需要较少的颗粒数就可以达到较高的分辨率。对于二十面体对称的病毒而言，重构到 1nm 以下，平均需要 5000 个颗粒[73]，而对于 p97ATP 酶，7000 个颗粒也只能到 24Å[111]；再如核糖体，重构到 11.5Å 用了 7 万个颗粒[112]。

6.2.4　取向和中心估计

中央截面定理规定了必须按照颗粒的空间取向进行叠加，因此，病毒取向和中心的估计是三维重构的核心问题。由于二十面体的对称性，病毒颗粒的取向可以定义在一个比较小的范围内。取向的初步估计采用自身等价线（self-common line，SCL）方法，然后用交互等价线（cross-common line，CCL）方法确定颗粒的相对取向[108,113,114]。选择相对取向稳定的 3～5 个颗粒作为三维重构的初始模板，以此模板为基础，用交互等价线相位残差方法确定其他颗粒的取向，然后依据中央截面定理进行三维重构，以重构结果作为精修模板，对所有病毒颗粒进行取向和中心的精修，通过迭代精修的方法来提高颗粒取向和中心估计的准确性，从而逐渐提高三维重构的信噪比[114]。

颗粒初始取向估计的好坏受很多因素的影响，其中最主要的有两个因素：一个是冷冻电镜图像本身的信噪比，一个是颗粒自身的结构特征。虽然在冷冻条件下，样品对电子辐照的耐受能力大大增强，但是在实际成像时仍然要谨慎地选择电子剂量。有研究表明，在−170℃下，对直径 30nm 以下的病毒颗粒，要达到 1nm 左右的分辨率，电子辐射剂量应小于 16e^-/$Å^2$[115]。在如此低的电子剂量下，图像的信噪比是非常低的。信噪比越低，通过自身等价线相位残差评价方法估计颗粒取向的误差也就越大。除信噪比外，颗粒自身的结构特征对取向估计也有着重要的影响。由于病毒衣壳具有较高的二十面体对称性和结构刚性，因此病毒衣壳的结构特征在颗粒取向的估计中起着主要的作用。颗粒表面越光滑，取向估计的误差也越大。

1. 二十面体的取向定义

二十面体是由 20 个等边三角形所组成的正多面体。每个二十面体共有 12 个顶点、20 个面、30 条边，6 个五次对称轴、10 个三次对称轴、15 个二次对称轴。二十面体的取向可以由欧拉角（ϕ，θ，ω）和中心坐标（x，y）所定义。取向为（0，0，0）的二十面体在直角坐标系的位置如图 6-14 所示，x、y 和 z 轴都通过二十面体的二次对称轴。中心坐标（x，y）即病毒颗粒的中心，欧拉角（ϕ，θ，ω）定义为：首先围绕原始的 z 轴旋转，旋转角为 ϕ；然后围绕新的 y 轴旋转，旋转角为 θ；最后是围绕新的 z 轴旋转，

旋转角为 ω。由此，任何一个二十面体的位置及取向都可以通过该参考坐标系描述。原图 x 轴上方的三角形区域就是其中一个非对称单元，二十面体共有 60 个（20×3）这样的可重复的最小结构单元，由于二十面的高度对称性，二十面体的取向范围可以仅定义在该三角形内。按照上述坐标系，(31.717，90，ω）和（-31.717，90，ω）正好对应于两个五次对称轴（即位于二十面体顶点上），从该投影方向看，具有五重旋转轴对称性；(0，69.09，ω）对应三次对称轴（即位于二十面体面的中心），具有三重旋转轴对称性；(0，90，ω）对应二次对称轴（即位于二十面体边的中点处），具有二重旋转轴对称性。

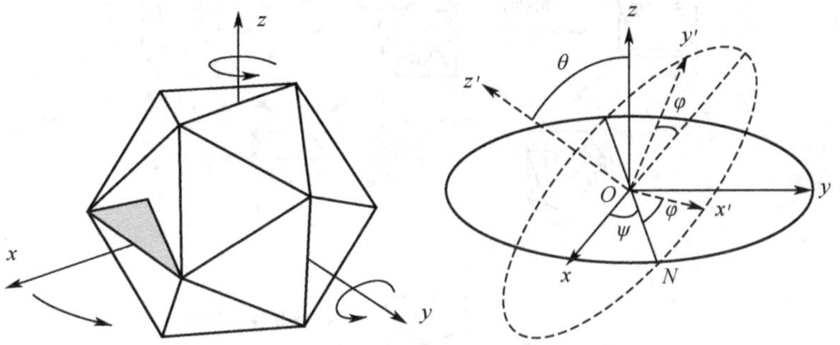

图 6-14　二十面体取向定义

2. 自身等价线

由于二十面体的对称性，二十面体病毒颗粒的取向总可以定义在一个非对称单元内，同一颗粒在空间中的任一可能取向，可以通过 5-3-2 次轴的对称操作得到。选择非对称单元中某一取向的傅里叶中心截面 A 作为参考面，将 A 绕任一对称轴做正负两个方向的对称操作后得到对称面 B 和 C，面 B 和 C 在参考面 A 上产生两条交线，这两条交线是由一个面经过对称操作后在自身面上确定的两条交线，对于完全无噪声的图像，其振幅和相位完全相同，因此称为“自身等价线（self common line)”。自身等价线总是成对出现的，其位置与该中心截面在非对称单元中的取向是一一对应的，如图 6-15 所示。

不同的对称操作会产生不同的等价线，包括：

（1）绕一个 5 次轴的对称操作可产生 2 对、共 6 个五次轴，小计 12 对；

（2）绕一个 3 次轴的对称操作可产生 1 对、共 10 个三次轴，小计 10 对；

（3）绕一个 2 次轴的对称操作可产生 1 对、共 15 个二次轴，小计 15 对。

总计 37 对。这 37 对自身等价线算是一组。

3. 交互等价线

以其中一个二十面体的中央截面作为参考，另外一个二十面体的中央截面进行对称操作得到 59 个对称面，这些面（60 个）与参考面共产生 60 对交互等价线，如图 6-16 所示。一对等价线中各对应点的差值称为残差，残差大小由投影的中心和取向所决定，如果投影中心和方向估计准确，则残差较小；反之较大。因此，可以以二十面体一个非

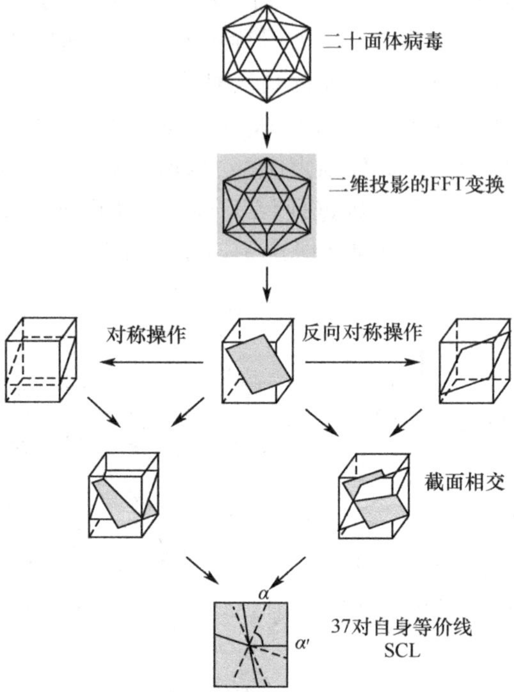

图 6-15　自身等价线

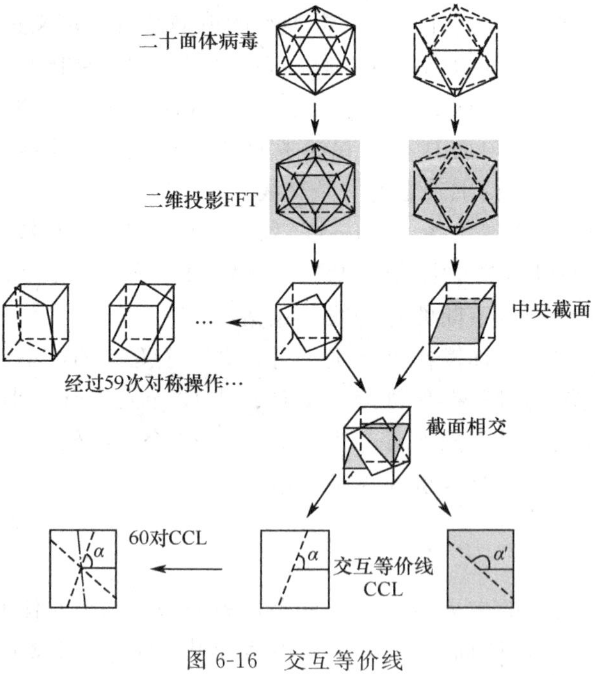

图 6-16　交互等价线

对称单元上的取向作为估计取向的集合，以一定角度作为间隔，分别计算这些投影取向上的残差加权和（由于接近对称轴的投影取向时会出现等价线的退化现象，所以会采用 t 分布），以残差最小的取向估计作为投影的取向。交互等价线用于估计截面和参考面之间的取向。

通过搜索某一中心截面上的等价线分布，就可以确定该中心截面在非对称单元中的取向。通过计算非对称单元中所有取向各自对应的等价线之间的残差，残差之和最小的一组等价线所对应的取向就是该颗粒的可能取向。在傅里叶空间，等价线上对应点的残差可以是振幅残差或者相位残差，由于傅里叶变换的振幅平移不变性，因此在取向和中心的精修过程中，只计算对位置信息敏感的等价线相位残差。在 Crowther 提出了经典的自身等价线相位残差算法后，有人根据颗粒取向的统计特性发展了分布加权算法和 t 分布加权算法。在 IMIRS 单颗粒三维重构软件中，同时使用了这三种算法[106]。

当取向恰好落在对称轴上时，自身等价线的数目会因取向简并（degenrate）而减少，如图 6-17 所示。

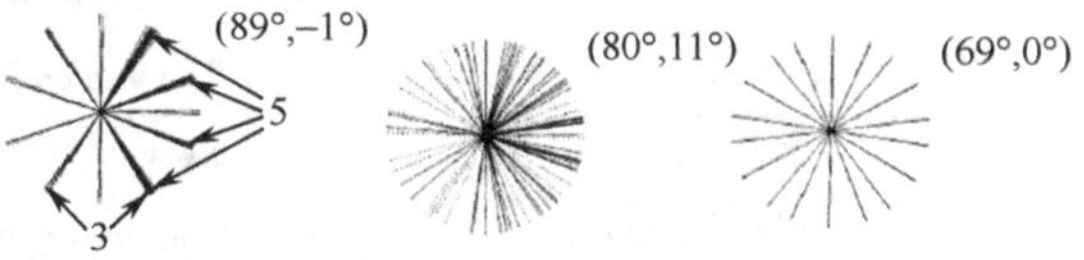

图 6-17 等价线简并

6.2.5 重构基本流程

三维重构的基本流程如图 6-18 所示。常用的三维重构软件和三维显示软件见表 6-1。

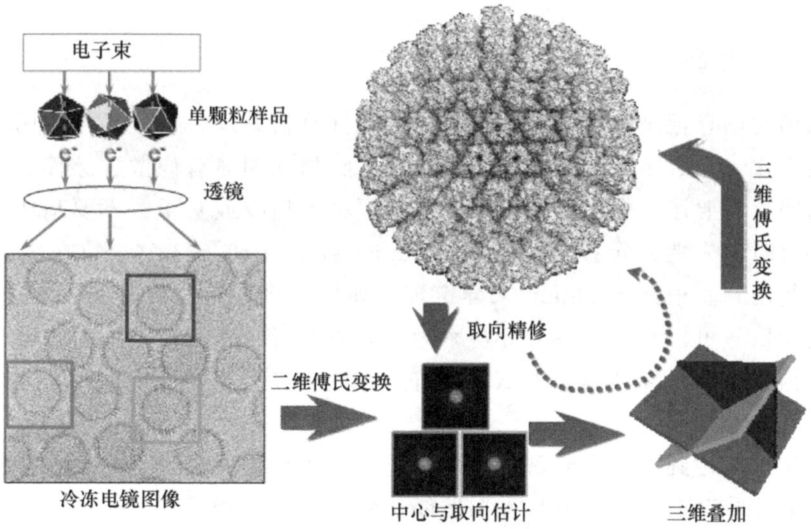

图 6-18 三维重构流程图

表 6-1　常用电子显微学图像处理软件

软件分类	软件名称	主要用途	下载或联系地址	软件类型
图像处理软件	MRC	二维晶体，螺旋结构	http://iims.ebi.ac.uk/	免费
	IMAGIC-5	二维晶体、单颗粒，断层成像	http://www.imagescience.de/	商业
	Phoelix/Suprim	螺旋结构	http://ami.scripps.edu/	免费
	Brandeis Helical Package	螺旋结构	http://www.rose.brandeis.edu/	免费
	Spider/WEB	单颗粒	http://www.wadsworth.org/	商业
	EMAN	单颗粒	http://ncmi.bcm.tmc.edu/	免费
	IMIRS	病毒	http://hub.med.uth.tmc.edu/	免费
	SAVR	病毒	http://ncmi.bcm.tmc.edu/	免费
	BESPA	单颗粒	http://www.aist.go.jp/	免费
	IMOD	断层成像	http://bio3d.colorado.edu/	免费
	EM-MENU	断层成像	http://www.tvips.com/	商业
	Situs	接合	http://situs.scripps.edu/	免费
	Xmipp	单颗粒	http://www.cnb.uam.es/	免费
图像操作及显示软件	Chimera	三维图像显示	http://www.cgl.ucsf.edu/chimera/	免费
	Pymol	三维图像显示	http://pymol.sourceforge.net/	免费
	AIRS	分子结构分析	http://ncmi.bcm.tmc.edu/	免费
	EMTOOL	图像格式转化	http://sal.kachinatech.com/	免费
	Suprim	图像运算操作	http://ami.scripps.edu/	免费
	O	三维图像显示	http://origo.imsb.au.dk/～mok/c/	免费
	AVS	三维图像显示	http://www.avs.com/	商业
	IRIS Explorer	三维图像显示	http://www.nag.co.uk/	商业
	CCP4	蛋白晶体学	http://www.ccp4.ac.uk/main.html	免费

1. 冷冻电镜照片的数字化

病毒的结构信息记录在电镜照片中。要进行计算机处理，首先必须使用高分辨扫描仪将底片数字化。在数字化前可先凭目视检测去除那些明显有像散、漂移、晶化或者有大片污染的照片。要注意保护待扫描的底片不要染上指纹或灰尘、不要刮伤。

在数字化时首先要确定扫描步长（scanning step-size），这个参数在之后的重构过程中也要反复用到。根据 Shannon 采样定理，如果一个模拟信号以 $R/2$ 的扫描步长采样，那么这个信号可以恢复的最大分辨率为 R。考虑到冷冻电镜照片的信噪比极低，数字化时的扫描步长取目标分辨率的 $R/4$ 左右。数字化底片时应使用扫描仪的最大精细扫描模式。

三维重构所能达到的最大分辨率可以通过分析照片的能谱来确定，在能谱上，最后一个可分辨的能峰对应的尺度就是重构所能达到的最大分辨率。

对于使用 CCD 照相机直接成像的数字照片，目标分辨率除了要分析照片能谱外，还取决于 CCD 像素尺寸和放大倍数。如果目标分辨率小于 1nm，目前只有 4K×4K 的

CCD 相机拍摄的数字照片可以满足要求。

2. 图像质量评估和颗粒的框取

病毒图像的质量评估对后面的处理步骤至关重要。低质量的图像无法重构出正确的结果。除了上面所述的凭肉眼剔除明显有缺陷的病毒颗粒外，还可以通过分析底片能谱来评估其质量。具体方法是：对框取出来的每一个单颗粒图像进行傅里叶变换，然后把同一张图像中框取出来的颗粒的傅里叶变换系数振幅做叠加，从叠加后的图像中可以看到有明暗相间的 Thon 环存在。如果叠加图像中看不到环，那就说明图像质量较差，这样的图像通常无法重构。值得注意的是，如果欠焦值较小，也可能看不到环的存在。这就需要更多的颗粒做平均才能看清楚 Thon 环。这是因为欠焦值较小的图像和欠焦值较大的相比，其能谱暗环（即对应于 CTF 调制曲线的零点）处于较高的频率，而高频区域由于受到高斯曲线的调制而被严重衰减，所以需要更多的颗粒叠加来增加图像的衬度，而且小欠焦的像较大欠焦的像信噪比更弱，因而需要更多的颗粒。如果在一张图像中病毒颗粒数目不多，可以框取没有病毒颗粒的图像部分，然后将其像病毒颗粒一样保存为文件，这样的小图像也可以用来傅里叶变换叠加以评估图像质量。这是因为能谱的存在是由电镜本身的成像属性决定的。如果因电子束辐射损伤使样品有轻微的晶化，也可以在能谱上看到明显的晶格点阵。如果 Thon 环呈椭圆形，说明电镜图像存在像散。存在像散、样品漂移或晶化的照片是不能用于单颗粒三维重构的。

颗粒的框取一般由人工挑选完成。框取时要避免选择有污染、不完整或亮度不均匀的颗粒。框取颗粒时选择正方形框的尺寸必须稍大于病毒尺寸，尽可能使得病毒颗粒的中心和框的中心一致。框的像素尺寸的最大素数因子必须小于 19，这是由快速傅里叶变换算法决定的。

当处理欠焦对照片时，应先框取大欠焦图像中的颗粒，因为大欠焦照片反差较好。将小欠焦照片相对于大欠焦照片按照一定的对齐准则进行平移或旋转，对齐后，大欠焦图像中颗粒位置与小欠焦图像中颗粒位置是一致的。

高分辨率三维重构要求处理数以千计、甚至更多的颗粒，这么大的工作量往往需要计算机自动识别技术来辅助完成。但问题是要获得高分辨率的图像，冷冻电镜成像的欠焦值必须较小，这样的图像的衬度就小导致计算机自动识别上的困难。在计算机自动识别选取颗粒后，经常还是要人工检查校对。如何从大张的冷冻电镜图像中准确识别出生物大分子颗粒仍然是有待进一步研究的课题。

3. 图像滤波和高频校正

冷冻电镜图像在经过 CTF 校正后，必须进行带通滤波处理。冷冻电镜图像中，极低频率的数据表示图像中的大尺度的密度梯度信息，而不是样品颗粒的结构信息。这些低频信息严重影响后面用交互相关法对颗粒图像进行配准，所以必须滤去。而较高频率的数据尽管包含了样品颗粒的高分辨率信息，但是同时也包含了噪声的信息。在单颗粒重构的初始步骤中，需要获得的是一个低分辨率的三维结构用来制作模板，所以高频数据也必须滤去。此后的迭代步骤中需要再次引入高频数据以不断提高三维重构的分辨率。在滤波处理后，所有的颗粒图像的背景部分被一个给定半径的圆掩模以减少背景噪声。然后圆内的颗粒图像数据被规格化，使得数据的平均值为零，并且具有随机的标准偏差。滤波的方法有很多种，进一步讨论参见滤波一节。

如前所述，对于薄的生物样品，需要在欠焦的条件下才能得到有效的衬度，这种衬度来自于电子波衍射所形成的明暗条纹，其总的效果就是在频率空间内，各个频段的信息被衬度传递函数（CTF）所调制。因此，当需要用到高频信息时，就需要对原图像进行解调。

CTF 零点的空间频率的信息是无法通过 CTF 曲线校正法获得的，但是不同的电镜图像的 CTF 曲线通常是不同的，因此合并不同的电镜图像的样品颗粒重构可以相互弥补在零点位置丢失的信息。CTF 校正对三维重构结果的准确性非常重要，不正确的 CTF 校正的图像用以三维重构会导致三维结构中不正确的突起、凹陷。不正确的包络曲线校正的图像用以三维重构会导致三维结构细节的丢失或者噪声被不恰当地夸大。在冷冻电镜单颗粒三维重构步骤中，通常在图像数字化后就对其进行 CTF 校正。这样的好处是校正后图像具有相同的相位，使得后面的步骤便于处理。

4. 颗粒图像的无参照对齐

颗粒图像的无参照对齐处理的目的是使颗粒在像素为 $n\times n$ 的图像中居中。该步骤的具体方法是对每张单颗粒图像和所有颗粒图像的平均值求交互相关，交互相关函数的峰值的位置就是颗粒的中心位置。该步骤重复几次，直到所有颗粒的中心几乎不变为止。

5. 颗粒图像的归类

颗粒图像在做了对齐操作后，接下来的步骤是对所有的颗粒图像进行归类。归类算法是把所有相似的颗粒图像归为一个类中。每一个类中的颗粒图像做平均，得到信噪比较高的颗粒图像。这些图像在后面的步骤中更易于处理。一幅 $n\times n$ 像素的数字图像可以被看成是 $n\times n$ 维空间的一个向量。图像之间的相似程度可以通过向量之间的距离来表示。如果两个向量之间的距离小于某个值，就可以认为两个颗粒图像是相似的。图像之间的距离由 χ^2 法或者调制法（modulation metric）来确定。通常颗粒图像的像素非常多，数据量非常大，导致计算机处理时间较长。“多变量统计分析”（multivariate statistical analysis，MSA）算法是一种提取向量主分量的一种降低向量维度的算法，通过 MSA 算法可以使得向量的维度减少。用减少维度后的向量来替代 $n\times n$ 维向量进行计算，大大地减少了算法复杂度。

6. 建立三维结构及分辨率分析

确定病毒颗粒的中心和取向后，便可以在三维傅里叶空间中把各个中央截面进行叠加，再经过傅里叶反变换，得到病毒的三维结构。由于拍摄时病毒的取向是随机的，且数量有限，在某些取向上中央截面可能较多，可以进行叠加来提高信噪比；但是在某些取向上中央截面可能较少，甚至出现空缺的情况。因此，对于在空间上填充不足而产生的空隙，可使用傅里叶-贝塞尔内插法进行填充。

三维重构所能够达到的分辨率也和病毒颗粒的数目和取向分布有关。如果取向均匀分布且不考虑噪声影响，那么重构所需要的最少病毒颗粒数目为 $\pi D/(60R)$，其中，D 是病毒颗粒直径；R 是目标分辨率。但是由于病毒颗粒取向分布不均匀性和冷冻电镜图像的低信噪比，实际重构所需的病毒颗粒数目远远大于这个理想值。

病毒颗粒取向在非对称单元的分布对重构的可靠性也有很大影响。如果病毒颗粒取向在非对称单元的分布不能保证三维傅里叶空间有足够多的采样，那么即使取向和中心确定得再准确也不能提高图像的分辨率。在非对称单元中，颗粒取向至少必须沿着三次轴和二次轴的连线上有连续的分布。理想状况下计算重构分辨率是通过比较重构出的结果和真实的病毒三维结构之间的相似程度来得到的。但是真实的病毒三维结构是不可能得到的，所以采用的是把病毒颗粒数据随机地、均匀地分为两组，比较两组数据独立重构出的结构的相似程度来估计病毒重构结果的分辨率。

常用的确定结构分辨率的准则有傅里叶环相关法（FSC）、加权相位残差差分法（WPRD），计算公式分别是：

$$\mathrm{FSC}=\frac{\sum(F_1\cdot F_2)}{\sqrt{\sum|F_1|^2\cdot\sum|F_2|^2}} \tag{6-14}$$

$$\Delta\theta=\sqrt{\frac{\sum(|F_1|+|F_2|)\cdot(\partial\theta)^2}{\sum(|F_1|+|F_2|)}} \tag{6-15}$$

式中，F_1 和 F_2 是两个三维结构的结构因子，$|F_1|$ 和 $|F_2|$ 是结构的振幅，F_1 和 F_2 互为共轭复数。为对一给定的傅里叶半径的所有结构因子求和，FSC 方法中，三维结构的有效分辨率是第一个降到 0.5 的傅里叶相关系数所对应的分辨率。WPRD 方法中，有效分辨率由第一个降到 45°的残差所对应的分辨率决定。

6.3　家蚕质多角体病毒（BmCPV）的形态与结构研究

家蚕质多角体病毒（BmCPV）最早在 1934 年由日本蚕病学家石森直人在家蚕中肠上皮细胞的细胞质内发现。它是双链 RNA 病毒，属于呼肠孤病毒科（*Reoviridae*）质型多角体病毒属（*Cypovirus*）。呼肠孤病毒科包括 9 个病毒属，主要有正呼肠孤病毒属（*Orthoreovirus*）、环状病毒属（*Orbivirus*）、轮状病毒属（*Rotavirus*）、质型多角体病毒属（*Cypovirus*）。

在呼肠孤病毒科的几个属中，它们的结构各有特点，除了 CPV 只有一层衣壳外，其他属的病毒均有多层衣壳，如水稻病毒属（*Oryzavirus*）的水稻矮缩病毒（*Rice dwarf virus*，RDV）是双壳层的，轮状病毒属的轮状病毒 *Rotavirus* 和环状病毒属的蓝舌病毒（*Bluetongue virus*，BTV）则为三层衣壳。这些附加的衣壳，在维持内层衣壳的稳定性以及在病毒的整个生命周期中扮演着非常重要的角色。呼肠孤病毒科的各属病毒的内壳层具有比较高的同源性，大体上可以分为两类：一类内壳层比较光滑，由 120 个衣壳蛋白组成 $T=1$ 的花样模式，外面还有一层或者两层 $T=13$ 的蛋白衣壳，如

BTV、RDV 和 *Rotavirus*；另一类的内层衣壳在二十面体的顶点有 12 个较大的塔状突起，以致于破坏了外层蛋白衣壳的完整性，如正呼肠孤病毒 *Orthoreovirus* 和水生呼肠孤病毒 *Aquareovirus*，有些甚至完全没有了外层衣壳，如质型多角体病毒（CPV）。尽管 CPV 病毒结构最简单，但是其稳定性却非常高，耐酸碱，不受胰岛素（trypsin）、糜蛋白酶（chymotrypsin）、RNase A 酶、DNase 酶、磷脂酶（phospholipase）和 SDS 的影响，甚至在−15～25℃环境下存放数周，都仍具有传染性。这种既简单又稳定的结构，使 CPV 成为研究 RNA 转录及后转录过程的理想材料。虽然 CPV 的衣壳结构与正呼肠孤病毒的内壳层结构相似，但是 CPV 的结构仍然有许多独特的地方：CPV 塔状突起的顶端有一个较大的球突状结构（A spike）；LPP 蛋白的拷贝数有 120 个，而具有结构同源性的正呼肠孤病毒 $\sigma2$ 蛋白却有 150 个拷贝。除此之外，当我们在一个更高的分辨率水平上比较它们的结构，就会发现更多的差异，从而给出我们为什么 CPV 虽然只有一层衣壳而结构却又如此稳定的答案。

6.3.1 CPV 在 8Å 分辨率下的结构

CPV 衣壳结构的三角形剖分数为 $T=1$，不算突起的径长为 570Å，算上突起径长就有 715Å，如果再加上较大的 A 突起，就有约 800Å。与其他的呼肠孤病毒相似，CPV 的衣壳蛋白也是由三个主要的衣壳蛋白组成，从结构和形态相似性的角度来看，CSP 蛋白（capsid shell protein）与 BTV 的 VP3 蛋白和正呼肠孤病毒的 λ 1 蛋白是同源的，LPP 蛋白（large protrusion protein）与正呼肠孤病毒的 $\sigma2$ 蛋白是同源的；TP 蛋白（turret protein）与正呼肠孤病毒的 $\lambda2$ 蛋白是同源的；TP 蛋白有 60 个拷贝，构成了 12 个五邻体，位于二十面体的顶点，CSP 蛋白和 LPP 蛋白各有 120 个拷贝。

图 6-19 是 CPV 在 8Å 分辨率下的结构[116,117]，在二十面体的一个非对称单元中（由 5-3-2-2 次轴围成)，包含了一个 TP 蛋白单体及两对以准等价方式连接的 CSP-A/CSP-B 和 LPP-5/LPP-3 蛋白。一对 CSP-A 蛋白沿着二十面体的边伸展连接各个五次轴，3 个 CSP-B 蛋白围绕着 3 次轴封盖住了二十面体的各个面，LPP-5 把 CSP-A/CSP-B 铆定在一起，LPP-3 把两个 CSP-B 和一个 CSP-A 铆定在一起，TP 蛋白的衣壳端更是进一步将 CSP-A/CSP-B/LPP-5 连接在了一起，这样的一个相互铆接的作用方式使得 CPV 的衣壳结构非常稳定。TEC（transcription enzyme complex）复合物位于五次轴通道的内部，A 突起（红细胞凝聚素，hemagglutinin）位于塔状突起的外端，由于它们的结构刚性较差，很难得到它们的高分辨三维结构，因此它们并没有在该图中显示出来。

6.3.2 CSP 蛋白的构象变化及其无缝连接

CSP 蛋白看上去像一个倒立的“F”，长、高、宽分别为 150Å、60Å、25～40Å，可以分为四个结构域，其中三个结构域［顶部结构域（apical domain）、壳部结构域（carapace）、二聚结构域（dimerization）］在其他呼肠孤病毒的同源蛋白中也有类似的结构域，如 BTV 的 VP3 蛋白、正呼肠孤病毒的 $\lambda1$ 蛋白、RDV 病毒。CSP 蛋白具有独

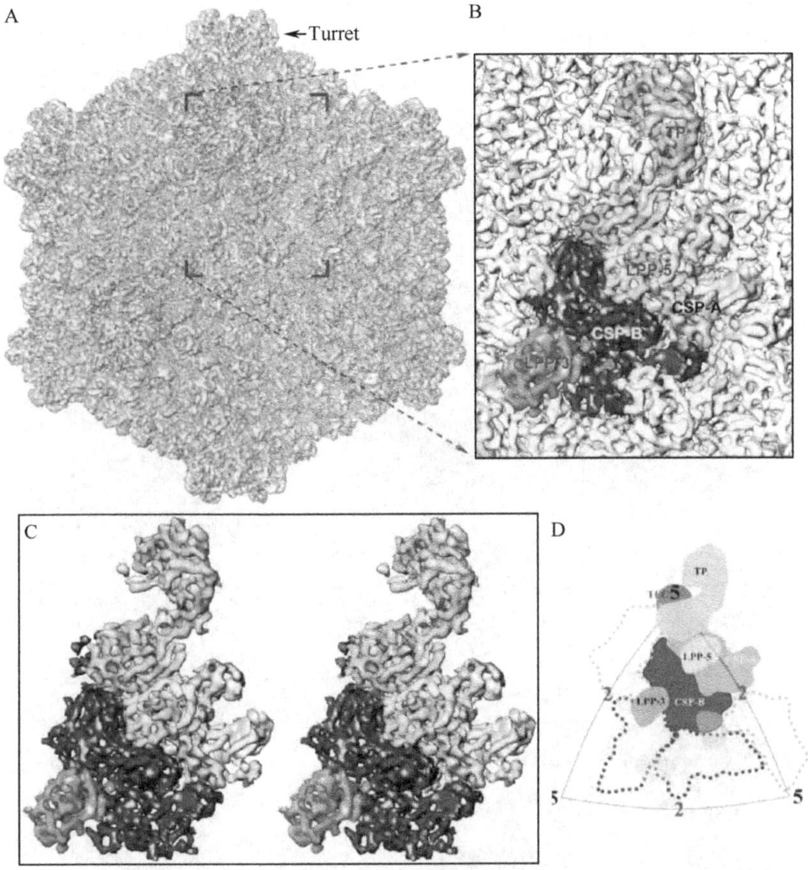

图 6-19　A. CPV 沿三次轴的表面花样，色彩是标度半径的伪彩色，“5-3-2”对称轴的位置用数字标识出来；B. 从 A 图中框取包含了一个非对称单元（彩色部分）的局部放大图，这个非对称单元里只有一个结构单体，由 5 个蛋白单体组成：一个 TP 蛋白（亮蓝色），两个互为同像异构的 CSP 蛋白（CSP-A 用粉红色标记，CSP-B 用暗红色标记），两个互为同像异构的 LPP 蛋白（LPP-5 用黄色标记，LPP-3 用绿色标记）；C. 一个结构单体的体视图，转录酶复合物 TEC（蓝色标记）位于 TP 下方；D. 二十面体的一个面内，各个结构的蛋白质的拓扑结构模式图（见图版）

特的第四个结构域——小突起结构域（small protrusion domain）。CSP 的构象变化主要体现在小突起结构域上，通过比较 CSP-A 和 CSP-B，小突起结构域发生了约 20°的扭转。

在 7～9Å 分辨率下，α 螺旋体呈直径 6～9Å 的短棒状，较大的 β 折叠呈薄而光滑的片状，从 CSP-A 蛋白中，可以分辨出 12 个较长的 α 螺旋结构域和 5 个 β 折叠结构域或富含 β 折叠的区域。尽管 CSP 和 BTV 的 VP3 的序列同源性小于 20%，但是它们的二级结构域的拓扑形态却非常接近，在同样的位置上，只是个别的方向稍微不同，18 个 α 螺旋结构域中有 14 个与 TBV 的 VP3 蛋白是拓扑等价的。有些二级结构域是显而易见的，如长达 60Å 的 H11 片段和 10a 片段、长 37Å 的 H10 片段和 9a 片段、长 40Å 的 H13 片段和 15c 片段。然而，CSP 也有 4 个独特的 α 螺旋结构域，其中 2 个位于小突起结构域上，另 2 个位于顶部结构域上（红色标示）。2 个较大的 β 折叠（S1 和 S5）位于二聚结构域，较小的 S2 位于顶部结构域，剩下的 2 个（S3 和 S4）位于小突起结构域。

由于可以分辨二级结构域，并可以同 BTV 和正呼肠孤病毒的同源蛋白进行比较，因此可以推测 CSP 蛋白中二级结构的折叠模型（图 6-20E）。由于二聚结构域和小突起

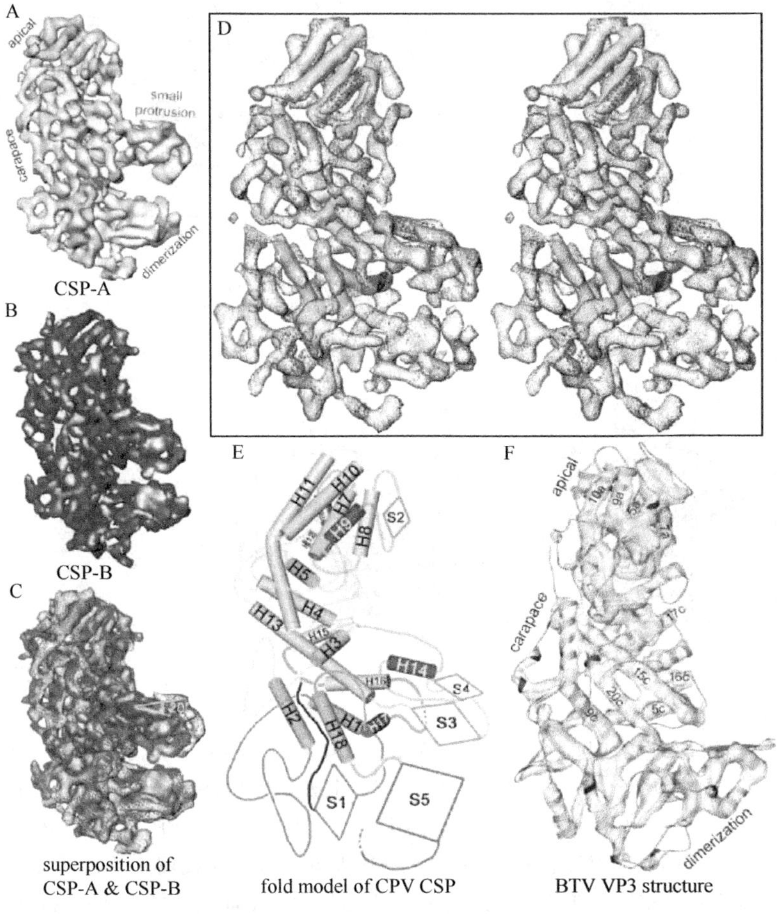

图 6-20　A、B. 从衣壳外看 CSP-A 和 CSP-B 的结构，除小突起结构域以外，各个结构域的命名与 BTV VP3 蛋白的结构域命名相似；C. CSP-A（粉红色）和 CSP-B（红色）的结构比较，可见除了小突起结构域约 20°的转动外，其他部分基本吻合；D. 用网格模式显示 CSP-A 的体视图（1.5σ），用径长 5Å 的圆柱体着重显示可识别的 α 螺旋结构域，在 CSP-A 中共有 18 个可识别的 α 螺旋结构域，其中 14 个（海蓝色）与 BTV VP3 蛋白有相对应的结构域，另外 4 个（红色）是 CPV 所独有的；E. CSP-A 的折叠预测模型，α 螺旋和 β 折叠分别用圆柱体（H）和平行四边形（S）表示，按照氨基酸序列从 N 端到 C 端的顺序编号，颜色相应地从蓝色到海蓝色，再到绿色、黄色，最后到红色；F. 用条带模式显示 BTV VP3 蛋白的原子结构，对原子结构模型进行高斯滤波得到 6.5Å 的密度图，用半透明的灰色显示，符号和颜色标记与前同（见图版）

结构域富含β折叠结构域，因此为 CSP 提供了较大的转动自由度，使得 CSP 蛋白可以与邻近的 CSP 蛋白紧密结合。120 个 CSP 蛋白以特定的连接机制形成了薄而连续的衣壳，体现了几何的互补性和多样的相互作用方式，在衣壳表面，看不到明显的缝隙，表明 CSP 以近乎完美的互补性内在连接在一起。值得一提的是，CSP 达到这种近于完美的互补性，CSP 蛋白的主要结构域并没有发生扭曲和形变（图 6-21）。

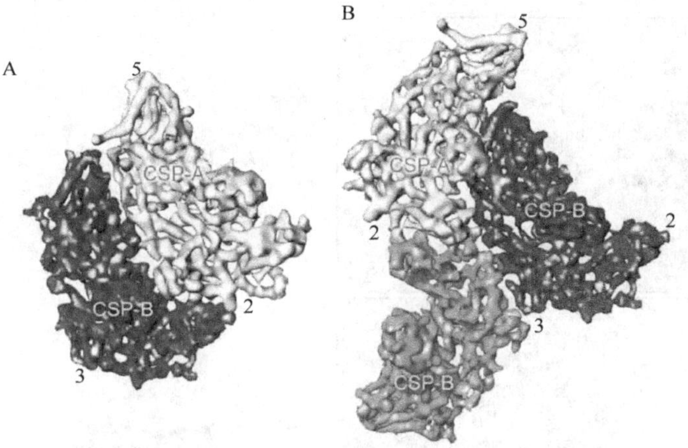

图 6-21　A. LPP-5 蛋白下方的 CSP 连接方式；B. LPP-3 蛋白下方的 CSP 连接方式。5-3-2 次轴的位置用数字在图中标识出来（见图版）

6.3.3　LPP 蛋白的构象变化及其分子铆接作用

120 个 LPP 蛋白起到了分子铆接（molecular clamps）的作用，如图 6-22 所示，从顶视图看，LPP-5 和 LPP-3 像两个全等的平行四边形，6 个较短的α螺旋结构域集中在蛋白质的中部，两侧各由一个微凹状的β折叠区域展开，β折叠所在区域大体上垂直衣壳平面。与顶视图看上去的相似性不同的是，LPP-5 和 LPP-3 蛋白下方与 CSP 蛋白连接的部分几乎没有什么相似性。首先，LPP-5 和 LPP-3 的铆接的蛋白数量不同，LPP-5 铆接 CSP-A 和 CSP-B 蛋白，LPP-3 铆接了一个 CSP-A 和两个 CSP-B 蛋白；其次，LPP-5 和 LPP-3 的铆接位点数目和位置均不同。

6.3.4　TP 蛋白的功能结构域及衣壳锚定作用

60 个 TP 蛋白在二十面体的 12 个顶点处形成了五邻体的塔状突起，径长 150Å、高 80Å，这是一个多功能复合物，是控制核酸转录、修饰和释放的通道，如图 6-23 所示。在这个通道的底部，有一个由 CSP-A 蛋白顶部结构域末端形成的约 10Å 的球形塞子堵住了孔道。再往上有两个收紧的结构，形成了两个圆柱形腔，直径 60Å，高 35Å，最外端是一个“V”形开口。通过反复检查整个五邻体塔状结构的二维切片图和三维体视图的密度轮廓，逐渐把 TP 蛋白的边界划分开来。从侧面来看，TP 蛋白像一个斜躺着的

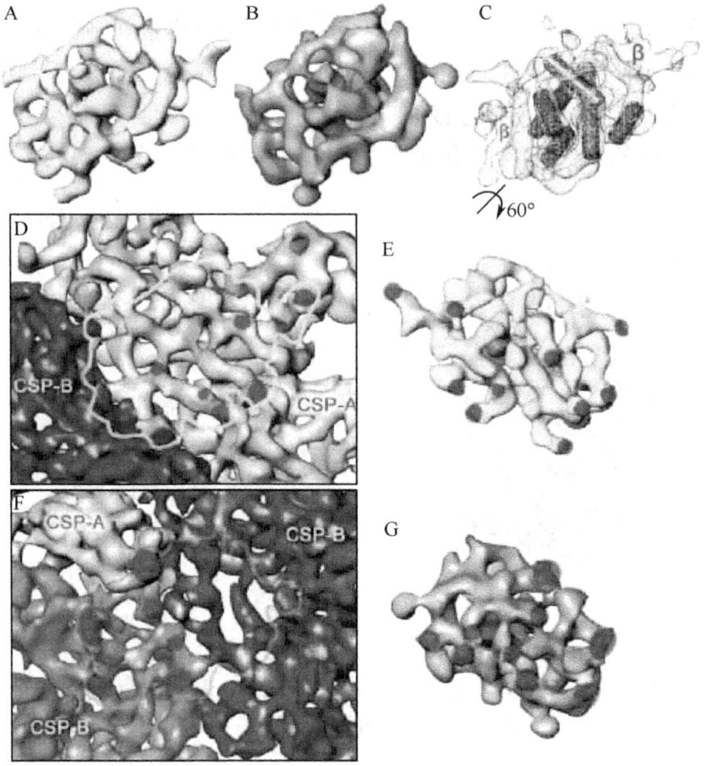

图 6-22　LPP 蛋白的铆接作用：从衣壳外部看，LPP-5（A）和 LPP-3（B）的形态差异很小；C. 用网格显示 LPP-5 旋转 60°后的轮廓形态，可以分辨出 6 个 α 螺旋结构域（蓝色）和 2 个 β 结构域；D～G：LPP-5（D、E）和 2 个相邻 CSP 蛋白、LPP-3（F、G）和 3 个相邻 CSP 蛋白的铆接方式，铆接印迹用蓝色标记（见图版）

英文小写字母“y”，按照其结构及功能可划分为三个结构域。首先，在 TP 最外端的部分，可以看到一个明显的“α-β-α”的夹心结构，一个较大的轻微卷曲的 β 折叠区域两侧各有一个长度分别为 13Å 和 20Å 的 α 螺旋区域，这样的夹心结构是转甲基酶的高度保守结构，是 SAM 的结合位点。中间的 β 折叠区域面积大约有 400$Å^2$，相当于 6～7 股长度约 15Å 的 β 折叠片段。在 TP 蛋白的另一个区域也可以找到类似的夹心结构。在正呼肠孤病毒的 λ2 蛋白中也同样有这样的两个甲基化结构域。从这点来看，TP 蛋白的这两个结构域具有转甲基化活性，包含有 SAM（S-adenosyl-L-methionine）结合位点。

TP 蛋白的末端结构域起到了连接衣壳蛋白的作用，因此命名为“衣壳锚定域（shell-anchoring domain)”。该结构域的上端通过两条线性密度区域同甲基化结构域 2 相连，下端同 CSP-A 相连，同时也与 CSP-B 的顶端结构域和 LPP-5 蛋白相连。在这个区域可以分辨出 8 个 α 螺旋结构域和 3 个 β 片层。在面向通道的一段，有两个较长的 α 螺旋和一个 β 片层，这个突起的部分形成了通道的第一个关隘。转录酶复合物（transtriptional enzyme complex，TEC）位于 BmCPV 单层衣壳五重轴顶端内部，各功能域

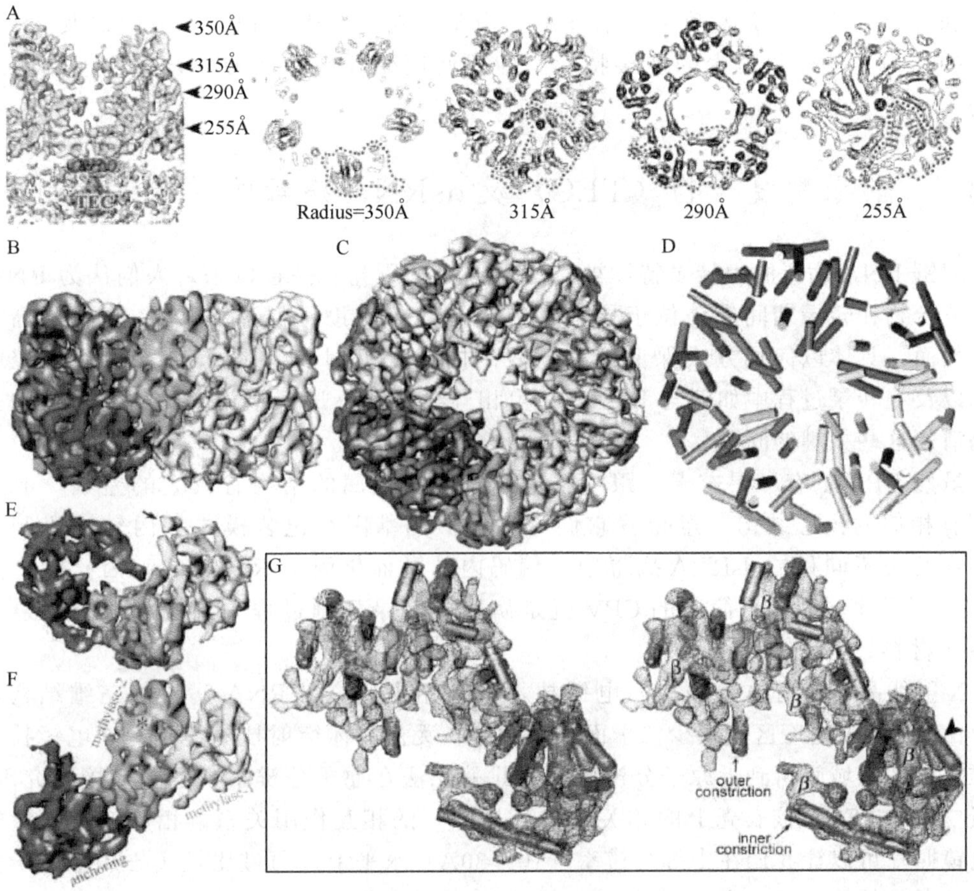

图 6-23　TP 蛋白的锚定作用。A. 最左侧的是塔状突起厚 8.5Å 切片（平行于五次轴）的水平视图（垂直于五次轴），右侧三个分别是在不同位置（对应于箭头位置）厚 1.7Å 的水平切片（垂直于五次轴）的等密度图，最右侧的等密度图显示了由 CSP-A 蛋白的 H8 和 H11 α 螺旋结构域形成的光圈状约束结构；B、C. 塔状突起的侧视图（B，垂直于五次轴）和顶视图（C，沿五次轴），其中的两个 TP 蛋白单体用颜色标识出来，紫色部分标记了一个完整的 TP 蛋白单体，黄色、绿色和红色标记了一个 TP 蛋白的衣壳锚定域（红色）、甲基化 1 结构域（黄色）和甲基化 2 结构域（绿色）；D. 塔状突起的顶视图，只显示了 α 螺旋结构域的棒状模型，5 个 TP 单体分别用不同的颜色区分开来；E、F. TP 单体的顶视图（E）和侧视图（F），E 中箭头所指为形成通道最外层光圈状约束的区域，F 中星号标记的是甲基化 2 结构域中 α-β-α 夹心的中部 β 片层所在位置；G. 用网格模式显示 TP 蛋白单体从塔状突起内部向外的水平体视图，α 螺旋用直径为 5Å 的圆柱体表示（蓝色），可以识别出 20 个螺旋结构域以及 5 个 β 片层（用符号 β 标记），箭头所指为 CPV TP 蛋白所特有的三段平行的 α 螺旋结构，对内外光圈状约束结构起支架作用的 α 螺旋结构域用文字标识出来（见图版）

有序地环绕在五次轴通道上，形成一个多层光圈状的结构，意味着在 RNA 的转录、修饰和释放等行为上是高度协调有序的。由于衣壳的 CSP 蛋白、LPP 蛋白及 TP 蛋白完善的结构互补性和紧密的连接特性，即便使用变性剂和强酸处理，也无法破坏其结构。

6.3.5 转录酶复合物（TEC）及 dsRNA 病毒的内转录机制模型

双链 RNA 病毒的内转录特性被广泛地进行了研究。一直以来，人们认为 RNA 聚合酶复合物在转录期间应该位于核芯（core），这样有助于保证 dsRNA 模板的高效转录，然而，具体以何种方式保证这种高效的内转录机制，包括 dsRNA 的运动控制过程，以及在转录过程中如何与 RDRP 发生相互作用，不进行结构学的研究就无法真正的搞清楚这些关键的问题。

虽然 CPV 只有一层衣壳，跟呼肠孤病毒科其他属的结构有较大的差别，但是它们都有相似的核芯结构，意味着它们具有相似的基因组包装模式和内转录机制。此外，在几类不同科的 dsRNA 病毒中，编码内转录催化因子 RDRP 的基因片段是高度保守的，因此，结构最简单的 CPV 就是研究内转录机制过程中结构和功能复杂关系的最佳材料。

X 射线晶体衍射技术和冷冻电镜技术都被用来研究 dsRNA 病毒的三维结构，然而，由于 RNA 密度区域缺少二十面体对称性，无论晶体衍射技术还是冷冻电镜技术都很难将核芯区域解析到近原子分辨率，因此就无法在原子分辨率水平上直接研究 RNA 和蛋白质（TEC、核衣壳上的相关功能区域等）的相互作用关系。相反，高质量的冷冻电镜照片可以让我们在中等分辨率（10～30Å）水平上，通过比较实心病毒粒子和空病毒粒子的结构差异，来解析 dsRNA 基因组密度区域的结构及“RNA-蛋白”的相互作用关系。

图 6-24A、B 是 CPV 实心粒子和空心粒子在 13Å 的分辨率水平上的中央切片垂直于二次轴视图，通过结构比较，在空心粒子的五次轴塔状突起的衣壳下方有一个蘑菇状突起，就是 TEC 复合物，在实心粒子内部的层状结构是空心粒子所没有的，应该就是基因组密度区域，RNA 密度区域的近衣壳部分比核芯部分更加有序，其中有三层具有连续的密度区域，靠近衣壳的一层，在五次轴的位置，RNA 密度区域向衣壳的方向发生了位移，可能由于 TEC 的存在，这种位移在第三层上变的更加明显，由此可见，病毒衣壳和 TEC 复合物在维持 RNA 基因组的组织结构上起着重要的作用。

将 RNA 密度区域单独拿出来进行结构分析，最外层的 RNA 密度区域的三维结构见图 6-25A，可见 RNA 密度区域基本呈十二面体结构（dodecahedron），病毒衣壳内部通过五次轴和二次轴与基因组结构相互作用，给 RNA 密度区域又加入了二十面体特征。第二层的 RNA 密度区域十二面体特征更加明显，在每个五边形面上，大略可以分辨出两圈连续的 RNA 密度束，束间距约 27Å，RNA 密度束的直径约 20Å，与双链 RNA 的双螺旋直径基本一致，这意味着如图所见的密度束很可能是 RNA 双螺旋结构。TEC 复合物位于五边形的中央，虽然距离 TEC 复合物较近的 RNA 螺旋圈不是连续的，

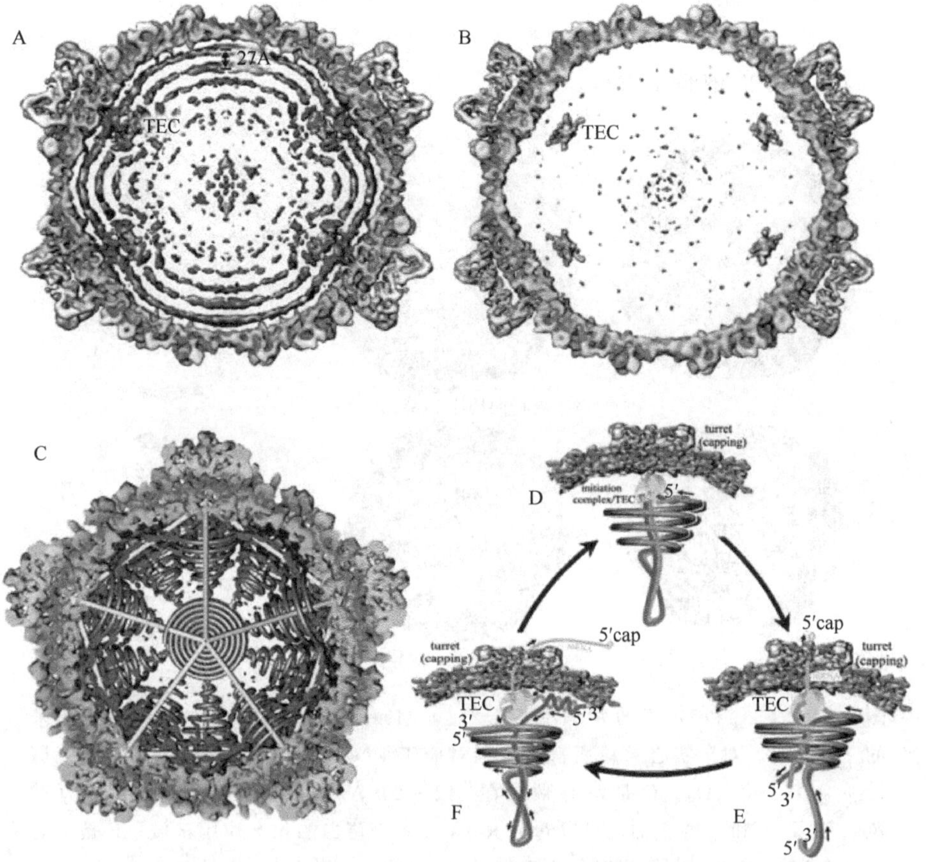

图 6-24　在 13Å 分辨率下，垂直于二次轴视图比较实心病毒粒子（A）与空心病毒粒子（B）的中心切片结构，切片厚度为 55Å，粉红色为塔状突起位置，海蓝色为衣壳上的突起，绿色为衣壳的连续区域，红色为壳内密度区域，为多片层结构，层间距约 27Å，TEC 复合物用紫色标识，位于五次轴顶点的内侧，塔状突起通道的下方。C. RNA 基因组的结构模型，RNA 链以颗粒为中心，呈放射状，以锥形螺旋缠绕在 TEC 周围，RNA 的正链和负链分别用蓝色和粉红色表示。D～F. CPV 的 RNA 转录机制的模型，D 为静止状态，核酸锚定在 TEC 复合物上，负链 3′端位于 TEC 的 RNA 结合缝隙，形成一个起始复合物。E. 转录起始阶段，负链 3′端穿过 TEC 复合物孔隙通道后再于正链重新结合，同时，位于塔状复合物内侧的甲基转移酶位点给新合成的 mRNA 加帽，小箭头表示 RNA 模板链的移动方向。F. 释放期，RNA 聚合酶（RDRP）不断在 mRNA 的 3′端添加 NTP，同时，加帽的 mRNA 不断延长并通过塔状突起的中央通道。重新结合的亲本链向心运动，由于邻近核酸的位阻效应，亲本链重新向上卷曲并最终形成初始状态的锥状螺旋。这样，一个循环的转录就完成了，新的循环又可以重新开始（见图版）

但是可以想像成它是同一个螺旋圈与 TEC 复合物相互作用的不同部分，由于 TEC 复合物本身不具有对称性，在重构过程中强加的二十面体对称性平均特性会让部分信息变弱，因此 RNA 和 TEC 之间的连接区域是不可见的，见图 6-25E。通过以上的结构研究推测，双链 RNA 基因组以一层层盘旋的方式缠绕在 TEC 复合物的上，形成一个锥状的螺旋体，层间距约 27Å，这个结构学特征就是内转录机制模型的基础，可以解释双链 RNA 病毒高效有序的内转录现象。

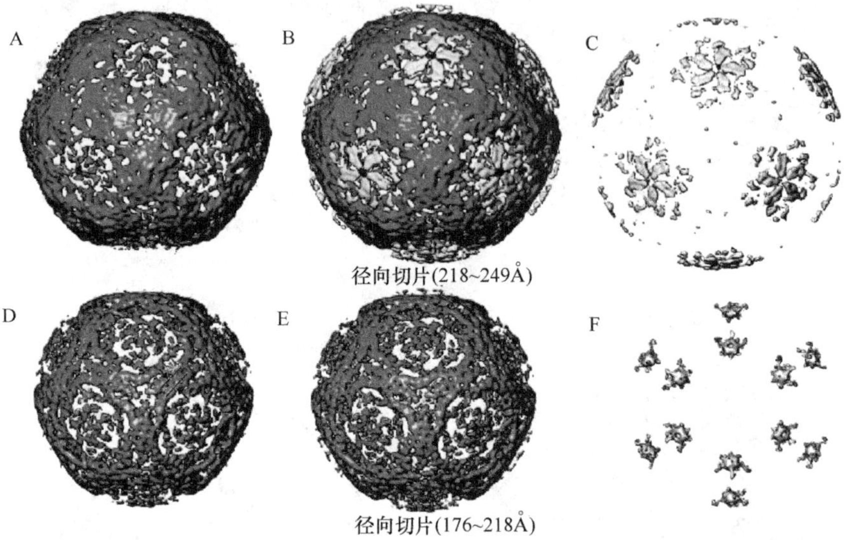

图 6-25　A～C 和 D～F 分别是在半径 218～249Å 和 176～218Å 的径向分割出来的三维结构，对于实心颗粒而言，分别对应于 RNA 密度区域（红色）的第一层（A）和第二层（D）。C 是空心颗粒在 218～249Å 半径范围内的衣壳结构（黄色）；B 是 A 和 C 的叠加，可以看到 RNA 和衣壳蛋白的相互作用区域；F 是空心颗粒在 176～218Å 半径范围内的 TEC 复合物结构（紫色）；E 是 D 和 F 的叠加，可以看到 RNA 和 TEC 复合物的相互作用区域（见图版）

为了进一步研究“蛋白质-RNA 相互作用”以及“蛋白质间相互作用”对 RNA 转录过程的影响，将实心粒子和空心粒子的五次轴位置（包括塔状突起及其周围的部分衣壳）的区域分割出来单独进行分析，空心粒子的 TEC 密度区域比实心粒子的对应区域信息较弱，当降低显示域值后，可以看到 TEC 复合物像吊篮一样悬挂在衣壳内侧，TEC 复合物的下端位于 RNA 密度区域的第二层和第三层之间。从实心颗粒的侧视图来看，RNA 与 TEC 复合物和塔状突起的内侧均有作用，包括 CPV 和 $\varphi6$ 噬菌体在内，RDRP 蛋白（RNA-dependent RNA polymerase）在双链 RNA 病毒中是高度保守的，近来对 $\varphi6$ 噬菌体的 RDRP 蛋白的原子分辨率三维结构研究表明 RDRP 蛋白具有一个右手手性的球蛋白结构，分成“手指”、“拇指”和“手掌”三个结构域，见图 6-26C。肝炎 C 病毒的 RNA 转录酶也有类似的结构，因此作为 CPV 病毒 TEC 复合物的主要组成部分的 RDRP，我们期望 CPV 的 RDRP 也具有类似的结构。虽然 TEC 的五次轴对称性是算法强加上去的，但其结构特征仍然可以提供许多有趣的线索：首先，连接 TEC 复合物和衣壳内层的“手臂结构”（图 6-26A、F），无论是转录过程中发生了较大的构象变化还是结合了其他的蛋白质，球状的转录酶都需要形成这样的一个结构；其次，沿五次轴向核芯方向看，TEC 复合物的中央有一个直径约 8Å 的小坑（图 6-26F），有趣的

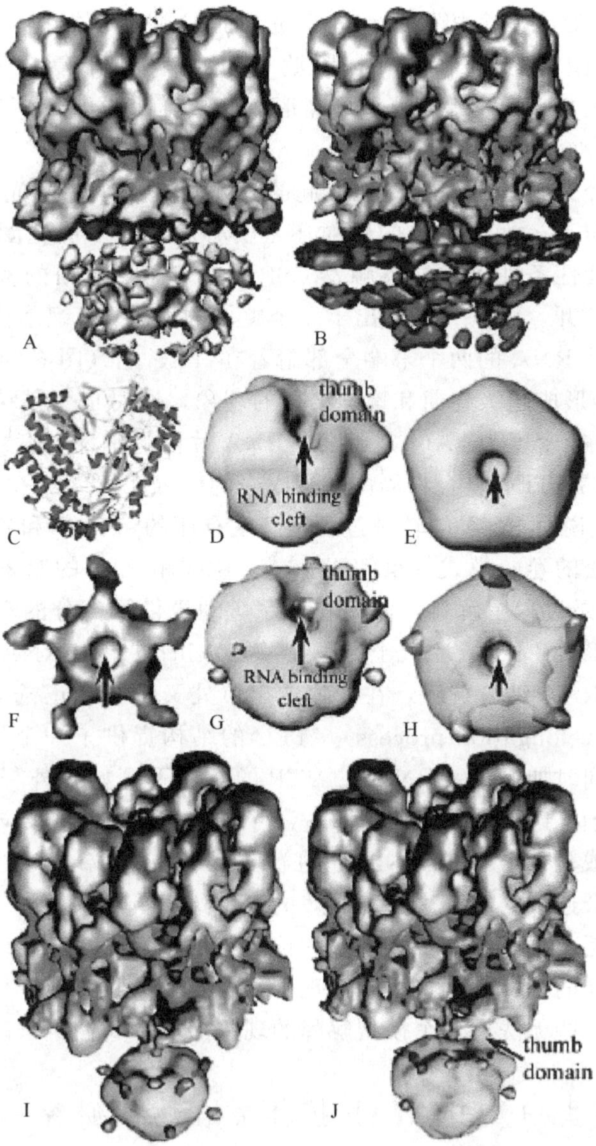

图 6-26　A 和 B 分别是空心颗粒和实心颗粒的塔状突起复合物及 TEC 复合物的局部侧视图；C 和 D 分别是 ϕ6RDRP 原子分辨率的条带结构图和 10Å 分辨率的三维密度图；D 图中箭头所示位置即为 RNA 结合位点的罅缝；E 是将 D 的罅缝定位于五次轴向衣壳的方向上然后强制进行五次轴对称操作后的图像（五次轴已转到了垂直于纸面的位置），箭头所示的位置为进行对称操作后形成的一个小坑；F 是从电镜三维重构图上分割下来的 TEC 复合物的三维结构，G 是 F 按照与 D 的小坑取向一致时和 D 的叠加图，H 是 E 和 F 的叠加图，I 是将 H 放在 A 的对应位置上然后再向纸外稍微倾转的视图，J 是同 I 相似的角度，但是将非对称的 G 放在相应的位置上（见图版）

是，当我们把 $\varphi6$ 噬菌体的 RDRP 进行五次轴强制对称性操作后（RDRP 凹陷朝向衣壳方向），发现也会形成一个相似大小的小坑，而 C 端的“拇指”结构域是距离衣壳内层最近的区域（图 6-26E、H、I），因此可以推测 TEC 复合物的中央小坑就是 RNA 结合位点，而“拇指”结构最有可能形成连接 TEC 复合物和衣壳的“手臂”结构（图 6-26J）。

前面的部分已经提到过五次轴塔状突起的内侧具有一个多层光圈结构的通道，TP 蛋白上具有甲基化位点。无论空心的颗粒还是实心颗粒，多层光圈通道均是关闭的状态，只有在特定的活性条件下才能够触发 CSP 蛋白和 TP 蛋白的构象变化，甲基化位点外露，光圈通道打开。图 6-24C 给出了一个整体的 RNA 组织结构模型，根据生化研究的证据，推测双链 RNA 的两个末端全部附着在 TEC 上（图 6-24D），这个假设也可以解释 dsRNA 更易形成超级卷曲和螺旋结构的现象，同时也为其结构提供了附加的稳定性。假设 dsRNA 径密度为 3Åbp，那么 dsRNA 片段的平均长度就是 2.5kb，空间位阻会驱使 dsRNA 链在 TEC 复合物周围靠近衣壳的部分多缠绕2～3 圈。CPV 中所发现的 RNA 的组织模式说明 RNA 的转录过程是高度有序的，TEC 和衣壳都起了关键的支架作用，而其较宽松的卷曲模式（束间距 27Å，比间距 22Å 的紧密卷曲模式要大）为 dsRNA 基因组在转录过程中解卷、伸展和有序运动提供了充分的空间；在转录的起始（initiation）阶段（图 6-24E），衣壳上的解旋酶（helicase）将 RNA 双螺旋解旋，负链 RNA 插入 TEC 的 RNA 结合缝隙，在缝隙的出口处又重新和正链 RNA 结合成双螺旋结构；在释放阶段（elongation process），TEC 的结构提供了一个框架引导 dsRNA 的复合链向心运动，同时加帽的 mRNA 在 NTP 的驱动下开始向外释放（图 6-24F）。向心运动的 dsRNA 链由于在核芯受到较大的空间位阻，开始向上反向卷曲并形成超螺旋结构。一轮转录完成后，复合 dsRNA 链的卷曲运动也完成了，并进入了新一轮的转录，从而形成了一个连续的、有序的、高效的 RNA 内转录过程。

这个模型越靠近中央的部分，离真实的情况越远。但是，已经确证的证据和有根据的推测都应该在这样的一个模型上得到体现，并可以自圆其说地解释相关的现象和预测一些现象，直到有一些无法用这个模型解释的现象出现，我们再来改进这个模型。

6.3.6　A 球突蛋白及其 MAb 抗体复合物的研究

CPV 是呼肠孤病毒科中最为特殊的一属，其他属的病毒都为两层或三层衣壳，除了稳定结构外，在识别和入侵受体的过程中，外层衣壳起着重要的作用。值得注意的是，CPV 除了紧密连接异常稳固的单层衣壳外，在 12 个五次轴顶点的塔状突起外面，还有 12 个球突蛋白，从结构比较的角度，第一个假设就是球突蛋白的功能可能与其他属病毒的外层衣壳的功能相似。由于 CPV 只有单层衣壳，并且 TEC 复合物和塔状突起的内部通道上的各功能位点是 CPV 基因转录不可缺少的部分，这就决定了 CPV 不可能以膜融合或核酸注入的方式进入受体细胞的。我们的研究表明，CPV 是以整体穿膜的方式进入受体的。

已知 BmCPV 的基因组编码 5 种结构蛋白：VP1（151kDa）、VP2（142kDa）、VP3

(130kDa)、VP4 (67kDa)、VP5 (33kDa)，但是，在高分辨率下的结构研究表明，BmCPV 的单层衣壳主要由 CSP、LPP、和 TP 三种蛋白质组成。这就形成了一个非常费解的问题，到底 CSP、LPP 和 TP 对应于哪个蛋白质？TEC 复合物及 A 突起又对应于哪个蛋白质？这就是蛋白质定位的问题，在 CPV 的 5 个结构蛋白中，VP5 是最小、含量最高的蛋白质，虽然通过 8Å 分辨率下的 CPV 三维结构可以推知各个衣壳蛋白的相对大小，CSP 最大，可能对应于 VP1，TP 次之，可能对应于 VP2 或者 VP3，LPP 对应于哪个蛋白质？VP4 和 VP2 的含量均比较小，因此 VP2 不大可能是 120 个拷贝的 CSP 蛋白，但是除了 CSP 外，只有 TP 蛋白较大，TP 蛋白有 60 个拷贝，如果 TP 是 VP2 的话，VP3 就很难找到对应的蛋白质，因为 LPP 蛋白、组成 A 突起和 TEC 复合物的蛋白质都比较小，而 LPP 蛋白有 120 个拷贝，对应于 VP4 的可能性不大，构成 A 突起和 TEC 复合物的单体拷贝数都只有 60 个，因此它们对应于 VP5 的可能性也不大。种种矛盾产生了一个新的问题集合，因此还需要进一步的研究以给出合理的解释。

为了研究 VP5 的定位，我们制备了 VP5 的单克隆抗体，使用冷冻电镜及单颗粒三维重构技术研究了 BmCPV-MAb 复合物的三维结构，通过比较 BmCPV-MAb 复合物及 BmCPV 的结构特征，我们得以知道 VP5 蛋白定位于 A 突起上，以及抗 VP5 蛋白的单克隆抗体结合位点。

图 6-27 是 BmCPV-MAb 复合物的三维重构图，以及 BmCPV 颗粒在同等分辨率下的三维结构图。显而易见，在 A 突起的末端，BmCPV-MAb 复合物多了一段花瓣状的结构，而其他的位置并没有什么形态上的显著差异。显然，这一段花瓣状结构就是单克隆抗体，其全长约 40Å，与已报道的抗体大小相吻合。结合了单克隆抗体的病毒颗粒，最大径长达到了 900～950Å。除此之外，还有一些不易察觉的构象变化：首先，从 A 突起的局部放大的三维结构图上来看，结合了单克隆抗体的 A 突起比没有结合抗体的 A 突起看上去有少许膨胀，由于这样的膨胀，使得 A 突起和 B 突起之间的缝隙变得更窄了，通过切片比较，A 突起的尺度从 60Å×90Å 变为 70Å×110Å，A 突起和 B 突起之间的缝隙从 25Å 减小为 10Å。进一步分析三维结构的径向密度分布，可以发现结合了抗体的 A 突起密度区域比未结合抗体的 A 突起密度区域密度比例明显增加，证明 A 突起在结合了抗体后变得更加稳定，结构刚性更强；抗体区域的密度很小，证明抗体的结构刚性较差或者对称性不好。这一点可能基于两个原因：①不一定所有的 A 突起都结合上了抗体；②结合位点可能比较小，抗体的自由度高，因而表现出了较大的取向柔性。

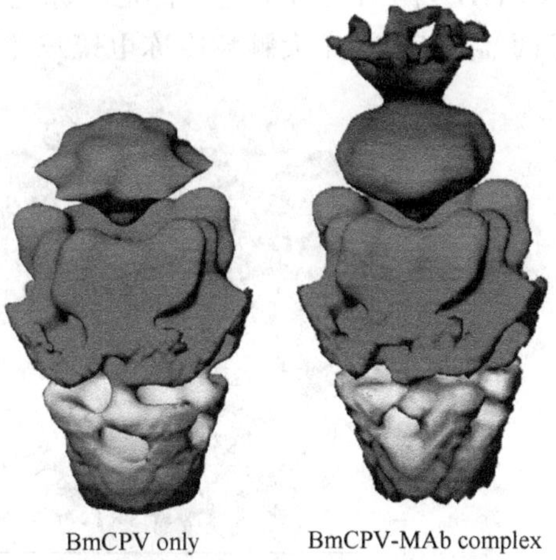

图 6-27　从左向右两张图分别是 CPV 和 CPV/MAb 复合物颗粒沿五次轴的放大图，两者的差异十分明显分辨率，可以推断红色花瓣状结构即为结合 VP5 的抗体（见图版）

6.4　乙型肝炎病毒的结构研究

乙型肝炎病毒（*Hepatitis B virus*，HBV）是一种不引发细胞病变的双链 DNA 囊膜病毒，它能导致各类急慢性肝炎甚至肝癌[118]，全球每年大约有 350 万人患有慢性 HBV 感染，其中 100 万人因此死亡。HBV 属于嗜肝 DNA 病毒科（*Hepadnaviridae*）正嗜肝 DNA 病毒属（*Hepadnavirus*），该病毒科成员在宿主肝细胞进行基因复制时都需要经过一个前基因组 RNA（pre-genomic RNA，pgRNA）的逆转录过程。

完整的 HBV 颗粒直径约为 42nm，由外部囊膜（envelope）和中心的核衣壳（nucleocapsid）两部分组成。核衣壳直径 34nm，由核心蛋白（core protein）组装而成。无论是体内还是体外，core 蛋白都能形成两种构型的二十面体颗粒，它们的三角剖分数分别为 $T=3$ 和 $T=4$，即分别由 180 个或 240 个 core 蛋白组装而成。在乙肝患者的血清中，$T=4$ 颗粒占据绝对优势，说明这种形态才是自然的稳定构型。core 蛋白共有 183 个氨基酸，根据功能可划分为 3 个结构域：N 端用于构建衣壳的组装结构域（1～140aa）、用于结合 RNA/DNA 的 C 端尾巴（150～183aa）和一个夹在二者之间的连接区（141～149aa），通过调节该连接区的长度还能控制 $T(3)/T(4)$ 颗粒的数量比[119]。

HBV 的结构与功能一直是冷冻电镜的研究热点，1997 年 *Nature* 杂志就同期发表了两篇关于 $T=4$ 大颗粒冷冻电镜三维结构的研究报告（图 6-28）。其中 Bottcher 等的

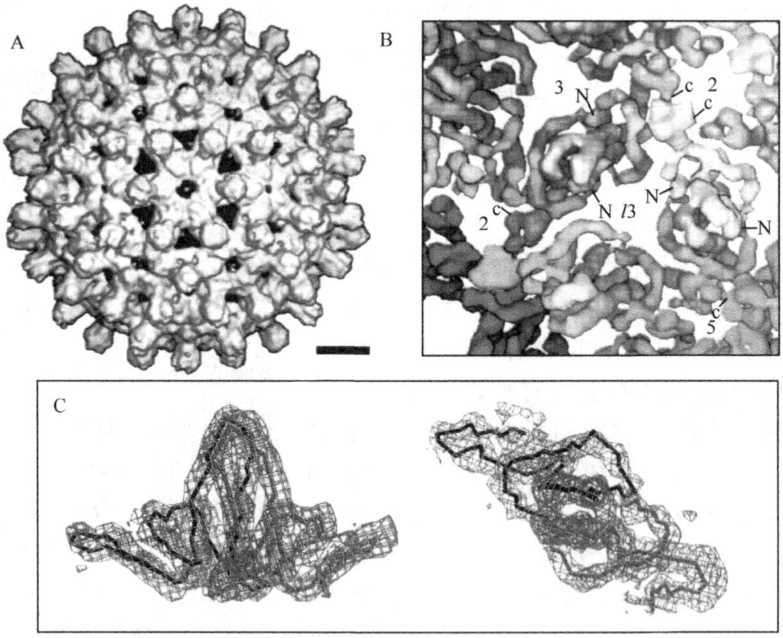

图 6-28　HBV core-149 核心颗粒的冷冻电镜结构[73,121]。A. 冷冻电镜三维重构结果，可见颗粒表面存在明显刺突（标尺＝5nm）。B. 分辨率超过 8Å 后，可见 core 蛋白的 α 螺旋。C. core 蛋白二聚体的冷冻电镜电子密度图，红色和紫色线条分别表示其中一个单体的氨基酸主链走向（见图版）

结果更是达到了划时代的 7.4Å[73]，被我国两院院士评为 1997 年世界十大科技进展之一，认为“这一成果可以帮助科学家从分子角度研究乙肝的致病机理，从而为研制乙肝疫苗和药物奠定了基础”。著名结构生物学家 DeRosier 也在同期的 *Nature* 杂志上对这一成果发表了“Who needs crystals anyway?”的评论性文章，指出“这是一个大的进步，它（冷冻电镜三维重构技术）使分子生物学家不用结晶就可以获得大分子及其衍生物结构的梦想变为现实”[120]。

前期对 HBV 核心颗粒的结构研究主要集中在 core-149 和 core-183 颗粒上，两者的衣壳机构基本一致，但是 core-149 颗粒内部无法观察到 RNA[73,121]，而后者则包裹了大量 RNA 分子[122,123]。在此基础上，我们利用冷冻电镜三维重构技术获得了 core-154、core-164、core-167 和 core-183 四种核心颗粒的三维结构。通过比较发现：core-149、core-154、core-164、core-167 和 core-183 等 5 种核心颗粒的衣壳结构极为相似，但是内部所包裹的 RNA 量则与 C 端尾巴的长度成正相关（图 6-29）。该结果说明 core 蛋白 C 端富含精氨酸的结构域对于结合 HBV 核酸具有极为重要的意义，正是通过精氨酸所提供的正电荷和核酸所提供的负电荷相互中和，从而实现了核衣壳的电荷平衡及保持核衣壳结构的整体稳定性。

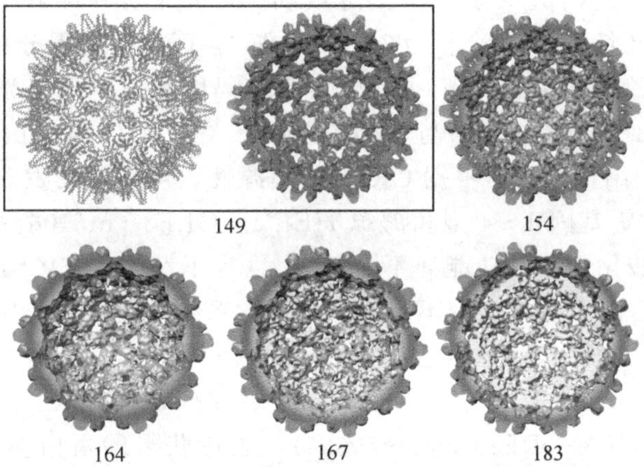

图 6-29　5 种不同 C 端长度 HBV 核心颗粒的横切面结构比较。颗粒的横切面以半径方式染色：刺突部分为青色，衣壳基部为绿色，RNA 为黄色。经比较可以明显看出，随着 core 蛋白 C 端尾巴的增长，其组装颗粒所包裹的 RNA 量也逐步增加。其中 154、164、167 和 183 为冷冻电镜重构结果，而 149 则是由晶体结构转化而来（见图版）

6.5　戊型肝炎病毒结构研究进展

戊型肝炎病毒（*Hepatitis E virus*，HEV）是非甲非乙型急性肝炎的病原体之一，其传播方式主要通过粪-口途径，前苏联学者 Balayan 等 1983 年首次用免疫电镜技术自一名志愿感染者的粪便中检测到病毒颗粒。在 1989 年的东京国际病毒会议上，该病毒以及由此病毒致病的肝炎被正式命名为戊型肝炎病毒和戊型肝炎（hepatitis E）。戊型肝炎在亚洲、非洲，以及美洲的墨西哥等发展中国家常曾暴发流行，在世界范围内都有散发传播。1986～1988 年我国新疆曾发生世界上最大的一次戊型肝炎流行，发病超过 10 万例，死亡近千人。人类为 HEV 的易感人群，病症严重，病死率高，青壮年病死率可达 1%～2%，远高于其他肝炎，妊娠期妇女病死率高达 20%。HEV 对人类的健康造成极其严重的威胁。目前对病毒如何感染细胞以及细胞如何产生免疫反应所知甚少，因此对戊型肝炎既无疫苗预防，亦无药物治疗。这主要是因为人类对 HEV 的三维结构细节知之甚少。2009 年以前，人们对 HEV 的高分辨率、原子分辨率的结构更是毫无所知，原因如下。

（1）戊型肝炎主要在发展中国家流行，科学技术实力雄厚的发达国家没有足够重视该病毒，没有投入足够的精力开展结构方面的研究。

（2）发展中国家科学技术欠发达，不能满足其研究。

（3）HEV 本身缺乏细胞培养系统，不容易获得大量的病毒样品，满足结构病毒学的需要。

尽管研究 HEV 的结构研究存在不少困难，但对其结构的研究没有停止，不同领域方向的突破都使得结构的研究一步一步接近成功。首先是分子生物学特征被阐释清楚。HEV 的核酸为单股正链 RNA，全长为 7.2kb 左右，各区段的基因分布基本为：5′端具有帽子结构与非编码区，3′端的 poly（A）尾与非编码区和三个正极性可读框（ORF）组成[124]。ORF1（nt28～5107）编码与 RNA 复制有关的非结构蛋白，ORF2（nt5147～7126）编码 HEV 的结构蛋白，根据 ORF2 的同源性，可以把已发现的 HEV 分为至少 5 个基因型，即 HEV 基因 1～4 型和禽源 HEEV. ORF3（nt5106～5474）编码一种有约 123 个氨基酸磷酸化蛋白，功能尚不清楚[125]。为了获得 HEV 的结构蛋白，不同的研究组采用基因工程的方法，使用不同的异源表达系统表达获得结构蛋白，大多都具有抗原性和免疫原性。其中，Li 等运用昆虫细胞杆状病毒表达体系表达 HEV-ORF2（112～660aa）蛋白，成功表达的蛋白能够自组装成病毒样颗粒[126,127]，Zhang 等运用原核表达系统表达 HEV-ORF2（394～606aa），表达获得的蛋白质能够自发形成二聚体[128]，这些蛋白质组装成的单位都保存完好的病毒的免疫原性与抗原性[129,130]。病毒样颗粒二聚体通过体外表达结构蛋白的成功获得，弥补了 HEV 不能运用细胞培养的获得大量样品的不足，为接下来成功解析结构打下基础。

HEV 病毒样颗粒的冷冻电镜三维结构　1999 年，Li 等运用冷冻电镜三维重构的方法成功解析 1 型病毒的三维结构[131]，分辨率仅为 22Å（图 6-30）。HEV 病毒颗粒按照 $T=1$ 的构型组装。可以分为 S（shell domain）和 P（protrusion domain）结构域。每个二重轴顶点由两个单体形成二聚体，向外延伸而成的突起约 60Å 长、50Å 宽。此为第一个解析出来 HEV 的三维结构，而其分辨率有限未能观察到更加精细的细节。为了观察更加细致的 HEV 的结构，同时了解不同基因型 HEV 的结构的异同，我们也运用昆虫细胞杆状病毒表达体系对基因 3 型和基因 4 型的 HEV ORF2 进行体外表达，并同时运用冷冻电镜和三维重构方法解析三维结构。首先我们先解析出 2.3nm 分辨率的低分辨率的结构（图 6-31），其轮廓和结构域的分别与基因 1 型大致相同。同时，我们进一步解析结构最终获得了 9.8Å 分辨率的三维结构（图 6-32），大致轮廓与低分辨率下一致，我们能观察到进一步细节：三重轴顶点因为没有 P 结构域密度参与构造，导致凹陷的结构；在五重轴，由单体延伸的密度卯合成五叶花的构造。这与以前的研究得到的结构大同小异。同时，由我们得到的亚纳米分辨率结构密度图可知，每个突起 domain 与 shell domain 并非一致的延伸上去，而是在链接突起和衣壳间的密度，具有一定的扭曲，导致突起和衣壳间的密度具有约为 30°的角度。最近，Xing 等运用冷冻电镜三维重构解析出 HEV 3 型颗粒 $T=3$ 三维结构图，见图 6-33[132]。这是 HEV 衣壳蛋白按照另外的组装方式形成的病毒颗粒，更加接近天然病毒。

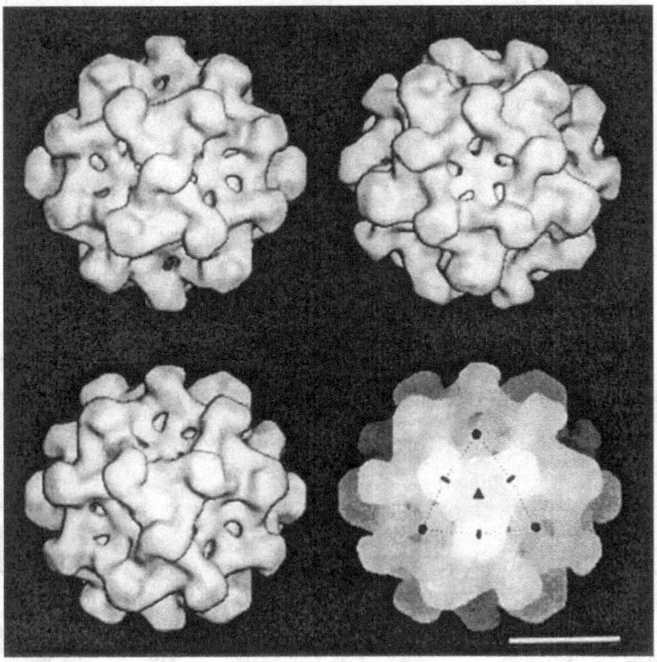

图 6-30　$T=1$ HEV Ⅰ型病毒样颗粒 2.2nm 分辨率的电子密度图（标尺＝10nm）[131]

HEV 病毒颗粒的高分辨结构　在已有 9.8Å 的基础上，我们应用冷冻电子显微镜-X 射线晶体学技术解析了戊型肝炎病毒颗粒原子分辨率（3.5Å）三维结构[6]。X 射线晶体学方法在解析病毒结构时可获原子分辨率的结构，但相位解析是一大难题。而冷冻电镜三维重构分辨率虽比不上前者，但可同时获得结构函数的振幅和相位。从我们的高分辨率结构，可以获得更加详细的 HEV 颗粒的组装及整个形貌（图 6-34）。

高分辨结构揭示了戊肝病毒装配过程　HEV 衣壳蛋白单体具有 S、P1 和 P2 三个沿二十面体表面向外线性排列的结构域。其中，S 结构域负责形成二十面体病毒颗粒衣壳；P1 结构域是 S 结构域的向外延伸，在病毒颗粒三重轴处相会；P2 结构域由 P1 结构域伸出，暴露于病毒颗粒外侧。每个单体通过 S 结构域的相互作用形成五邻体自组装出病毒壳部，然后通过 P1 在三重轴处的相互作用和延长 P2 时扭曲交联和形成的紧密

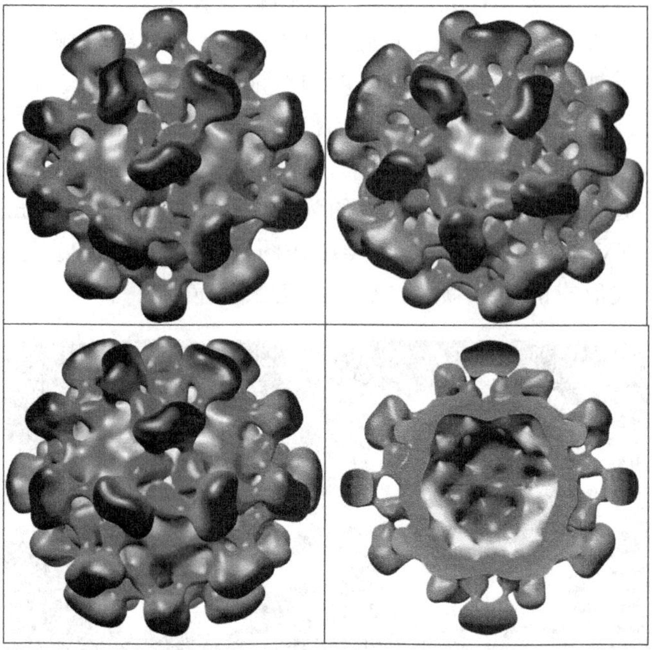

图 6-31　$T=1$ HEV IV 型病毒样颗粒结构图，左上为沿 2 重轴视图，右上为沿 2 重轴视图，左下沿 3 重轴视图，右下为沿内部视图，分辨率为 2.2nm（见图版）

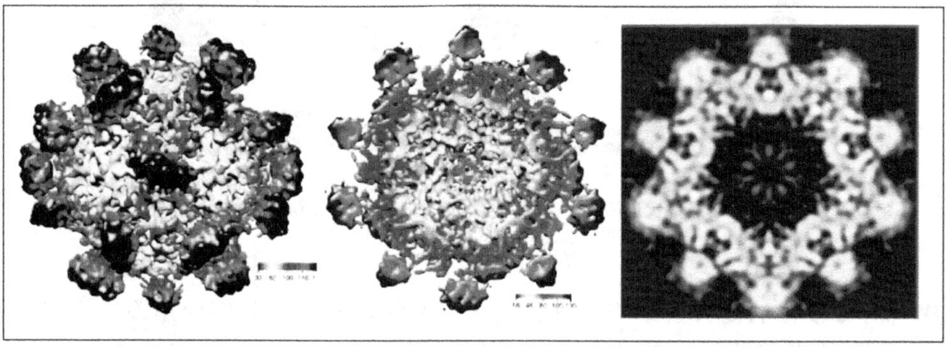

图 6-32　HEV IV 型颗粒 $T=1$ 9.8Å 分辨率的结构图，左为二重轴视图，中为内部视图，右为结构中间截面图（见图版）

接合的刺突，因此形成了稳定的 $T=1$ 的二十面体颗粒。HEV 高分辨结构揭示了病毒的活性位点：在颗粒的装配中，S 结构域中 Tyr288s 是在五重轴处的相互作用的关键氨基酸，同时 P1 结构域中 Proline 富集区域是参与形成交联形成关键的 loop。在 P2 结构域形成二聚体，外部的 loop（550～566aa）和三个 β strands 是疏水区，参与调节二聚体的形成。在 HEV 的 ORF2 中有 3 个糖基化氨基酸，其中 2 个位于结构的内部，而 P2 结构域上有一个糖基化位点 N562，位于外部的 loop 中，与病毒-受体结合有关；P2 结

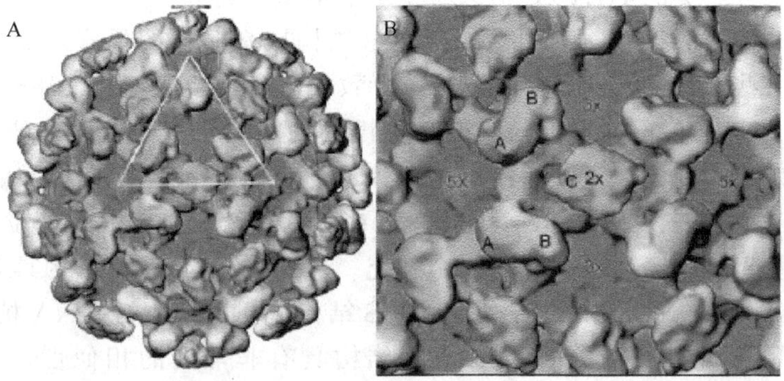

图 6-33 HEV 基因 3 型 $T=3$ 组装的颗粒的电子密度图[132]（见图版）

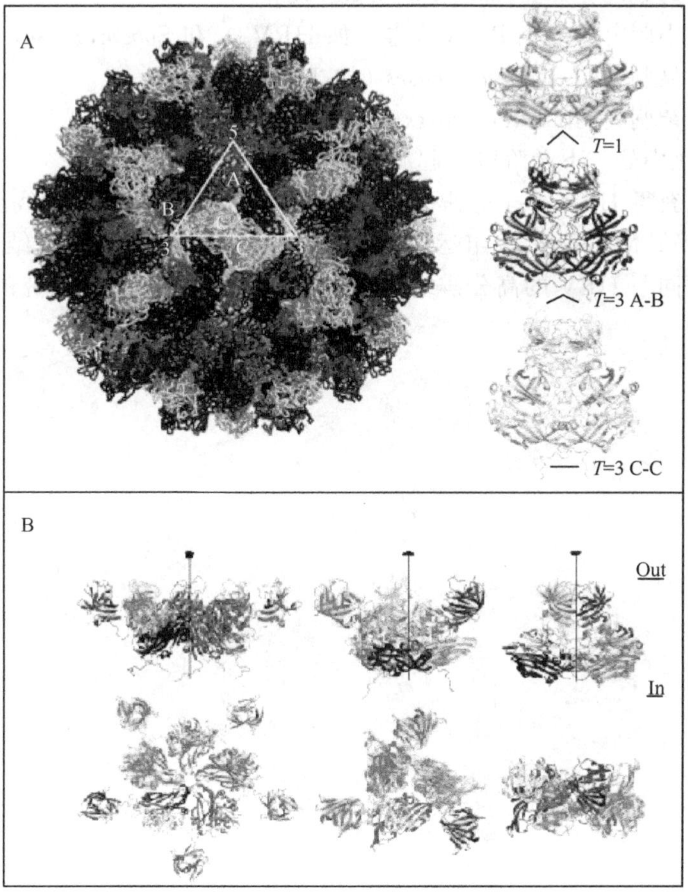

图 6-34 HEV 3.5Å 晶体结构图 A 完整的结构与二聚体结构 B 不同聚体的结构观察图（见图版）

构域还有 3 个向外的、高度保守的“环”（loop）和病毒-抗体结合有关。

HEV 高分辨结构有助于理解戊肝炎病毒内部演化趋势 HEV 区分为 4 个基因型和

可能的新型（来自禽类的 HEV），但只有 1 个血清型。高分辨率的结构将有利于找出它们宿主差异在结构上的根源。不同基因型在 S 结构域都非常的保守，而在 P 结构域出现差异，但在一些关键的功能位点也同样一致如 P1 的结构域中 376～391aa、P2 中 550～566aa 和 583～593aa，这都与它们是关键的功能区域有关，而在非关键的功能区的变异导致了型内的变异，不同宿主细胞嗜性最终解释还得依赖其基因型的高分辨率结构的解析，HEV 高分辨结构提示了戊肝病毒在 RNA 病毒进化中的地位：病毒分子结构的比较成为基于基因序列进化分析一个补充。HEV 的高分辨率结构具有典型的 RNA 病毒的 Jelly-roll b-barrel fold 的结构。其中 S 结构域与其他正链 RNA 植物病毒（T=3）如 TBSV 等的病毒衣壳中的 Jelly-roll 结构具有非常高的相似性，而与其他正链 RNA 动物病毒相似性较低。同时根据这些 RNA 病毒 S 结构域及突起部分复杂程度，我们可以清楚地得出正链 RNA 病毒进一步的划分。

（1）无刺突的 *Satellite viruses*（如 SPMV）。

（2）具有微小刺突的细小 RNA 病毒（如 HRV2）和 *Sobemviruses*（如 SBMV）。

（3）拥有明显刺突的 *Tombusviruses*（如 TBSV）。

（4）具有复杂刺突的 *Caliciviruses*（如 NV）和 HEV。

HEV 在进化中处于下游阶段，起源于没有复杂刺突的病毒。

在我们研究获得 HEV 原子分辨率的结果时，Xia 小组应用 X 射线晶体学解析二聚体的晶体结构[127]；Matsuura 小组运用 X 射晶体学方法解析 HEV 的结构[133]。同一年不同小组解析出同一 HEV 的高分辨结构，兴起了一轮 HEV 结构研究的新高潮。

第7章　电子断层成像技术与病毒研究

朱　平

在最近的二十多年中，利用冷冻电镜技术进行病毒的三维结构解析获得了极大的发展，为病毒的结构与功能研究提供了一个非常有效的手段。其中，发展最快也是最主要的冷冻电镜三维重构方法是前面介绍的单颗粒分析（single particle analysis，SPA）方法，即通过采集病毒的大量单个颗粒的二维投影图来重构其三维结构。该方法适于解析那些具有结构均一性或全同性的病毒样品，特别是对于颗粒本身具有对称性的样品，可以利用其对称性大大提高三维重构精度。

但也有许多病毒，如艾滋病毒等包膜病毒，本身不具有结构均一性或全同性。因此，前述的单颗粒分析方法并不适用，需要利用别的办法进行三维结构的解析。其中，利用电子断层成像技术，通过获取同一区域多个角度的投影图来反向重构所研究对象的三维结构得到越来越多的重视[134,135]。与冷冻电镜单颗粒技术相比，电子断层扫描技术无需样品颗粒具有全同性，也不强调样品具有一定的对称性，因此，其在研究非定形、不对称和不具全同性的病毒及其复合物的三维结构和功能中有着不可替代的重要作用。同时，利用冷冻电子断层成像方法还可以研究细胞环境中病毒的组装并进行病毒和细胞等的相互作用的可视化，从而为深入理解病毒的感染、入侵机制提供重要信息。

7.1　电子断层成像技术简介

7.1.1　电子断层成像原理

断层扫描技术（tomography）是指从一个物体的投影图像重构获得物体内部结构的技术，通过获取同一物体的多个连续角度下的二维投影图来反向重构它的三维结构。与医院中使用的CT扫描类似，电子断层扫描技术（electron tomography，ET）简单地说就是将一个物体（样品）沿着一个与电子束垂直的轴旋转，每旋转一个角度，采集这个物体在相对应方向上的二维投影图像，通过对这些二维投影图的处理（相互配准），将不同角度的二维投影图反向重构（如加权背投影等方法），获得样品整体三维结构的技术（图7-1）。和CT成像转动光源获得不同角度的投影图不同的是，ET的光源（电子束）不转动，通过倾转电子显微镜的样品台来得到所研究样品的不同方向的投影。

利用多角度投影的方法重构物体的三维构象的Tomography方法的理论基础在几十年前已经建立[136]。但早期的数据收集靠人工完成，而且要处理的数据量相对当时的计算机处理能力而言也很庞大，因此只有少数这方面的工作。近年来，随着计算机硬件的高速

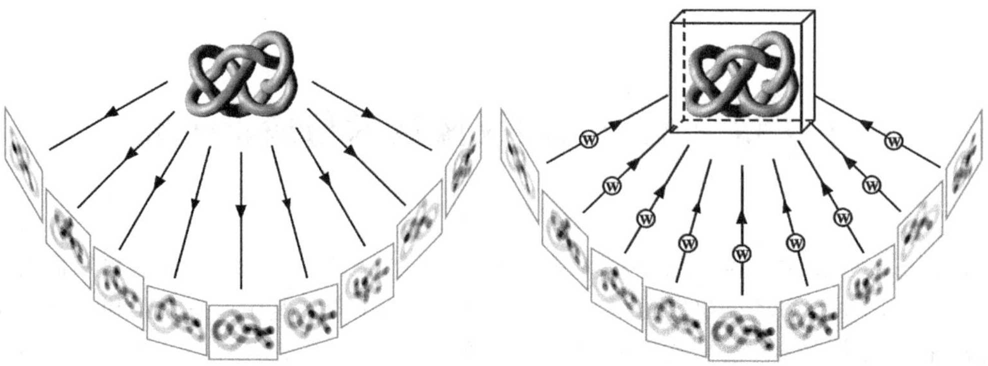

图 7-1 电子断层扫描技术示意图[135]

发展和数据处理能力的大大增强，特别是电子显微镜的更新换代以及断层成像数据的自动收集硬件和软件方面的进展，使得电子断层成像研究，尤其是冷冻电子断层成像研究取得了极大的发展，也正在成为一个越来越活跃的研究领域。

7.1.2 多角度系列电子投影图像的获取

电子断层成像的数据收集从找到合适的成像区域开始。在起始位置成像后，样品倾转到下一个角度，对同一区域进行成像。电子断层成像的数据收集的大概过程如下。

（1）寻找（search）合适成像区域。

（2）调节样品台倾转中心高度（eucentricity），使样品台倾转时样品维持在成像中心范围。

（3）调焦（focus）。

（4）对同一成像区域进行精确跟踪（tracking）。

（5）照相（exposure）。

（6）样品倾斜到一个更高角度，重新找到样品的位置中心，然后重复以上（1，3，4，5）四个模式。

由于电子断层成像方法需要对同一个区域反复成像，对样品局部区域可能造成较大幅度的辐照损伤，因此必须严格控制样品台的精确倾转，保持对成像区域的自动跟踪，以及控制每次成像的电子束剂量等。为了减少对成像区域的电子辐照损伤，一般利用 low dose 模式的数据采集方案，即 search 模式采用较低的放大倍数，而 focus 和 tracking 模式时的照相区域稍微偏离样品中心 exposure 模式位置以减少对样品的辐照。

在数据收集过程中，对不同倾转角度图像的 tracking 是通过计算倾转前后两个图像的互相关系数来完成的。为了提高图像衬度和跟踪的准确性，可以在样品中加入胶体金颗粒。样品倾转的角度范围取决于样品杆类型、铜网类型、感兴趣区域在铜网处的位置及样品的厚度等。数据收集方式可以从 0°角开始向两端倾转，也可以从最大负面倾斜角度开始到最大的正面倾斜角。最常见的是记录的倾斜系列范围在±60°到±70°之间，采用 1°～3°间隔的线性步长。为了提高缺失锥（missing wedge）附近的采样密度，可以增大高角度位置的采样密度，如采用 Saxton 方案等。

目前已有一些相对成熟的自动数据采集系统，包括一些设备生产厂家提供的商业软件，如 FEI 的 Xplore3D、Titzs 的 EM-Menu 等，以及一些实验室开发的软件如 SerialEM、UCSF Tomo、TOM、Leginon 等。这些程序通过控制显微镜的光学系统、样品台和 CCD 来自动记录样品在不同角度下的一系列图像。随着电镜硬件及软件控制的日趋完善，可以在预先设定的想要照相的各个区域进行断层成像数据的批量收集（batch tomography），大大提高了数据采集效率，使得高通量、全自动化的电镜断层成像数据采集系统成为可能。

7.1.3　投影图像的配准

电子断层成像三维重构要经过两个步骤：首先是不同角度的投影图像的配准，其次是配准后图像的反向投影进行 Tomogram 的三维重建。对一个倾斜系列投影的图像进行配准是获得高质量重构的重要基础。图像配准主要是计算倾转过程中由于样品台等的移动引起的图像中心的漂移；另外，还需对由于不完美的成像条件导致的倾转角度，图像自身的旋转、扭曲及放大倍数等进行修正，这种修正可以显著提高三维重建的质量。

图像配准有两种最常用的方法，即基于标记点的方法和基于图像互相关匹配的方法。基于标记点的方法是在样品制备过程中，通过掺入一定数量的胶体金颗粒作为标记物，然后根据胶体金在不同角度二维投影图中的位置对该角度投影图的区域中心和倾转轴取向进行优化，这种方法最常用的软件是 IMOD[137]。如果不掺入胶体金作为标记物，可以利用互相关分析来进行不同角度的投影图的配准和优化，其中比较常用的软件有 Protomo[138]。

7.1.4　断层图像的三维重构

电子断层图像的三维重构是由所有配准的倾转投影图重新反向投影到一个 3D 体积中形成的。最常用的方法是加权背投影（weighted back projection，WBP）：将每个二维投影图像背向其记录时的倾斜角方向投影到三维空间中，所有背投影图像在三维空间中叠加形成样品的三维结构。为了防止对低频信号的过采样，引入一个权重滤波器进行调节。其他的重建方法包括 20 世纪 70 年代早期发表的迭代重构方法，如代数重建技术（algebraic reconstruction technique，ART）和联合迭代重建技术（simultaneous iterative reconstruction technique，SIRT）等。迭代重构方法基于一个前提：重构样品沿着投影角的反向投影应该与原图像一致，因此，在这些方法中，需要将原始投影图和重构的投影图进行循环比较和优化。迭代方法的一个优势是具有一致的权函数，但计算量很大，GPU 和并行处理算法的采用有利于加速本过程。

7.1.5 重建结果的去噪、分割和理解

一般来说，冷冻电子断层成像中各个二维投影图像的信噪比都比较低，因此重构产生的 Cryo-tomograms 的噪声也很大，所以对重建结果要进行适当的降噪处理使得研究对象得以突出出来。常用的去噪处理方式包括：低通滤波、中值滤波和非线性滤波等。其中，各向异性扩散的非线性滤波方法可以比较好地在去除噪声的同时保留更多的结构特征，在电子断层成像结果处理中应用较多。

为了进一步将对象从背景和噪声中区分开，要对重建结果进行分割（Segmentation），以分开对象和背景。最简单的方法是使用手动分割，它需要用户绘制对象和背景的边界轮廓。分割完成后可以利用表面渲染技术（surface rendering）对 Tomogram 进行可视化。也有专门的软件帮助进行该过程，其中 AMIRA 软件包是用得最多的，其他的如 IMOD 软件包中也提供该功能。

维基百科网站收集了很多电子断层成像数据收集和处理以及其他冷冻电镜成像处理中会使用到的软件：http://en.wikipedia.org/wiki/Software_tools_for_molecular_microscopy。

7.2 电子断层成像技术在病毒研究中的应用

病毒一直是冷冻电镜的重要研究对象。在过去的二十多年中，利用冷冻电镜单颗粒分析方法已经在病毒结构与功能研究方面获得了很多有益的信息，尤其是对那些具有二十面体对称性的病毒结构。与单颗粒分析技术相比，电子断层扫描技术在病毒结构的研究目前主要集中在一些不具有全同性或均一性的病毒及其复合物上，如疱疹病毒、牛痘病毒和艾滋病毒等。虽然电子断层扫描技术所获得的分离的病毒粒子的结构没有单颗粒技术获得的结构分辨率高，但它可以解析一些没有对称性、具有重要生物功能或引起严重疾病的病毒的结构，因此也获得了很多关注。同时，利用电子断层成像技术的一些技术特点可以开展一些以前难以开展的工作，如研究细胞环境下的病毒组装及病毒与细胞的相互作用的三维空间观察等，这些工作对病毒的结构研究也起了很重要的推动作用。

7.2.1 电子断层成像研究的样品制备

对于单独的病毒颗粒，以及一些电子束能穿透的较小或较薄的样品，如一些小的细菌、细胞等，可以采用前面介绍的与单颗粒分析制样方法相同的快速冷冻（plunge-frozen）的方法准备样品并进行冷冻电子断层成像研究。将保持在自然状态缓冲液中的样品加入覆盖在电镜铜网上的带孔碳膜上，用滤纸吸去多余样品，然后将样品快速浸入处于液氮温度环境的液态乙烷冷冻剂中。由于样品层非常薄，冷却速度很快（可达几万度每秒），样品中的水会形成一种非晶态的冰，样品分子即悬浮在这层玻璃态的冰中，保留了样品的原始结构信息及构象状态，并在利用液氮保持低温的情况下送入冷冻电镜观

察。这种冷冻制样方法的主要优势是样品接近于活性状态，克服了由于化学固定、脱水、冷冻替代和染色等带来的可能的缺陷和假象，很好地保护了病毒等生物样品结构的完整。

而对于许多对电子束难以穿透的厚样品，如研究细胞环境下的病毒三维结构、病毒与细胞的相互作用等，只能采用切片的方法进行制样。其中采用的较多的是前面章节所介绍的常规切片制样方法，包括化学固定、树脂包埋、切片和染色等步骤。一般使用1%～5%的戊二醛作为主固定剂，利用四氧化锇等做进一步固定后，在一系列梯度浓度的乙醇和丙酮中进行脱水以减小迅速脱水引起的结构变化。脱水后的样品被转移到树脂中在 60℃左右进行树脂的聚合包埋，然后进行系列切片（对电子断层成像样品，一般做成 100～500nm 厚度的切片），最后利用乙酸铀和柠檬酸铅等进行染色，送入电镜观察和照相。

虽然以上通过常规的化学固定、树脂包埋、切片、染色等制样方法对细胞和组织器官等的电子断层成像研究取得了许多很好的成果，但制样过程仍然会引起一些结构畸变，影响样品的结构细节。因此，近年来研究者也开始关注厚样品的冷冻电子断层成像研究。由于水是热的不良导体，对于大的样品（如整个细胞），冷冻能达到的深度和体积是非常有限的，这时可以采用高压冷冻方法降低水的冰点使得冷冻达到更深的层次，然后利用冷冻置换技术在低温下对冷冻组织中的水用有机溶剂进行置换，随后将整个组织逐渐升温并进行传统的包埋、切片等方法制样。这种高压冷冻以及冷冻置换方法在样品结构细节的保持上可以取得较好的效果，而真正能使大细胞和组织保持在天然状态的办法是高压冷冻并进行冷冻切片（cryo-sectioning）。冷冻切片目前还是一项很具挑战性的工作，只有少数的实验室能够达到较高的成功率。

7.2.2　电子断层成像技术用于病毒颗粒的三维结构研究

1. *疱疹病毒*

疱疹病毒（*Herpes simplex virus*）是一种非常复杂的双链 DNA 病毒，含有 80 多种结构蛋白，直径为 220nm 左右，内有一直径为 125nm、具有二十面体对称性的核衣壳。利用二十面体单颗粒重构技术，其核衣壳的高分辨结构已经被报道多次。但 HSV 还有许多不具有对称性的、对病毒感染过程中起关键作用的蛋白质，如核衣壳外的 Tegument 蛋白，以及位于病毒外表面的糖蛋白等。在使用 ET 技术前，很少有关于这些成分在病毒上的结构信息报道。2003 年，Grunewald 等最早利用冷冻电子断层扫描技术开展疱疹病毒（HSV）的结构研究[139]。他们发现疱疹病毒的 Tegument 是一个高度不对称的帽子状结构，其厚度大约为 35nm，位置在衣壳和囊膜中间，并总是偏向囊膜的一边，而衣壳总在囊膜的另一边（图 7-2）。

进一步研究发现 Tegument 由一些特殊密度的短丝构成了网状结构。疱疹病毒膜外有大约 11 种不同类型的糖蛋白，在疱疹病毒的 ET 结构中可以看到这些糖蛋白位于囊膜外侧呈突起状结构，它们的长度、厚度及空间位置都不尽相同，还可看出有些糖蛋白跨膜分布并与 Tegument 相连，而 Tegument 的另一侧则与衣壳的顶端相连。每个病毒

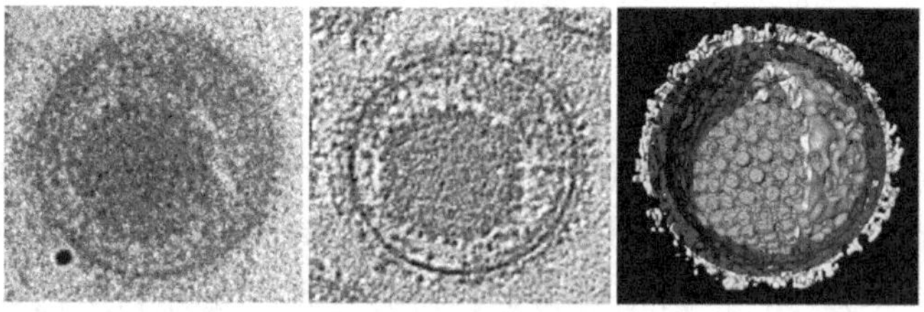

图 7-2　疱疹病毒冷冻电子断层扫描结果。左图为病毒颗粒的一个二维投影；中间为电子断层扫描结构的中央一截面图；右图是用不同颜色显示的疱疹病毒的结构，包括疱疹病毒的囊膜（深蓝色）、外表面 ENV 突刺（黄色）及内侧 Tegument 蛋白（橘黄色）。结果显示 Tegument 蛋白由短丝状物质构成网状结构，它与核衣壳的顶点结合并同时在另一侧与囊膜相连，使核衣壳（淡蓝色）位于囊膜所包裹的腔的另一侧（而非中央）[139]（见图版）

粒子大约有多达 650 个糖蛋白突起，这些突起并非随意分布，而是成簇分布。这些结果表明 Tegument 可能是由高尔基体和衣壳间的蛋白集聚在一起，形成核衣壳-Tegument 复合物。

除了对 HSV 病毒整体的断层成像观察外，对于已经有大量高分辨率结构报道的疱疹病毒的核衣壳，利用断层成像技术也获得了新的发现。例如，Deng 等[140]对肿瘤疱疹病毒（KSHV）核衣壳进行了电子断层成像研究，发现病毒的 12 个顶点中的一个有一直径约为 14nm、长约为 15nm 的柱状结构连接在衣壳内部，这一结构的中间有一直径约 5nm、深 7nm 的通道。该通道是此前利用二十面体重构获得高分辨的病毒衣壳时所没发现的，被认为是病毒核酸包装过程中起非常重要作用的 portal（图 7-3）。

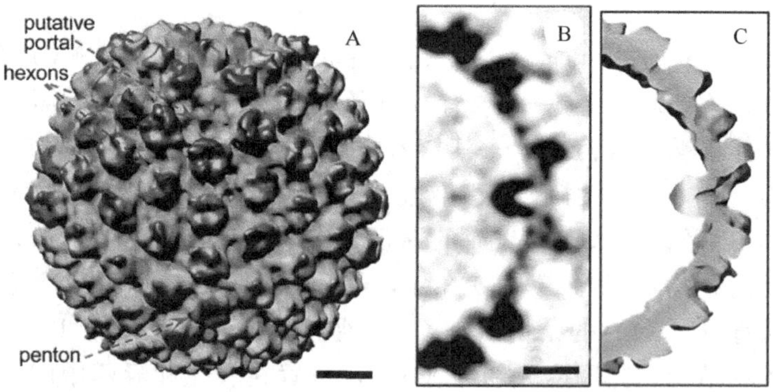

图 7-3　KSHV 核衣壳的电子断层重构结果。A 为整体重构效果图；B 和 C 为一个 100Å 厚度的切片密度图和效果图。可以看到在其中的一个顶点，有一个通道往核衣壳内部伸出[140]（标尺＝200Å）（见图版）

2. 牛痘病毒

牛痘病毒（*Vaccinia virus*）属于痘病毒科，是已知的最大、最复杂的病毒之一。其基因组编码超过 250 种蛋白质，而且几乎过半数的蛋白质都属于病毒的结构蛋白，其中很多蛋白质目前都还没有太多的信息。Cyrklaff 等[141]利用冷冻电镜电子断层扫描技术对其具有感染性的所谓细胞间成熟粒子（IMV）进行了研究，其结果显示牛痘病毒是一个由多层囊膜构成的病毒粒子结构（图 7-4）。在结构的最内层，形成了哑铃状的核心，其上有 8nm 的突起以小的二维六角形晶格排列。连续的核心囊膜偶然会被大约 7nm 宽的随机分布的开口打断。这些开口被认为可能与病毒转录 RNA 的进出有关。浓缩的 DNA 围在哑铃状核心内，只占大约 5%的病毒核心腔的体积。其他部分显示电子密度比较低，其内部被认为含有可溶性的酶。在内外两膜中间有致密的网状结构，即通常所说的 Lateral Body。

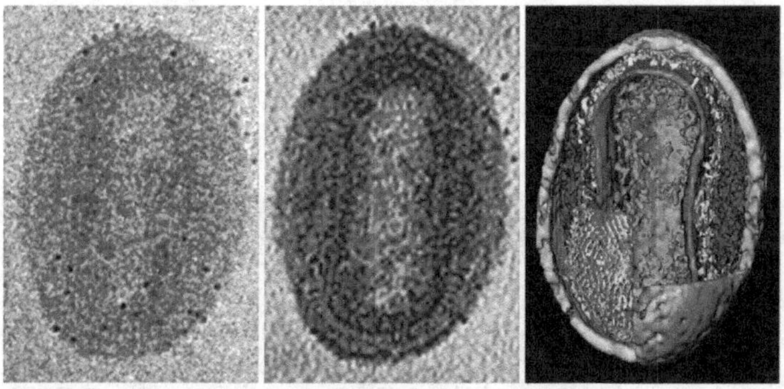

图 7-4　VV IMV 的冷冻电镜电子断层扫描结果。病毒粒子由多层囊膜组成，外膜（橘黄色）包裹了 lateral body（红色）和哑铃状的核心（深蓝色），DNA（绿色）包裹在其内部。晶格状排列的突起层为淡蓝色[141]（见图版）

3. 艾滋病毒

作为艾滋病的感染源，艾滋病毒（*Human immunodeficiency virus*，HIV）及其复制与感染过程中所涉及分子的结构和功能自然成为研究者关心的重要问题。HIV 是一个单链 RNA 逆转录病毒，成熟的病毒颗粒呈圆形，直径约 120nm。它的 RNA 位于衣壳蛋白（CA）组成的核心内，基质蛋白（MA）包裹在衣壳外面并保持毒粒的完整性。在 MA 的外面是病毒的外层囊膜，嵌入并突出在病毒囊膜表面的蛋白质称为 ENV，包括高度糖基化的表面蛋白 gp120（SU）和穿膜蛋白 gp41（TM）。它们形成一个三聚体，突出于 HIV 表面，称为外膜突刺（env spike）。作为唯一暴露在病毒表面并由病毒本身基因组编码的蛋白质，ENV 蛋白 gp120 和 gp41 在 HIV-1 的感染周期，特别是在病毒进入靶细胞的融合过程中起着决定性的作用，对它们的结构细节的了解将对药物和疫苗的设计及开发有重要意义。电镜观测等表明，艾滋病毒本身的结构不具有均一性，甚至颗粒大小都不一致（图 7-5），因此难以利用单颗粒分析方法解析其结构。Zhu 等[142]率先利用电子断层成像（electron tomography）进行了艾滋病毒表面结构的三维重构研究。他们利用负染色电子断层成像方法获得了一个 SIVmac239 病毒表面的三维图像（图 7-6）。长期以来，研究者都认为艾滋病毒表面的 ENV 应该是一个三聚体，但直观的证据却很少。该结果清晰地展示了艾滋病毒表面突刺的三聚体形式和分布。

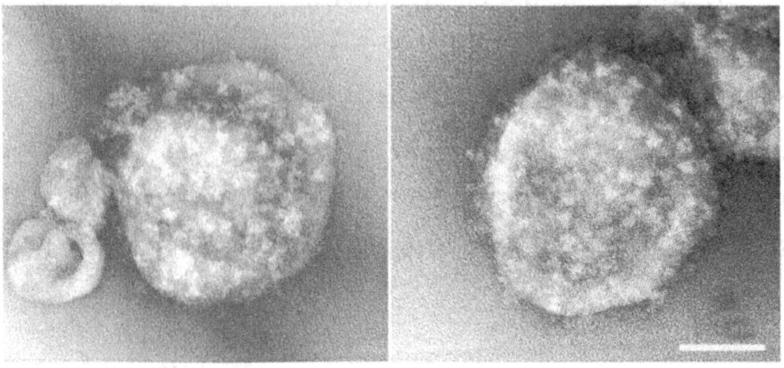

图 7-5　艾滋病毒 SIVmac239 gp41 截断突变株颗粒负染色电镜图，可以看到明显的病毒表面 ENV 蛋白三聚体[142]（标尺＝50nm）

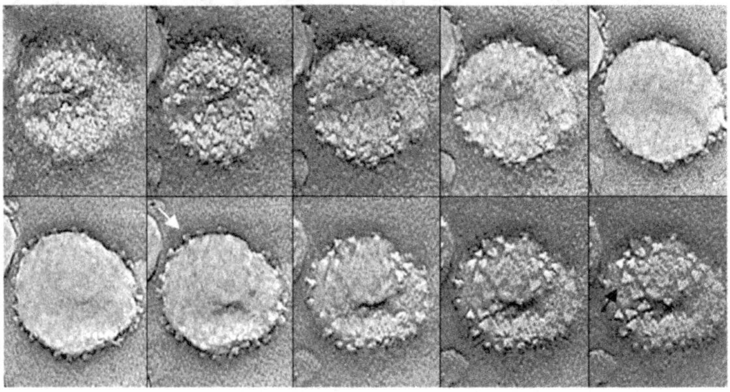

图 7-6　艾滋病毒 SIVmac239 gp41 截断突变株颗粒的负染色电子断层三维重建结果。本图显示的是一个病毒颗粒三维重建结果从上表面（上排最左端）到下表面（下排最右端）不同高度的截面图[142]

在随后的几年中，分别有几个不同的研究组进行了 HIV 病毒颗粒的冷冻断层成像研究，如 Briggs 等[143]获得了一个 HIV 病毒颗粒，特别是内部核衣壳的三维模型（图 7-7）。

在利用负染色电子断层成像获得 SIV 表面的 ENV 结构信息后，Zhu 等[144]利用冷冻电子断层成像的方法对 SIV 和 HIV 表面的 ENV 突刺的数量及分布进行了更进一步的研究（图 7-8）。他们的研究结果表明，虽然 gp41 截短突变株的 SIV 表面突刺数量较多，但真实 HIV 表面的突刺数量要比原来认为的少得多，平均只有 14 个左右。而且这些突刺在病毒表面也不完全是随机分布的，而是有几个突刺聚集在一起形成一些突刺簇的现

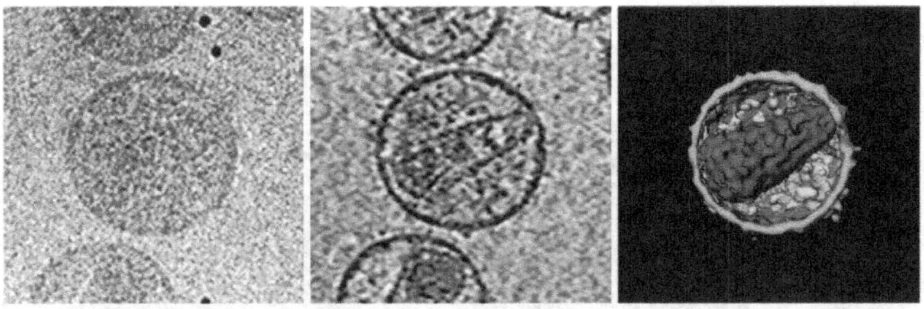

图 7-7　HIV 的冷冻电镜照片（左）、冷冻电子断层重建的一个截面（中）及三维重建图（右）。病毒膜及其上的包膜蛋白 ENV 用蓝色表示，病毒内部核衣壳用红色表示，核衣壳外蛋白用黄色表示[143]（见图版）

象（图 7-9）。可以预期，突刺簇的存在将影响病毒-靶细胞的融合效率和抗体或分子药物的中和能力。

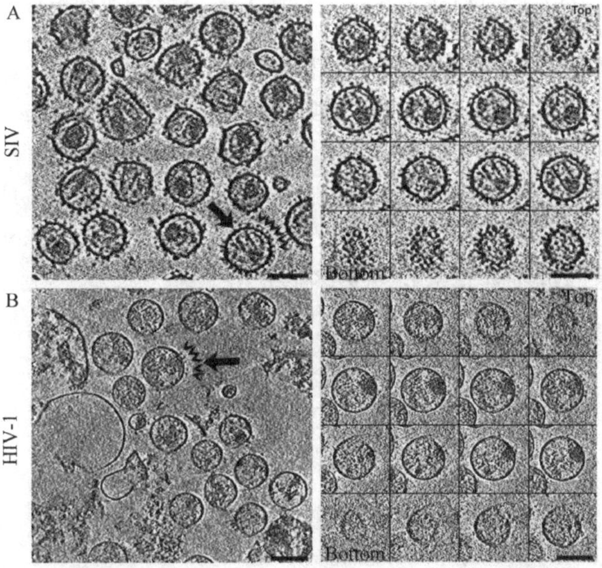

图 7-8　艾滋病毒颗粒 SIVmac239 gp41 截断突变株（A）和 HIV-1（B）的冷冻电子断层成像结果。其中左图为一个区域的断层成像截面，右图为左图中箭头所指的病毒颗粒从上表面（右上角）到下表面（左下角）不同层截面图。图中的短箭头显示了 HIV-1 表面 ENV 的成簇分布（标尺＝100nm）引自文献［144］

在利用电子断层成像技术获得病毒颗粒的三维结构信息后，许多研究组开始尝试将单颗粒分析技术引入以获得有关结构的更进一步和更高分辨率的信息。例如，Förster 等[145]利用冷冻电子断层成像的方法获得了 MMLV 的三维结构图，在此基础上借鉴单颗粒分析方法对 MMLV 表面的包膜蛋白突刺进行三维空间平均，并将已知的糖蛋白结构部分填充到其中，获得了有益的信息。与此类似，几个不同的研究组[144,146,147]在用冷冻电

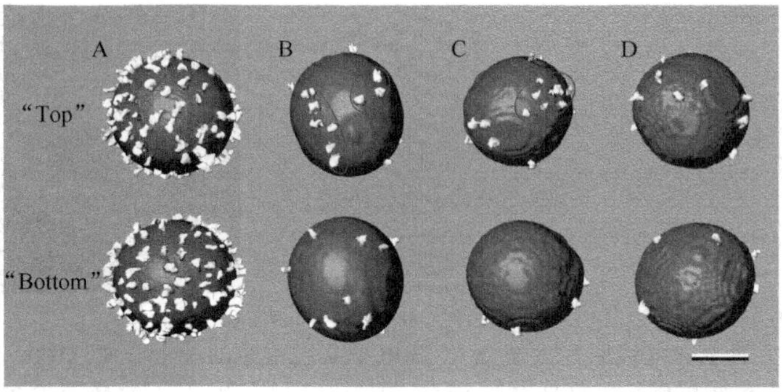

图 7-9　SIVmac239 gp41 截断突变株（A）和 HIV-1（B～D）冷冻电子断层成像表面三维重构结果。其中白色部分代表的是可能的表面 ENV 突刺，上半部分和下半部分分别为同一病毒颗粒的顶视图（top）和俯视图（bottom）。在 HIV-1 结果中用红色的椭圆圈出了可能的 ENV 簇（B～C）（标尺＝50 nm）引自文献［144］（见图版）

子断层成像的方法获得 HIV 病毒的三维结构后，对其表面的包膜蛋白突刺也进行了类似的分析并获得了更多的 ENV 突刺的三维结构信息（图 7-10）。虽然这些工作的分辨率还有待提高，但与通常的 ET 结果相比，已经在分辨率上提高了一大步。这种利用电子断层成像方法获得多形性病毒等的三维结构，并对其中重要的、具有均一性的亚单元利用单颗粒分析类似的方法进行三维亚单元平均（sub-volume 3D averaging）以提高精度的方法取得了长足的进步，也会得到更多的发展。

图 7-10　利用电子断层成像和三维空间平均方法得到的一个 SIVmac239 病毒表面 ENV 突刺三维结构冷冻电镜密度图以及可能的 gp120 三聚体结构模型。引自文献［144］（见图版）

7.2.3　电子断层成像用于病毒与细胞的相互作用研究

除了对分离的病毒粒子及其复合物进行研究，冷冻电子断层成像还可以开展细胞环境下的病毒粒子结构，以及病毒与细胞相互作用的三维可视化研究。这种细胞环境下的电子断层成像研究有效地填补了低分辨率的光学显微和高分辨率的 X 射线晶体学，以及冷冻电镜单颗粒分析之间的空白。

Maurer 等[148]利用冷冻电子断层成像方法对疱疹病毒 HSV 在天然环境下感染细胞的过程进行了研究，并捕获了病毒与细胞膜融合以及进入细胞的几个不同的结构中间状态（图 7-11）。他们观察到了一些有趣的现象，如与病毒 Tegument 蛋白分离并进入细胞的病毒衣壳被细胞骨架紧密包围，病毒进入细胞后病毒的膜表面曲率会发生变化使上面的糖蛋白突刺发生相互位置的重组。Cyrklaff 等[149]进行了牛痘病毒 VV 感染细胞过程中 VV 病毒颗粒解聚的冷冻电子断层成像研究。他们的研究结果表明，病毒和细胞表面的结合会引起病毒核心的一系列结构改变和重新定位，如核衣壳的形状改变、病毒表面的突刺的位置重组及排列紧密的病毒 DNA 的疏松等。Kopek 等[150]利用电子断层扫描技术对 FHV（*Flock house virus*）感染的细胞进行了研究，揭示了该病毒核酸复制过程中会诱导宿主细胞产生一个与其核酸复制有关的结构。

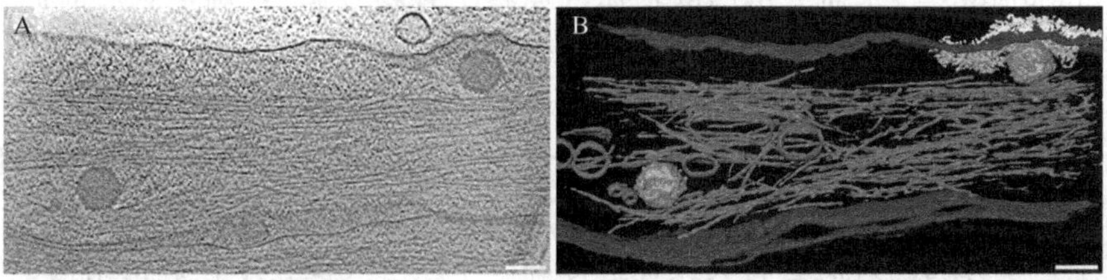

图 7-11　HSV-1 感染 Ptk2 细胞的冷冻电子断层成像重构截面（左）和三维效果图（右），可以看到病毒正在进入细胞及进入细胞后的不同状态。病毒颗粒的核衣壳用蓝色表示，病毒表面蛋白突刺用黄色表示，病毒 Tegument 蛋白用橘黄色表示，细胞和病毒膜用深蓝色表示，细胞肌动蛋白用深红色表示和囊泡用紫色表示（标尺＝100 nm）[148]（见图版）

7.2.4　电子断层成像技术在其他方面的应用及展望

除了在病毒方面的应用外，电子断层成像技术在其他生物学领域也得到了非常多的应用。它可以对细胞体内以及分离出来的细胞器进行三维重构，并提供了在纳米尺度范围内进行细胞器环境下蛋白质及分子机器的结构重构的方法，对研究自然环境下各种分子机器的结构和功能的关系，它们在细胞中的空间布局，以及精细的细胞结构等具有重要意义。过去一些年间已经利用电子断层成像技术获得了许多对于细胞生物学来说非常有用的信息，如对线粒体、内质网和高尔基体、核孔复合物、肌动蛋白及细胞骨架的研究等[135,151,152]。

冷冻电子显微学和电子断层成像依然是一个年轻的学科，仍处于发展和完善阶段，无论在理论上还是实践上都有许多工作要做。

（1）更好的样品制备方法。采用高压冷冻、冷冻替代、冷冻切片等方法保持细胞或细胞器等样品的结构细节。

（2）更好的数据收集方法、硬件及软件。例如，利用 Double-tilt 双轴倾转减小缺失锥（missing wedge）效应；利用 Batch-tomo 方法高通量收集电子断层成像数据，提高加速电压和采用能量过滤器；利用 Phase-Plate 相位板技术提高样品的成像质量等。

（3）更好的电子断层成像数据处理、分析和理解方法。例如，采用大面积探测器和高分辨率 CCD（如 8 K×8 K）提高 tomogram 分辨率；采用更好、更智能的 Auto segmentation 自动分割方法结合表面渲染（surface redenring）技术展示感兴趣的分子模型；利用模板匹配（templet matching）方法自动从复杂的 tomogram 背景中识别感兴趣的蛋白质和分子机器等。

（4）更高的三维重构精度。例如，结合电子断层成像和单颗粒分析技术，借鉴成熟的单颗粒分析技术在三维空间对从 tomogram 中取出的具有同一性的 sub-tomogram 进行 3D 平均（3D averaging）以获得感兴趣研究对象的更高的分辨率结构。

（5）更新的电子断层成像技术，适应不同样品和不同条件的需求。例如，利用 STEM Tomography 技术研究更厚的物体（如整个真核细胞）；利用具有时间分辨率的 4D electron tomography 研究细胞体内的动态变化等。

（6）结合荧光蛋白标记、免疫标记等方法，对同一区域进行光学显微和冷冻电子断层成像的联合观察，对重要生命过程（如病毒与细胞的相互作用）进行从宏观到微观、从低精度到高精度、从二维到三维、从静态到动态、从体外到原位的观察。

在以上这些方面的进展必将大大促进冷冻电子断层成像技术在病毒结构、细胞生物学及生命科学领域的应用。

我国在电子显微学研究方面有很好的基础和相当的积累，但高性能冷冻电子显微设备的缺乏对冷冻电子显微学的开展曾经产生了很大的制约。受益于近年来国家对冷冻电子显微学的重要前景的重视和对科研投入的增多，目前国内已经拥有了高端的冷冻电子显微镜研究设备和一流的包括 Vitrobot、高压冷冻、冷冻切片等适合冷冻电子断层成像研究开展的设施。因此，中国已经具备了很好的契机来开展冷冻电子显微学和电子断层成像方面的工作。

参 考 文 献

[1] Zhang X, Settembre E, Xu C, et al. Near-atomic resolution using electron cryomicroscopy and single-particle reconstruction. PNAS, 2008, 105: 1867-1872

[2] Zhou Z H. Towards atomic resolution structural determination by single-particle cryo-electron microscopy. Curr Opin Struct Biol, 2008, 18: 218-228

[3] Chen Y F, Walz T. The advent of near-atomic resolution in single-particle electron microscopy. Annual Review of Biochemistry, 2009, 78: 723-724

[4] Liu H, Jin L, Koh S B, et al. Atomic structure of human adenovirus by cryo-EM reveals interactions among protein networks. Science, 2010, 329: 1038-1043

[5] Zhang X, Jin L, Fang Q, et al. 3. 3Å cryo-EM structure of a nonenveloped virus reveals a priming mechanism for cell entry. Cell, 2010, 472: 472-482

[6] Guu T S, Liu Z, et al. Structure of the hepatitis E virus-like particle suggests mechanisms for virus assembly and receptor binding. Proc Natl Acad Sci U S A, 2009, 106 (31): 12992-12997

[7] Fauquet C M, Mayo M A, Maniloft J, et al. Virus Taxonomy. VIIIth Report of the International Committee on Taxonomy of Viruses. San Diego: Elsevier Academic Press, 2005

[8] Mayo M A. Changes to virus taxonomy 2004. Arch Virol, 2005, 150 (1): 189-198

[9] Carstens E B. Report from the 40th meeting of the Executive Committee of the International Committee of Taxonomy of Viruses. Arch Virol, 2009, 154: 1571-1574

[10] Adams M J, Antoniw J F, Kreuze J. Virgaviridae: a new family of rod-shaped plant viruses. Arch Virol, 2009, 154: 1967-1972

[11] Nibert M L, Woods K M, Upton S J, et al. Cryspovirus: a new genus of protozoan viruses in the family Partitiviridae. Arch Virol, 2009, 154: 1959-1965

[12] Martelli G P, Adams M J, Kreuze J F, et al. Family flexiviridae: a case study in virion and genome plasticity. Annu Rev Phytopathol, 2007, 45: 73-100

[13] Staginnus C, Iskra-Caruana M L, Lockhart B, et al. Suggestions for a nomenclature of endogenous pararetroviral sequences in plants. Arch Virol, 2009, 154: 1189-1193

[14] Sanfacon H, Wellink J, Gall O L, et al. Secoviridae: a proposed family of plant viruses within the order Picornavirales that combines the families Sequiviridae and Comoviridae, the unassigned genera Cheravirus and Sadwavirus, and the proposed genus Torradovirus. Arch Virol, 2009, 154: 899-907

[15] Gall O L, Sanfacon H, Ikegami M, et al. Cheravirus and Sadwavirus: two unassigned genera of plant positive-sense single-stranded RNA viruses formerly considered atypical members of the genus Nepovirus (family Comoviridae). Arch Virol, 2007, 152: 1767-1774

[16] 冯书章，刘军，孙洋. 细菌的病毒——噬菌体最新分类与命名. 中国兽医学报，2007，27 (4)：604-608

[17] 陈承平. 最新动物病毒分类简介. 中国病毒学，2005，20 (6)：682-688

[18] 张信忠. 病毒分类学. 北京：高等教育出版社，2006

[19] 洪健，周雪平. ICTV 第八次报告的最新病毒分类系统. 中国病毒学. 2006，21 (1)：84-96

[20] 洪健，周雪平. ICTV 第八次报告中的植物病毒最新分类系统. 植物病理学报，2005，6 (ZK)：1-9

[21] 谢联辉，林奇英，吴祖建. 植物病毒名称及其归属. 北京：中国农业出版社，1999

[22] Mosig G, Eiserling F. T4 and related phages: structure and development. *In*: Calendar R, Abedon S T. The Bacteriophages (Review of phage T4 biology). Oxford: Oxford University Press, 2006

[23] Zhang Q F, Cui J M, Huang X J, et al. The life cycle of SARS coronavirus in Vero E6 cells. J Med Virol, 2004, 73 (3): 332-337

[24] Suikkanen S, Saajarvi K, Hirsimaki J, et al. Role of recycling endosomes and lysosomes in dynein-dependent entry of canine parvovirus. J Virol, 2002, 76 (9): 4401-4411

[25] Lu X Y, Su D M, Tan Y R, et al. Entry of Bombyx mori cypovirus 1 into midgut cells in vivo. Journal of Electron Microscopy, 2003, 52: 485-489

[26] Liu B L, Everson J S, Fane B, et al. Molecular characterization of a bacteriophage (Chp2) from Chlamydia psittaci. J Virol, 2000, 74 (8): 3464-3469

[27] Dotta F, Censini S, van Halteren A G, et al. Coxsackie B4 virus infection of beta cells and natural killer cell insulitis in recentonset type 1 diabetic patients. Proc Natl Acad Sci U S A, 2007, 104 (12): 5115-5120

[28] Clare D K, Orlova E V. 4.6Å Cryo-EM reconstruction of tobacco mosaic virus from images recorded at 300 keV on a 4k×4k CCD camera. J Struct Biol, 2010, 171 (3): 303-308

[29] Feinstone S M, Kapikian A Z, Purceli R H. Hepatitis A: detection by immune electron microscopy of a viruslike antigen associated with acute illness. Science, 1973, 182 (116): 1026-1028

[30] Chen S X, Cheng L P. Genetic, Biochemical and structural characterization of a new densovirus isolated from a chronically infected aedes albopictus C6/36 cell line. Virology, 2004, 318: 123-133

[31] Mori K, Nakai T, Muroga K, et al. Properties of a new virus belonging to nodaviridae found in larval striped jack (Pseudocaranx dentex) with nervous necrosis. Virology, 1992, 187 (1): 368-371

[32] Jousset F X, Barreau C, Boublik Y, et al. A parvo-like virus persistently infecting a C6/36 clone of Aedes albopictus mosquito cell line and pathogenic for Aedes aegypti larvae. Virus Res, 1993, 29 (2): 99-114

[33] Afanasiev B N, Galyov E E, Buchatsky L P, et al. Nucleotide sequence and genomic organization of Aedes densonucleosis virus. Virology, 1991, 185 (1): 323-336

[34] Boublik Y, Jousset F X, Bergoin M. Complete nucleotide sequence and genomic organization of the Aedes albopictus parvovirus (AaPV) pathogenic for Aedes aegypti larvae. Virology, 1994, 200 (2): 752-763

[35] Kelly D C, Barwise A H, Walker I O. DNA contained by two densonuclosis virus. J Virol, 1977, 21 (1): 396-407

[36] Dumas B, Jourdan M, Pascaud A M, et al. Complete nucleotide sequence of the cloned infectious genome of Junonia coenia densovirus reveals an organization unique among parvoviruses. Virology, 1992, 191 (1): 202-222

[37] Christensen J, Storgaard T, Bloch B, et al. Expression of Aleutian mink disease parvovirus proteins in a baculovirus vector system. J Virol, 1993, 67 (1): 229-238

[38] Williams M A. Quantitative methods in biology. *In*: Glauert A M. Practical Methods in Electron Microscopy, Volume 6, Part II. New York: Elsevier, 1977

[39] Karen L Klomparens, Richard F E Crang. Artifacts in Biological Electron Microscopy. Berlin: Springer, 1988

[40] Mollenhauer H H. Contamination of thin sections: Some observations on the cause and elimination of embedding pepper J Electron Microsc Tech, 1987, 5: 59-63

[41] Avery S W, Ellis E A. Methods for removing uranyl acetate precipitate from ultrathin sections. Stain Technol, 1978, 53: 137-140

[42] Fernadez-Moran H, Dahl A O. Electron microscopy of ultrathin frozen sections pollen grains. Science, 1952, 116 (3018):465-467

[43] Wakley G, Indi S, Stebbings H. Effects of glycerol and freezing on the appearance and arrangement of microtubules in three different systems: A freeze-substitution study. Tissue Cell, 1986, 18 (3): 331-339

[44] Hayat M A. Principles and Techniques of Electron Microscopy: Biological Applications. Cambridge: Cambridge University Press, 2000

[45] Echlin P, Skaer H B, Gardiner B O, et al. Polymeric cryoprotectants in the preservation of biological ultrastructure. II. Physiological effects. J Microsc, 1977, 110 (3): 239-255

[46] Adrian M, Dubochet J, Lepault J, et al. Cryo-electron microscopy of viruses. Nature, 1984, 308: 32-36

[47] Wild P, Schraner E M, Adler H, et al. Enhanced resolution of membranes in cultured cells by cryoimmobilization and freeze-substitution. Microsc Res Tech, 2001, 53 (4): 313-321

[48] Bailey S M, Chiruvolu S, Longo M L, et al. Design and operation of a simple environmental chamber for rapid freezing fixation. J Elec Microsc Tech, 1991, 19: 118-126

[49] Wild P, Schraner E M, Peter J, et al. Novel entry pathway of bovine herpesvirus 1 and 5. J Virol, 1998, 72 (12):9561-9566

[50] Dalen H, Lieberman M, LeFurgey A, et al. Quick-freezing of cultured cardiac cells *in situ* with special attention to the mitochondrial ultrastructure. J Microsc, 1992, 168 (3): 259-273

[51] Wild P, Gabrieli A, Schraner E M, et al. Reevaluation of the effect of lysoyzme on *Escherichia coli* employing ultrarapid freezing followed by cryoelectronmicroscopy or freeze substitution. Microsc Res Tech, 1997, 39 (3): 297-304

[52] Haggis G H. Study of the conditions necessary for propane-jet freezing of fresh biological tissues without detectable ice formation. J Microsc, 1986, 143: 275-282

[53] Hohenberg H, Mannweiler K, Muller M. High-pressure freezing of cell suspensions in cellulose capillary tubes. J Microsc, 1994, 175: 34-43

[54] Studer D, Michel M, Muller M. High pressure freezing comes of age. Scanning Microsc Suppl, 1989, 3: 253-268

[55] Muller M. The integrating power of cryofixation-based electron microscopy in biology. Acta Microsc, 1992, 1: 37-46

[56] Studer D, Michel M, Wohlwend M, et al. Vitrification of articular cartilage by high-pressure freezing. J Microsc, 1995, 179: 321-332

[57] Hohenberg H, Tobler M, Muller M. High-pressure freezing of tissue obtained by fine-needle biopsy. J Microsc, 1996, 183: 133-139

[58] McDowall Jacques Dubochet, Marc Adrian, Patrich Schultz. Cryo-electron microscopy of vitrified specimens. Quarterly Review of Biophysics, 1988, 21 (2): 129-228

[59] Singer S J. Preparation of an electron-dense antibody conjugate. Nature, 1959, 183: 1523-1525

[60] Nakane P K, et al. Enzymelabelled antibodies for light and electron microscopic localization of tissue antigens. J Cell Biol, 1967, 33: 308-318

[61] Faulk W P, et al. An immunocolloid method for the electron microscope. Immunochemistry, 8 1971: 108-1083

[62] Tokuyasu K T. A technique for ultracryotomy of cell suspensions and tissues. J Cell Biol, 1973, 57: 551-565

[63] Liou W, Geuze H J, et al. Improving structural integrity of cryosections for immunogold labeling. Histochem Cell Biol, 1996, 106: 41-58

[64] Spence J C H. 实验高分辨电子显微学. 张存珪, 朱宜译. 北京: 高等教育出版社, 1988

[65] Spence J C H. Experimental High-Resolution Electron Microscopy. Oxford: Clarendon Press, 1981

[66] Thon F. Phase contrast electron microscopy. *In*: Valdré U. Electron Microscopy in Material Science. New York: Academic Press, 1971: 571-625

[67] Toyoshima C, Unwin N. Contrast transfer for frozen-hydrated specimens: determination from pairs of defocused images. Ultramicrosc, 1988, 25: 279-292

[68] Zhou Z H, Hardt S, Wang B, et al. CTF determination of images of iceembedded single particles using a graphics interface. J StrucBiol, 116: 216-222

[69] Brink J, Chiu W, Dougherty M. Computer-controlled spot-scan imaging of crotoxin complex crystals with 400 keV electrons at near-atomic resolution. Ultramicrosc, 1992, 46: 229-240

[70] Toyoshima C. On the use of holey grids in electron crystallography. Ultramicrosc, 1989, 30: 439-444

[71] Zemlin F. Desired features of cryoelectron microscope for the electron crystallography of biological material. Ul-

tramicrosc，1992，46：25-32

[72] Booy F P，Brink J，Van Bruggen F J. Computer image analysis of twodimensional crystals of beef heart NADH：Ubiquinone oxidoreductase fragments II. Comparison of frozen hydrated and negatively stained specimens. Ultramicrosc. 1989，27：91-100

[73] Bottcher B，Wynne S A，Crowther R A. Determination of the fold of the core protein of hepatitis B virus by electron cryomicroscopy. Nature，1997，286：88-91

[74] Hutchinson E G，Tichelaar W，Hofhaus G，et al. Identification and electron microscopic analysis of a chaperonin oligomer from Neurospora crassa mitochondria. EMBO J，1989，8：1485-1490

[75] Vigers G P A，Crowther R A，Pearse B M F. Three-dimensional structure of clathrin cages in ice. EMBO J，1986，5：529-534

[76] Penczek P A，Grassucci R A，Frank J. The ribosome at improved resolution：new techniques for merging and orientation refinement in 3D cryo-electron microscopy of biological particles. Ultramicrosc，1994，53：251-270

[77] Frank J，Zhu J，Penczek P，et al. A model of protein synthesis based on cryoelectron microscopy of the *E. coli* ribosome. Nature，1995，376：441-444

[78] Zhou Z H，Chiu W. Rospects for using an IVEM with a FEG for imaging macromolecules towards atomic resolution. Ultramicrosc，1993，49：407-416

[79] 叶恒强，王元明. 透射电子显微学进展. 北京：科学出版社，2003

[80] Zhang J Q，卢炘英，张勤奋. 结构生物学的新进展. 物理，2001，30（7）：407-412

[81] 隋森芳. 生物三维电子显微学进入全新高速发展时期. 生物物理学报，2007，23：228-239

[82] Cowley J M. Diffraction Physics. 2nd ed. North-Holland：Amsterdan，1981

[83] 赫什 P，豪依 A，尼科尔森 R B，et al. 薄晶体电子显微学. 刘安生，李永红译. 北京：科学出版社，1983

[84] Caspar D L，Klug A. Physical principles in the construction of regular viruses. Cold Spring Harb Symp Quant Biol，1962，27：1-24

[85] Finch J T，Klug A. Arrangement of protein subunits and the distribution of nucleic acid in turnip yellow mosaic virus. II Electron microscopic studies J Mol Biol，1966，15（1）：344-64

[86] Klug A，De Rosier D J. Optical filtering of electron micrographs：reconstruction of one-sided images. Nature，1966，212（57）：29-32

[87] DeRosier D J，Klug A. Reconstruction of three-dimensional structures from electron micrographs. Nature，1968，217：130-134

[88] Crowther R A，Amos L A，Finch J T，et al. Three dimensional reconstructions of spherical viruses by fourier synthesis from electron micrographs. Nature，1970，226（5244）：421-425

[89] Erickson H P，Klug A. Measurement and compensation of defocusing and aberrations by fourier processing of electron micrographs. Phil Trans R Soc Lond B，1971，261：105-118

[90] Crowther R A，Klug A. ART and science or conditions for three-dimensional reconstruction from electron microscope images. J Theor Biol，1971，32（1）：199-203

[91] Unwin P N，Klug A. Electron microscopy of the stacked disk aggregate of Tobacco mosaic virus protein. I. Three-dimensional image reconstruction. J Mol Biol，1974，87（4）：641-656

[92] Crowther R A，Klug A. Structural analysis of macromolecular assemblies by image reconstruction from electron micrographs. Annu Rev Biochem，1975，44：161-182

[93] Klug A. Image analysis and reconstruction in the electron microscopy of biological macromoleculcs. Chem Scr，1979，14：245-256

[94] Amos L A，Henderson R，Unwin P N. Three-dimensional structure determination by electron microscopy of two-dimensional crystals. Prog Biophys Mol Biol，1982，39：183-231

[95] Kuhlbrandt W. Three-dimensional structure of the light-harvesting chlorophy a/b protein complex from pea chloroplasts. Nature，1984，307：478-480

[96] Kuhlbrandt W, Wang D N. Three-dimensional of plant light-harvesting complex determined by electron crystallography. Nature, 1994, 367: 614-621

[97] Zhang J Q, Lu X Y, Ye Q Z. The determination of catalase crystal structure by electron crystallography. J of Trace and Microprobe Technique, 1997, 15 (4): 457-552

[98] DeRosier D J, Moore P B. Reconstruction of three-dimensional images from electron micrographs of structures with helical symmetry. J Mol Biol, 1970, 52: 55-369

[99] Unwin P N. Phase contrast electron microscopy of biological materials. J Microsc, 1973, 98: 299-312

[100] Unwin P N, Henderson R. Molecular structure determination of electron microscopy of unstained crystalline specimens. J Mol Biol, 1975, 94: 425-440

[101] Yu X K, Jin L, Zhou Z H. 3. 88Å structure of cytoplasmic polyhedrosis virus by cryo-electron microscopy. Nature, 2008, 453: 415-419

[102] Frank J, Radermacher M. Three-dimensional reconstruction of single particles negatively stained or in vitreous ice. Ultramicrosc, 1992, 46: 241-262

[103] Radermacher M, Penczek P, Frank J. Three-dimensional reconstruction of single particles embedded in ice. Ultramicrosc, 1992, 40: 33-53

[104] Rosenthal P B, Henderson R. Optimal determination of particle orientation, absolute hand, and contrast loss in single particle electron cryomicroscopy. J Mol Biol, 2003, 333: 721-742

[105] Martin Beck, Friedrich Forster, et al. Nuclear pore complex structure and dynamics revealed by cryoelectron tomography. Science. 2004, 306 (19): 1387-1390

[106] Liang Y, Ke E Y, Zhou Z H. IMIRS: a high-resolution 3D reconstruction package integrated with a relational image database. J Struct Biol, 2002, 127 (3): 292-304

[107] Rossmann M G. Fitting atomic models into electron-microscopy maps. Acta Cryst D, 2000, 56: 1341-1349

[108] Baker T S, Olson N H, Fuller S D. Adding the third dimension to virus life cycles: Three-dimensional reconstruction of icosahedral viruses from cryo-electron micrographs. Microbiol Molec Biol Reviews, 1999, 63: 862-922

[109] Mukhopadhyay S, Kuhn R J, Rossmann M G. A structure perspective of the flavivirus life cycle. Nature Reviews, 2005, 3: 13-22

[110] Chiu W, Michad F S, Prasad B V. Teaching electron diffraction and imaging of macromolecules. Teaching Molecular Biophysics, 1993, BJ 64 (5): 1610-1625

[111] Rouiller I, Pulokas J, Butel V M, et al. Automated image acquisition for single-particle reconstruction using p97 as the biological sample. J Struct Biol, 2001, 133 (2-3): 102-107

[112] Gabashvili I S, Agrawal R K, et al. Solution structure of the *E. coli* 70S ribosome at 11. 5Å resolution. Cell, 2000, 100 (5): 537-549

[113] Fuller S D, Butcher S J, Cheng R H, et al. Three-dimensional reconstruction of icosahedral particles-the uncommon line. J Struct Biol, 1996, 116: 48-55

[114] Thuman-Commike P A, Chiu W. Reconstruction principles of icosahedral virus structure determination using electron cryomicroscopy. Micron, 2000, 31: 687-711

[115] Conway J F, Trus B L, Booy F P, et al. The effects of radiation damage on the structure of frozen hydrated HSV-1 capsids. J Struc Biol, 1993, 111: 222-233

[116] Zhang H, Zhang J, Yu X, et al. Visualization of protein-RNA interactions in cytoplasmic polyhedrosis virus. J Virology, 1999, 73 (2): 1624-1729

[117] Zhou Z H, Zhang H, Jakana J. Cytoplasmic polyhedrosis virus structure at 8Å by electron cryomicroscopyo-structural basis of capsid stability and mRNA processing regulation. Structure (Camb), 2003, 11 (6): 651-663

[118] Chisari F V, Ferrari C. Hepatitis-B virus immunopathogenesis. Annu Rev Immunol, 1995, 13: 29-60

[119] Wynne S A, Crowther R A, Leslie A G. The crystal structure of the human hepatitis B virus capsid. Mol Cell, 1999, 3 (6): 771-780

[120] DeRosier D J. Who needs crystals anyway? Nature, 1997, 386: 26-27

[121] Conway J F, Cheng N, et al. Visualization of a 4-helix bundle in the hepatitis B virus capsid by cryo-electron microscopy. Nature, 1997, 386 (6620): 91-94

[122] Roseman A M, Berriman J A, Wynne S A, et al. A structural model for maturation of the hepatitis B virus core. Proc Natl Acad Sci U S A, 2005, 102 (44): 15821-15826

[123] Dryden K A, Wieland S F, Whitten-Bauer C, et al. Native hepatitis B virions and capsids visualized by electron cryomicroscopy. Mol Cell, 2006, 22 (6): 843-850

[124] Tam A W, Smith M M, et al. Hepatitis E virus (HEV): molecular cloning and sequencing of the full-length viral genome. Virology, 1991, 185 (1): 120-131

[125] Huang F F, Pierson F W, et al. Construction and characterization of infectious cDNA clones of a chicken strain of hepatitis E virus (HEV), avian HEV. J Gen Virol, 2005, 86 (9): 2585-2593

[126] Li M, Vitanyi P. An Introduction to Kolmogorov Complexity and Its Applications. 2nd ed. New York: Springer-Verlag, 1997

[127] Li S, Tang X, et al. Dimerization of hepatitis E virus capsid protein E2s domain is essential for virus-host interaction. PLoS Pathog, 2009, 5 (8): e1000537

[128] Zhang J, Gu Y, et al. Analysis of hepatitis E virus neutralization sites using monoclonal antibodies directed against a virus capsid protein. Vaccine, 2005, 23 (22): 2881-2892

[129] Li T, Takeda N, et al. Oral administration of hepatitis E virus-like particles induces a systemic and mucosal immune response in mice. Vaccine, 2001, 19 (25-26): 3476-3484

[130] Li T C, Suzaki Y, et al. Protection of cynomolgus monkeys against HEV infection by oral administration of recombinant hepatitis E virus-like particles. Vaccine, 2004, 22 (3-4): 370-377

[131] Xing L, Kato K, et al. Recombinant hepatitis E capsid protein self-assembles into a dual-domain T = 1 particle presenting native virus epitopes. Virology, 1999, 265 (1): 35-45

[132] Xing L, Li T C, et al. Structure of hepatitis E virion-sized particle reveals an RNA-dependent viral assembly pathway. J Biol Chem, 2010, 285 (43): 33175-33183

[133] Yamashita T, Mori Y, et al. Biological and immunological characteristics of hepatitis E virus-like particles based on the crystal structure. Proc Natl Acad Sci U S A, 2009, 106 (31): 12986-12991

[134] Ben-Harush K, Maimon T, Patla I, et al. Visualizing cellular processes at the molecular level by cryo-electron tomography. J Cell Sci, 2010, 123 (1): 7-12

[135] Lucic V, Forster F, Baumeister W. Structural Studies by Electron Tomography: from cells to molecules. Annu Rev Biochem, 2005, 74: 833-865

[136] Frank J. Introduction: principles of electron tomography. *In*: Frank J. Electron Tomography: Methods for Three-Dimensional Visualization of Structures in the Cell. New York: Springer, 2010: 1-15

[137] Kremer J R, Mastronarde D N, McIntosh J R. Computer visualization of threedimensional image data using IMOD. J Struct Biol, 1996, 116 (1): 71-76

[138] Winkler H, Taylor K A. Accurate marker-free alignment with simultaneous geometry determination and reconstruction of tilt series in electron tomography. Ultramicroscopy, 2006, 106 (3): 240-254

[139] Grunewald K, Desai P, Winkler D C, et al. Three-dimensional structure of herpes simplex virus from cryo-electron tomography. Science, 2003, 302 (5649): 1396-1398

[140] Deng B, O'Connor C M, Kedes D H, et al. Direct visualization of the putative portal in the Kaposi's sarcoma-associated herpesvirus capsid by cryoelectron tomography. J Virology, 2007, 81 (7): 3640-3644

[141] Cyrklaff M, Risco C, Fernandez JJ, et al. Cryo-electron tomography of vaccinia virus. Proc Natl Acad Sci USA, 2005, 102 (8): 2772-2777

[142] Zhu P, Chertova E, Bess J, et al. Electron tomography analysis of envelope glycoprotein trimers on HIV and simian immunodeficiency virus virions. Proc Natl Acad Soc USA, 2003, 100 (26): 15812-15817

[143] Briggs J A, Grunewald K, Glass B, et al. The mechanism of HIV-1 core assembly: insights from three-dimensional reconstructions of authentic virions. Structure, 2006, 14 (1): 15-20

[144] Zhu P, Liu J, Bess J, et al. Distribution and three-dimensional structure of AIDS virus envelope spikes. Nature, 2006, 441 (7095): 847-852

[145] Förster F, Medalia O, Zauberman N, et al. Retrovirus envelope protein complex structure in situ studied by cryo-electron tomography. Proc. Natl Acad. Sci. USA, 2005, 102 (13): 4729-4734.

[146] Zanetti G, Briggs JA, Grünewald K, et al. Cryo-electron tomographic structure of an immunodeficiency virus envelope complex in situ. PLoS. Pathog., 2006, 2 (8): e83

[147] Liu J, Bartesaghi A, Borgnia MJ, et al. Molecular architecture of native HIV-1 gp120 trimers. Nature, 2008, 455 (7209): 109-113.

[148] Maurer U E, Sodeik B, Grunewald K. Native 3D intermediates of membrane fusion in herpes simplex virus 1 entry. Proc Natl Acad Sci USA, 2008, 105 (30): 10559-10564

[149] Cyrklaff M, Linaroudis A, Boicu M, et al. Whole cell cryo-electron tomography reveals distinct disassembly intermediates of vaccinia virus. PLoS ONE, 2007, 2 (5): e420

[150] Kopek B G, Perkins G, Miller D J, et al. Three-dimensional analysis of a viral RNA replication complex reveals a virus-induced mini-organelle. PLoS Biol, 2007, 5 (9): e220

[151] Taylor K A, Schmitz H, Reedy M C, et al. Tomographic 3D reconstruction of quick-frozen, Ca^{2+}-activated contracting insect flight muscle. Cell, 1999, 99 (4): 421-431

[152] Medalia O, Frangakis A S, Weber I, et al. Macromolecular architecture in eukaryotic cells visualized by cryo-electron tomography. Science, 2002, 298 (5596): 1155-1157

附录　国际病毒分类系统的科与属（ICTV，2009年）

目	科或未归类属	包膜	形态	基因组片段	基因组大小	宿主
dsDNA 病毒						
尾病毒目 *Caudovirales*	肌尾病毒科 *Myoviridae*	−	有尾噬菌体	1线状片段	34～169	细菌、古细菌
	长尾病毒科 *Siphoviridae*	−	长尾噬菌体	1线状片段	22～121	细菌、古细菌
	短尾病毒科 *Podoviridae*	−	短尾噬菌体	1线状片段	16～70	细菌
—	复层病毒科 *Tectiviridae*	−	等轴颗粒	1线状片段	15	细菌
—	覆盖病毒科 *Corticoviridae*	−	等轴颗粒	1环状超螺旋片段	10	细菌
—	可塑病毒科 *Plasmaviridae*	+	多形体	1环状超螺旋片段	12	支原体
—	脂毛病毒科 *Lipothrixviridae*	+	线状、杆状	1线状片段	16～56	古细菌
—	小杆病毒科 *Rudiviridae*	−	杆状	1线状片段	32～35	古细菌
—	微小纺锤状病毒科 *Fuselloviridae*	+	柠檬形	1环状超螺旋片段	15～18	古细菌
—	滴状病毒科 *Guttaviri dae*	+	微滴形	1环状片段	20	古细菌
—	瓶状病毒科 *Ampullaviridae*	+	瓶状	1线状片段	23.9	古细菌
—	球状病毒科 *Globuloviridae*	−	球状	1线状片段	28	古细菌
—	双尾病毒科 *Bicaudaviridae*	−	双尾柠檬形	1线状片段	62	古细菌
—	盐末端蛋白病毒属 Salterprovirus	+	柠檬形	1线状片段	14.5	古细菌
—	痘病毒科 *Poxviridae*	+	多形体	1线状片段	130～375	脊椎动物 无脊椎动物
—	非洲猪瘟病毒科 *Asfarviridae*	+	球状	1线状片段	170～190	脊椎动物
—	虹彩病毒科 *Iridoviridae*	+/−	等轴颗粒	1线状片段	135～303	脊椎动物 无脊椎动物

续表

目	科或未归类属	包膜	形态	基因组片段	基因组大小	宿主
—	藻类 DNA 病毒科 *Phycodnaviridae*	—	等轴颗粒	1 线状片段	100～560	藻类
—	杆状病毒科 *Baculoviridae*	+	杆状	1 环状 超螺旋片段	80～180	无脊椎动物
—	线头病毒科 *Nimaviridae*	+	卵形/杆菌状	1 环状片段	300	无脊椎动物
疱疹病毒目 *Herpesvirales*	异样疱疹病毒科 *Alloherpesviridae*	+	等轴颗粒	1 线状片段	134～231	脊椎动物
	疱疹病毒科 *Herpesviridae*	+	等轴颗粒	1 线状片段	125～240	脊椎动物
	贝类疱疹病毒科 *Malacoherpesviridae*	+	等轴颗粒	1 线状片段	134	无脊椎动物
—	腺病毒科 *Adenoviridae*	—	等轴颗粒	1 线状片段	26～45	脊椎动物
—	多瘤病毒科 *Polyomaviridae*	—	等轴颗粒	1 环状片段	5	脊椎动物
—	乳头瘤病毒科 *Papillomaviridae*	—	等轴颗粒	1 环状片段	7～8	脊椎动物
—	多分 DNA 病毒科 *Polydnaviridae*	+	杆状、梭状	多条超螺旋片段	150～250	无脊椎动物
—	囊泡病毒科 *Ascoviridae*	+	杆菌状、卵形 尿囊形	1 环状片段	120～180	无脊椎动物
—	拟菌病毒科 *Mimiviridae*	—	等轴颗粒	1 环状片段	1200	原生动物
—	根前毛菌病毒属 Rhizidiovirus	—	等轴颗粒	1 线状片段	27	真菌
ssDNA 病毒						
—	丝杆病毒科 *Inoviridae*	—	丝状、杆状	1 正链环状片段	5～9	细菌、支原体
—	微小病毒科 *Microviridae*	—	等轴颗粒	1 正链环状片段	4～6	细菌、螺原 体、支原体
—	双生病毒科 *Geminiviridae*	—	等轴双联体	1 或 2 正/负链 环状片段	3～6	植物
—	圆环病毒科 *Circoviridae*	—	等轴颗粒	1 负链或正/负链 环状片段	2	脊椎动物
—	细环病毒科 *Anelloviridae*	—	等轴颗粒	1 负链环状片段	3～4	脊椎动物
—	矮缩病毒科 *Nanoviridae*	—	等轴颗粒	6～9 正链 环状片段	6～9	植物
—	细小病毒科 *Parvoviridae*	—	等轴颗粒	1 正链/负链 线状片段	4～6	脊椎动物 无脊椎动物

续表

目	科或未归类属	包膜	形态	基因组片段	基因组大小	宿主
DNA 逆转录病毒						
—	嗜肝 DNA 病毒科 *Hepadnaviridae*	+	球状	1 线状片段	3～4	脊椎动物
—	花椰菜花叶病毒科 *Caulimoviridae*	—	等轴颗粒 杆菌状	1 环状片段	7～8.2	植物
RNA 逆转录病毒						
—	伪病毒科 *Pseudoviridae*	—	球状	1 正链片段	5～9	植物、真菌无脊椎动物
—	转座病毒科 *Metaviridae*	—	球状	1 正链片段	4～10	真菌、植物 无脊椎动物 脊椎动物
—	逆转录病毒科 *Retroviridae*	+	球状	1 二聚体 正链片段	7～13	脊椎动物
dsRNA 病毒						
—	囊状病毒科 *Cystoviridae*	+	球状	3 片段	13	细菌
—	呼肠孤病毒科 *Reoviridae*	—	等轴颗粒	9～12 片段	19～32	脊椎动物 无脊椎动物 植物、真菌
—	双 RNA 病毒科 *Birnaviridae*	—	等轴颗粒	2 片段	5～6	脊椎动物 无脊椎动物
—	小双 RNA 病毒科 *Picobirnaviridae*	—	等轴颗粒	2 片段	4	脊椎动物
—	单分病毒科 *Totiviridae*	—	等轴颗粒	1 片段	4～7	真菌 原生动物
—	双分病毒科 *Partitiviridae*	—	等轴颗粒	2 片段	3～6	植物、真菌
—	产黄青霉病毒科 *Chrysoviridae*	—	等轴颗粒	4 片段	13	真菌
—	减毒病毒科 *Hypoviridae*	—	多形体	1 片段	9～13	真菌
—	内源 RNA 病毒科 *Endornaviridae*	—	无粒体	1 片段	14～18	植物、真菌
(—)ssRNA 病毒						
单分子负链病毒目 *Mononegavirales*	波纳病毒科 *Bornaviridae*	+	球状	1 负链片段	9	脊椎动物
	弹状病毒科 *Rhabdoviridae*	+	弹状、杆菌状	1 负链片段	11～15	脊椎动物 无脊椎动物 植物
	丝状病毒科 *Filoviridae*	+	杆菌状、丝状	1 负链片段	～19	脊椎动物
	副黏病毒科 *Paramyxoviridae*	+	多形体	1 负链片段	13～18	脊椎动物

续表

目	科或未归类属	包膜	形态	基因组片段	基因组大小	宿主
—	正黏病毒科 *Orthomyxoviridae*	+	多形体	6～8 负链片段	10～15	脊椎动物
—	布尼亚病毒科 *Bunyaviridae*	+	球状	3 负链或正/负链片段	11～19	脊椎动物、植物无脊椎动物
—	沙粒病毒科 *Arenaviridae*	+	球状	2 正/负链片段	11	脊椎动物
—	蛇形病毒科 *Ophioviridae*	—	丝状	3/4 负链片段	11～12	植物
—	欧洲花楸环斑病毒属 Emaravirus	+	球状	4 负链片段	12.2	植物
—	巨脉病毒属 Varicosavirus	—	杆状	2 负链片段	13	植物
—	纤细病毒属 Tenuivirus	—	丝状	4～5 负链或正/负链片段	17～18	植物
—	丁型肝炎病毒属 Deltavirus	+	球状	1 负链环状片段	2	脊椎动物
(+)ssRNA 病毒						
—	光滑病毒科 *Leviviridae*	—	等轴颗粒	1 正链片段	3～4	细菌
—	裸露 RNA 病毒科 *Narnaviridae*	—	RNP 复合体	1 正链片段	2～3	真菌
小 RNA 病毒目 *Picornavirales*	小 RNA 病毒科 *Picornaviridae*	—	等轴颗粒	1 正链片段	7～9	脊椎动物
	双顺反子病毒科 *Dicistroviridae*	—	等轴颗粒	1 正链片段	8.5～10.2	无脊椎动物
	传染性软化症病毒科 *Iflaviridae*	—	等轴颗粒	1 正链片段	8.8～9.7	无脊椎动物
	海洋 RNA 病毒科 *Marnaviridae*	—	等轴颗粒	1 正链片段	9	藻类
	伴生及豇豆病毒科 *Secoviridae*	—	等轴颗粒	1/2 正链片段	9～15	植物
芜菁黄花叶病毒目 *Tymovirales*	甲型线形病毒科 *α flexiviridae*	—	线状	1 正链片段	5.4～9	植物、真菌
	乙型线形病毒科 *β flexiviridae*	—	线状	1 正链片段	6.5～9	植物
	丙型线形病毒科 *γ flexiviridae*	—	线状	1 正链片段	6.8	真菌
	芜菁黄花叶病毒科 *Tymoviridae*	—	等轴颗粒	1 正链片段	6～7.5	植物
—	马铃薯 Y 病毒科 *Potyviridae*	—	线状	1/2 正链片段	8～12	植物

续表

目	科或未归类属	包膜	形态	基因组片段	基因组大小	宿主
—	嵌杯状病毒科 *Caliciviridae*	—	等轴颗粒	1 正链片段	7～8	脊椎动物
—	戊型肝炎病毒科 *Hepeviridae*	—	等轴颗粒	1 正链片段	7	脊椎动物
—	星状病毒科 *Astroviridae*	—	等轴颗粒	1 正链片段	6～7	脊椎动物
—	野田村病毒科 *Nodaviridae*	—	等轴颗粒	2 正链片段	4～5	脊椎动物 无脊椎动物
—	四体病毒科 *Tetraviridae*	—	等轴颗粒	1 或 2 正链片段	6～8	无脊椎动物
—	黄症病毒科 *Luteoviridae*	—	等轴颗粒	1 正链片段	5～6	植物
—	番茄丛矮病毒科 *Tombusviridae*	—	等轴颗粒	1/2 正链片段	4～5	植物
套式病毒目 *Nidovirales*	冠状病毒科 *Coronaviridae*	+	球状、杆菌状	1 正链片段	27～32	脊椎动物
	动脉炎病毒科 *Arteriviridae*	+	球状	1 正链片段	12～16	脊椎动物
	杆套病毒科 *Roniviridae*	+	杆菌状	1 正链片段	26	无脊椎动物
—	黄病毒科 *Flaviviridae*	+	球状	1 正链片段	10～12	脊椎动物 无脊椎动物
—	披膜病毒科 *Togaviridae*	+	球状	1 正链片段	9.7～12	脊椎动物 无脊椎动物
—	杆状 RNA 病毒科 *Barnaviridae*	—	杆菌状	1 正链片段	4	真菌
—	雀麦花叶病毒科 *Bromoviridae*	—	杆菌状 等轴颗粒	3 正链片段	8～9	植物
—	长线形病毒科 *Closteroviridae*	—	线状	1/2 正链片段	15～19	植物
—	植物杆状病毒科 *Virgaviridae*	—	杆状	1/3 正链片段	6～12	植物
—	甜菜坏死黄脉病毒属 Benyvirus	—	杆状	4/5 正链片段	13～16	植物
—	柑橘粗糙病毒属 Cilevirus	—	杆菌状	2 正链片段	13.7	植物
—	一品红潜隐病毒属 Polemovirus	—	等轴颗粒	1 正链片段	4.6	植物
—	南方菜豆花叶病毒属 Sobemovirus	—	等轴颗粒	1 正链片段	4～5	植物

续表

目	科或未归类属	包膜	形态	基因组片段	基因组大小	宿主
—	欧尔密病毒属 Ourmiavirus	—	杆菌状	3 正链片段	5	植物
—	悬钩子病毒属 Idaeovirus	—	等轴颗粒	2 正链片段	8	植物
—	幽影病毒属 Umbravirus	—	RNP 复合体	1 正链片段	4	植物